© Softfrutti Verlag, Saarbrücken 2014
H. Heil, R. Rau, H. Umla:
Mathematik 6, Lösungen
Gymnasium G8
ISBN 978-3-928881-27-2

W0362203

Inhalt

Bezeichnungen

$\mathbb{N}$ = Menge der natürlichen Zahlen $= \{0, 1, 2, 3, \ldots\}$ $\quad \mathbb{N}^* = \{1, 2, 3, \ldots\}$

$\mathbb{Z}$ = Menge der ganzen Zahlen $= \{0, 1, -1, 2, -2, 3, -3, \ldots\}$ $\quad \mathbb{Z}^* = \mathbb{Z} \setminus \{0\}$

$\mathbb{Q}$ = Menge der rationalen Zahlen $\quad \mathbb{Q}^* = \mathbb{Q} \setminus \{0\}$

www.softfrutti.de

Die ganzen Zahlen, Addition und Subtraktion

1

Warum wir neue Zahlen brauchen

1. a) Die Punkte errechnen sich mit Hilfe des Terms $3 \cdot S + 1 \cdot U + 0 \cdot N$.

b) / c)

	Verein	Sp	S	U	N	Punkte	Tore	Differenz
1	FC Bayern München	17	15	2	0	47	44: 9	+35
2	Bayer 04 Leverkusen	17	12	1	4	37	32:16	+16
3	Borussia Mönchengladbach	17	10	3	4	33	35:19	+16
4	Borussia Dortmund	17	10	2	5	32	38:20	+18
5	VfL Wolfsburg	17	9	3	5	30	28:19	+9
6	Hertha BSC	17	8	4	5	28	27:20	+7
7	FC Schalke 04	17	8	4	5	28	32:28	+4
8	FC Augsburg	17	7	3	7	24	21:25	-4
9	1. FSV Mainz 05	17	7	3	7	24	25:31	-6
10	VfB Stuttgart	17	5	4	8	19	30:33	-3
11	SV Werder Bremen	17	5	4	8	19	22:37	-15
12	1899 Hoffenheim	17	4	6	7	18	36:38	-2
13	Hannover 96	17	5	3	9	18	23:31	-8
14	Hamburger SV	17	4	4	9	16	33:38	-5
15	Eintracht Frankfurt	17	3	6	8	15	20:29	-9
16	Sport-Club Freiburg	17	3	5	9	14	16:31	-15
17	1. FC Nürnberg	17	0	11	6	11	17:33	-16
18	Eintracht Braunschweig	17	3	2	12	11	10:32	-22

2. a)

Anfangstemperatur (in °C)	Temperaturänderung (in °C)	Endtemperatur (in °C)
+5	+9	+14
+5	–9	-4

b)

Anfangstemperatur (in °C)	Endtemperatur (in °C)	Temperaturänderung (in °C)
+3	+10	+7
+3	–10	-13

c)

Anfangstemperatur (in °C)	Temperaturänderung (in °C)	Endtemperatur (in °C)
–2	+8	+6
–2	–8	-10
– 4	+13	9
– 4	-5	–9
-8	+5	–3
+2	–5	–3

3.

Füllgewicht (in g)	413	408	402	410	415	409	417	399
Abweichung vom Sollgewicht (in g)	+3	-2	-8	0	+5	-1	+7	-11

4. a) Die **Vorzeichen** + bzw. – in der Spalte *Umsatz* bedeuten Zuwachs bzw. Abnahme.
Die **Vorzeichen** + bzw. – in der Spalte *Kontostand* bedeuten Haben bzw. Soll.

b)

Buchungserläuterung	Datum	Umsatz / €	Kontostand / €
Übertrag	-	-	+1500
Geldautomat	1.08.	–1000	+500
Dauerauftrag	05.08.	-700	–200
Überweisung	06.08.	+150	-50
Electronic Cash	11.08.	–100	-150
Scheck	12.08.	+350	+200

5. a) geografische Höhe

- von Jerusalem: +800 m
- des Toten Meeres: – 400 m

Höhenunterschied: 1200 m

Bei negativen geografischen Höhen liegt der Wasserspiegel unterhalb des Meeresniveaus.

b) ---

6. a)

Gleichung	Lösungsmenge
x+1 = 6	L={5}
x+6 = 1	L={ }
x+9 = 2	L={ }
x+2 = 9	L={7}

Gleichung	Lösungsmenge
3+x = 3	L={0}
3+x = 2	L={ }
3+x = 1	L={ }
3+x = 0	L={ }

b) ---

Die Menge der ganzen Zahlen

7.

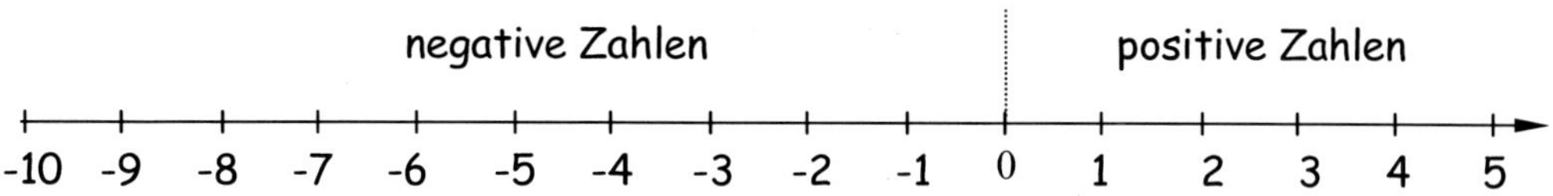

8.

	a	b	c	d	e
a)	16	-8	-32	-40	-56
b)	-75	-90	-100	-115	-130
c)	75	0	-225	-300	-525

9. a)

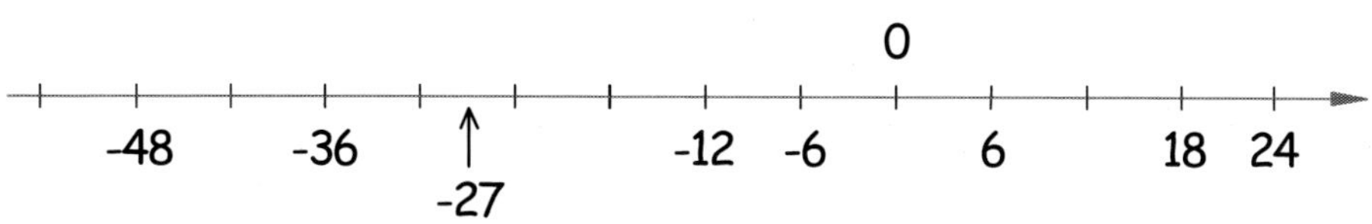

b)

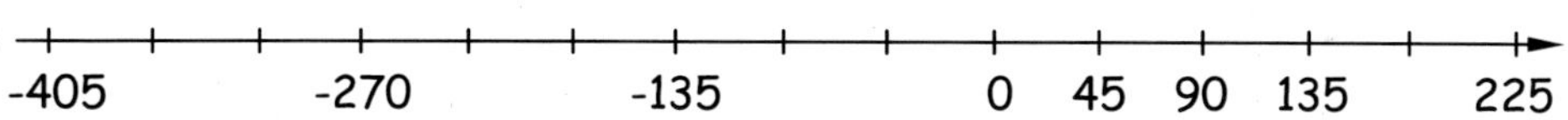

10. a) Wurzel hat Recht.

b) Eine Zahl a ist kleiner als eine Zahl b, wenn der Zahlpunkt von a links vom Zahlpunkt von b liegt.

c)

11	<	14
-11	>	-14
-20	<	-15

67	>	-67
0	>	-18
-54	<	-45

-999	>	-1000
-3213	<	-3123
-10^3	>	-10^5

11.

Ungleichung	Lösungsmenge
$x \leq 1$	L = {1, 0, -1, -2, ...}
$x < -2$	L = {-3, -4, -5, ...}
$y \geq -2$	L = {-2, -1, 0, 1, ...}
$n > -4$	L = {-3, -2, -1, 0, ...}
$k \geq -1$	L = {-1, 0, 1, 2, ...}

Ungleichung	Lösungsmenge
$-2 \leq x < 2$	L = {-2, -1, 0, 1}
$-3 \leq x \leq 1$	L = {-3, -2, -1, 0, 1}
$-5 < u < 1$	L = {-4, -3, -2, -1, 0}
$-3 < y < -2$	L = { }
$-3 < p \leq -2$	L = {-2}

12. Zahlenrätsel

a)	b)	c)
-12 -2 x	-17 x 7	x 9 21
-2 liegt in der Mitte zwischen -12 und x.	x liegt in der Mitte zwischen -17 und 7.	9 liegt in der Mitte zwischen x und 21.
x = 8	x = -5	x = -3

13. a)

Vorgänger	Zahl	Nachfolger
10	11	12
-12	-11	-10
-100	-99	-98
-90	-89	-88

b)

In der Menge ...	$\mathbb{N}$	$\mathbb{Z}$	$\mathbb{Z}^+$	$\mathbb{Z}^-$
... gibt es ein kleinstes Element.	r	f	r	f
... gibt es ein größtes Element.	f	f	f	r
... hat jedes Element einen Vorgänger.	f	r	f	r
... hat jedes Element einen Nachfolger.	r	r	r	f

Betrag

14. a)

① Welchen Abstand haben die Zahlen 3 und -3 von 0? 3

② Welche Zahlen haben von 0 den Abstand 5? -5 und 5

③ Gibt es Zahlen, die von 0 den Abstand 0 haben? Nur die 0.

④ Wie viele Zahlen haben von 0 einen Abstand, der kleiner als 6 ist?

11 Zahlen, nämlich -5, -4, -3, -2, -1, 0, 1 , 2, 3, 4, 5.

b)

Der Abstand einer Zahl *a* von der Null heißt **Betrag von *a***, in Zeichen $|a|$.

$|3| = 3$; $|-5| = 5$; $|0| = 0$

Für alle $a \in \mathbb{Z}$ gilt: $|a| \geq 0$

15.

- Menge aller Zahlen, die den Betrag 7 haben: { -7, 7 }
- Menge aller Zahlen mit dem Betrag 10: { -10, 10 }
- Menge aller Zahlen, deren Betrag 0 ist: { 0 }
- Menge aller Zahlen mit dem Betrag –1: { }
- Menge aller Zahlen, deren Betrag kleiner als 4 ist: { 0, 1, -1, 2, -2, 3, -3 }

16.

zwei Zahlen	9	7	-3	8	3	-8	0	-2	-6	-1	-2	2
größere Zahl	9		8		3		0		-1		2	
betragsgrößere Zahl	9		8		-8		-2		-6		Gleich	

17. a)

b) ① 100 ② 16 ③ 143 ④ 14

18.

zwei Zahlen		Addiere die Beträge.	Subtrahiere vom größeren Betrag den kleineren.
13	-18	|13| + |-18| = 31	|-18| - |13| = 18 - 13 = 5
28	-15	|28| + |-15| = 43	|28| - |-15| = 28 - 15 = 13
-34	-60	|-34| + |-60| = 94	|-60| - |-34| = 60 - 34 = 26
-43	27	|-43| + |27| = 70	|-43| - |27| = 43 - 27 = 16
-33	55	|-33| + |55| = 88	|55| - |-33| = 55 - 33 = 22
-26	26	|-26| + |26| = 52	|26| - |-26| = 26 - 26 = 0

19. a)

Gleichung	Lösungsmenge
|x| = 9	L = {-9, 9}
|x| = 1	L = {-1, 1}
|u| = 3	L = {-3, 3}
|y| = 16	L = {-16, 16}

Gleichung	Lösungsmenge
|r| = 0	L = {0}
|z| = -5	L = { }
|z| = 5	L = {-5, 5}
|v| = 8	L = {-8, 8}

b)

Ungleichung	Lösungsmenge
|x| > 2	L = {3, -3, 4, -4, ...}
|x| < 2	L = {-1, 1, 0}
|y| ≤ 3	L = {0, -1, 1, -2, 2, -3, 3}
|u| > 0	L = $\mathbb{Z}^*$
|a| ≥ 5	L = {5, -5, 6, -6, ...}

Ungleichung	Lösungsmenge
|r| < -1	L = { }
|z| ≥ -3	L = $\mathbb{Z}$
|y| ≤ 0	L = {0}
2 < |x| < 5	L = {3, -3, 4, -4}
0 < |x| ≤ 2	L = {-1, 1, -2, 2}

Addition

20. a)

alter Kontostand in €	Umsatz in €	neuer Kontostand in €	Kontobewegung als Additionsaufgabe geschrieben
–20	–10	–30	(–20) + (–10) = –30
+35	+27	+62	(+35) + (+27) = +62
–13	–5	-18	(-13) + (-5) = -18
+19	+26	+45	(+19) + (+26) = +45
–37	– 65	-102	(-37) + (-65) = -102

b)

Zahlen mit gleichem Vorzeichen addieren:

1. Gemeinsames Vorzeichen setzen.
2. Beträge addieren.

c)

(+36) + (+27) = +63

(-73) + (-38) = -111

21.

a) (+32) + (+47) = 79

b) (-14) + (-19) = -33

c) (-37) + (-28) = -65

d) (+52) + 25 = 77

e) (-56) + (-43) = -99

f) (-62) + (-81) = -143

g) (-75) + (-175) = -250

h) -24 + (-37) = -61

i) 68 + (+48) = 116

j) -63 + (-96) = -159

Vereinfachungen:
- Das Vorzeichen + kann weggelassen werden.
- Der erste Summand muss nicht in Klammern gesetzt werden.

22. a)

alter Kontostand in €	Umsatz in €	neuer Kontostand in €	Kontobewegung als Additionsaufgabe geschrieben
–17	+30	+13	(–17) + (+30) = +13
+25	–18	+7	(+25) + (-18) = +7
+73	– 48	+25	(+73) + (-48) = +25
–8	+17	+9	(-8) + (+17) = +9
–54	+75	+21	(-54) + (+75) = +21
+12	–28	–16	(+12) + (–28) = –16
+20	– 43	-23	(+20) + (-43) = -23
+37	–72	-35	(+37) + (-72) = -35
–25	+19	-6	(-25) + (+19) = -6
–70	+28	-42	(-70) + (+28) = -42

b)

Zahlen mit verschiedenem Vorzeichen addieren:

1. Vorzeichen der betragsgrößeren Zahl setzen.
2. Vom größeren Betrag den kleineren subtrahieren.

c)

(+27) + (-12) = +15

(-25) + (+41) = +16

(-31) + (+13) = -18

(+36) + (-49) = -13

23.

a) (+27) + (-8) = +19
b) (-14) + (+20) = +6
c) (-18) + (+7) = -11
d) (+16) + (-30) = -14
e) (-28) + (+23) = -5
f) (+41) + (-31) = +10
g) (-53) + (+32) = -21
h) (+28) + (-57) = -29
i) (-65) + (+93) = +28
j) (+65) + (-93) = -28

24.
a) 29
b) –4
c) –14
d) 7
e) 33
f) –9
g) –32
h) 27
i) 45
j) –30
k) 55
l) –48
m) –1
n) 6
o) –333

25.

a) 0 + (-27) = -27	g) 187 + (-184) = 3	m) -248 + (-252) = -500
b) 27 + (-27) = 0	h) 159 + (-161) = -2	n) 281 + (-274) = 7
c) (-27) + (-27) = -54	i) -273 + 277 = 4	o) -327 + (-205) = -532
d) 32 + (-17) = 15	j) -61 + (-339) = -400	p) 599 + (-607) = -8
e) -32 + 17 = -15	k) 173 + 177 = 350	q) (-812) + 890 = 78
f) -32 + (-17) = -49	l) -336 + 328 = -8	r) (-378) + (-163) = -541

26.

a) (-15) + (- 6) = –21	d) (-52) + 27 = (-25)
b) (+22) + (-8) = 14	e) 16 + (-55) = (-39)
c) (- 43) + (+17) = –26	f) (+29) + (-18) = (+11)
	(-29) + (+18) = (-11)

27.

18 + x = 15
x = -3

x + (-12) = -17
x = -5

-15 + x = -2
x = 13

x + 9 = -1
x = -10

x + (-6) = 2
x = 8

8 + x = -8
x = -16

-5 + x = 3
x = 8

12 + x = -9
x = -21

x + (-32) = -100
x = -68

28.

a) ... um –3 zu erhalten? 4	d) ... um 0 zu erhalten? 7
b) ... um 3 zu erhalten? 10	e) ... um 7 zu erhalten? 14
c) ... um –14 zu erhalten? -7	f) ... um -7 zu erhalten? 0

29.

a	b	a + b	b + a
–3	5	(–3) + 5 = 2	5 + (–3) = 2
–5	– 4	(-5) + (-4) = -9	(-4) + (-5) = -9
3	–7	3 + (-7) = -4	(-7) + 3 = -4
– 6	0	(-6) + 0 = -6	0 + (-6) = -6
5	–5	5 + (-5) = 0	(-5) + 5 = 0

Kommutativgesetz der Addition

Für alle $a, b \in \mathbb{Z}$ gilt: $a + b = b + a$.

30. a)

$23+(-18)=5$	$-35+(-18)=-53$	$47+(-18)=29$
$23+31=54$	$-35+31=-4$	$47+31=78$
$23+(-56)=-33$	$-35+(-56)=-91$	$47+(-56)=-9$

b)

+	2741	-5678
8349	11090	2671
-3566	-825	-9244

c)

+	9	4	0	–1	-11
5	14	9	5	4	– 6
-1	8	3	–1	–2	-12
-6	3	–2	-6	-7	-17
–10	-1	-6	-10	-11	-21

d)

+	17	–11	-8	32	–3
2	19	-9	– 6	34	-1
–5	12	-16	-13	27	-8
1	18	-10	–7	33	-2
11	28	0	3	43	8

Gegenzahl

31.
- 18 + (-18) = 0
- (–5) + 5 = 0
- (–1) + 1 = 0
- 372 + (-372) = 0
- –567 + 567 = 0
- 0 + 0 = 0

32.

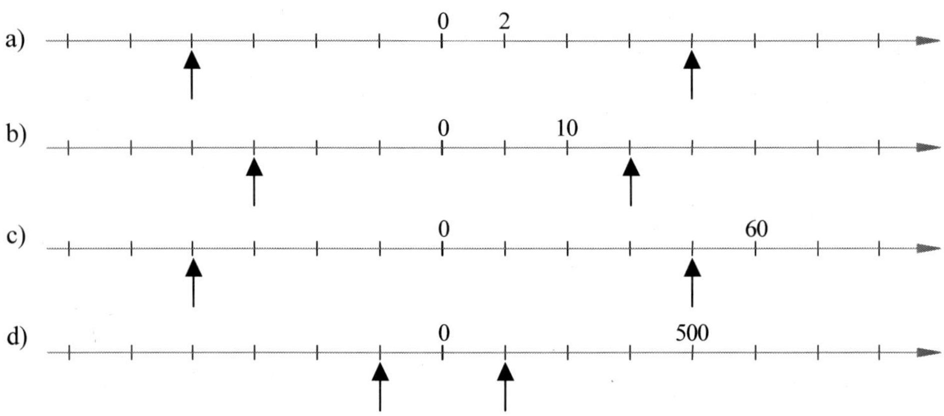

	a)	b)	c)	d)
Zahl	8	-15	48	-125
Gegenzahl	-8	15	-48	125
Abstand	16	30	96	250

33.
- -(-5) = 5
- -(+9) = -9
- +(-7) = -7
- -(-1) = +1
- -0 = 0
- -(-(-2)) = -2

34. f – r – r – f – r

35.
- Wurzel vereinfacht zunächst die Klammerterme (die Gegenzahl von –9 ist 9) und addiert dann nach den Additionsregeln.
- a) 16 | d) 2 | g) –12
  b) –16 | e) 3 | h) 45
  c) 0 | f) –3 | i) –12

36. a) -[21 + (-15)]
= -6

b) -[14 + (-27)]
= -[-13]
= 13

c) -[-4 + (-16)]
= -[-20]
= 20

d) 17 e) –28 f) 4

37. a)

a	5	-7	6	-4	0	1	-1
Gegenzahl von a	-5	7	-6	4	0	-1	1
Gegenzahl der Gegenzahl von a	5	-7	6	-4	0	1	-1

b)

Erste Gegenzahlregel

- In Worten: Die Gegenzahl der Gegenzahl einer Zahl ist die Zahl selbst.
- Als Formel: Für alle $a \in \mathbb{Z}$ ist $-(-a) = a$.

38. a) Wir entdecken mit Wurzel und Silvester eine zweite Gegenzahlregel.

zwei Zahlen		 Ich berechne die Gegenzahl der Summe.	Ich berechne die Summe der Gegenzahlen. 
8	2	-(8 + 2) = -10	(-8) + (-2) = -10
-3	-4	-(-3 + (-4)) = -(-7) = 7	3 + 4 = 7
-6	8	-(-6 + 8) = -2	6 + (-8) = -2
5	-9	-(5 + (-9)) = -(-4) = 4	-5 + 9 = 4
-8	7	-((-8) + 7) = -(-1) = 1	8 + (-7) = 1
9	-9	-(9 + (-9)) = -0 = 0	-9 + 9 = 0

b) Ergänze.

Zweite Gegenzahlregel

- In Worten: Die Gegenzahl einer Summe ist die Summe der Gegenzahlen.
- Als Formel: Für alle $a, b \in \mathbb{Z}$ ist $-(a + b) = (-a) + (-b)$.

Subtraktion

39. a) – c)

Subtraktionsaufgabe	als Additionsaufgabe geschrieben
3 - 6 = -3	3 + (-6) = -3
3 - 5 = -2	3 + (-5) = -2
3 - 4 = -1	3 + (-4) = -1
3 - 3 = 0	3 + (-3) = 0
3 - 2 = 1	3 + (-2) = 1
3 - 1 = 2	3 + (-1) = 2
3 - 0 = 3	3 + 0 = 3
3 - (-1) = 4	3 + 1 = 4
3 - (-2) = 5	3 + 2 = 5
3 - (-3) = 6	3 + 3 = 6

d)

Definition der Subtraktion

Wir subtrahieren eine Zahl von einer anderen, indem wir ihre Gegenzahl addieren.

Als Formel:

a - b = a + (-b)

40.

a) -14 - 17
= -14 + (-17)
= -31

b) 43 - (-17)
= 43 + 17
= 60

c) 18 - 29
= 18 + (-29)
= -11

d) -22 - 15
= -22 + (-15)
= -37

e) 3
f) –21
g) –18
h) –65
i) 65
j) –3

41. a) Wurzels Regel führt zum richtigen Ergebnis: $14 - 30 = 14 + (-30) = -16$.

b)

9 - 26 = -17	31 - 64 = -33	143 - 158 = -15
1 - 13 = -12	47 - 85 = -38	219 - 300 = -81
73 - 77 = -4	85 - 97 = -12	366 - 566 = -200

42. a) Wurzels Regel führt zum richtigen Ergebnis: $-13-12 = -13+(-12) = -25$.

b)

-12 - 18 = -30	-70 - 50 = -120	-137 - 56 = -193
-17 - 7 = -24	-36 - 74 = -110	-174 - 280 = -454
-31 - 1 = -32	-115 - 115 = -230	(-78) - (+83) = -161

43. a) Silvester und Wurzel wenden die Subtraktionsregel an.

b)

28 - (-15) = 43	17 - (-63) = 80
-25 - (-37) = 12	(-78) - (-100) = 22
-54 - (-45) = -9	(+78) - (-100) = 178

44.

a) 78 - 65 = 13	e) 54 - 54 = 0	i) -184 - 162 = -346
b) 65 - 78 = -13	f) -54 - (-54) = 0	j) -149 - (-143) = -6
c) 65 - (-78) = 143	g) -54 - 54 = -108	k) 167 - 185 = -18
d) -78 - 65 = -143	h) 54 - (-54) = 108	l) 213 - 194 = 19

45.

Additionsaufgabe	Umkehraufgabe
-14 + 19 = 5	5 - 19 = -14
-25 + 12 = -13	-13 - 12 = -25
11 + (-18) = -7	-7 - (-18) = 11
17 + (-9) = 8	8 - (-9) = 17
-13 + (-16) = -29	-29 - (-16) = -13

46. $a+(+b) = a+b$: Das Vorzeichen „+“ darf weggelassen werden.

$a+(-b) = a-b$: Definition der Subtraktion rückwärts aufgeschrieben

$$\left.\begin{array}{l} a-(+b) = a-b \\ a-(-b) = a+b \end{array}\right\}$$ Definition der Subtraktion

47.

a) -20 + 15 = -5	f) 14 + (-21) = 14 - 21 = -7
b) -12 - 17 = -29	g) -25 - (-33) = -25 + 33 = 8
c) 27 - 14 = 13	h) 78 - (+59) = 78 - 59 = 19
d) 8 - 17 = -9	i) -61 + (-24) = -61 - 24 = -85
e) -13 + 19 = 6	j) -83 - (-47) = -83 + 47 = -36

48.

a) -38 + 52 = 14	e) 59 + (-71) = -12	i) 193 - 208 = -15
b) -47 - 34 = -81	f) 37 - (-63) = 100	j) 164 - (-46) = 210
c) 55 -72 = -17	g) -56 - (+55) = -111	k) -128 - 128 = -256
d) -63 + 49 = -14	h) -67 + (-75) = -142	l) -(-76) + (-76) = 0

49. $23-(-18)=41$ $\quad -35-(-18)=-17$ $\quad 47-(-18)=65$

$23-31=-8$ $\quad -35-31=-66$ $\quad 47-31=16$

$23-(-47)=70$ $\quad -35-(-47)=12$ $\quad 47-(-47)=94$

50. a) Wurzel zieht die kleinere Zahl von der größeren ab.

b)
① -17 und 18: 18 - (-17) = 18 + 17 = 35
② -38 und -15: -15 - (-38) = -15 + 38 = 23
③ -27 und -44: -27 - (-44) = -27 + 44 = 17
④ 35 und -97: 35 - (-97) = 35 + 97 = 132

c) -18

d) Silvester erhält die Gegenzahl.

51. 300°C

52. a)

Abbaustelle	*A*	*B*	*C*
geogr. Höhe (in m)	30	– 62	–187

b)

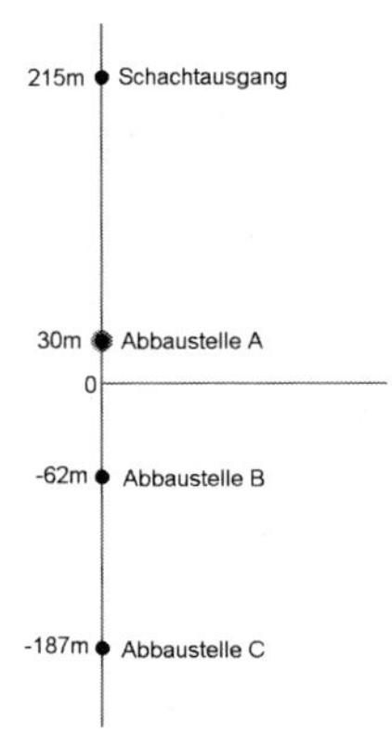

53. a) -1070 €

b) -230 €

c) Silvester: -370 €, Wurzel: 130 €.

d) 250 € zahlt Wurzel auf Silvesters Konto ein, 300 € auf ihr eigenes. Der neue Kontostand beträgt -120 €.

54. a)

Subtrahend (Spalten), Minuend (Zeilen)

−	−11	−1	0	7	19
−14	−3	-13	-14	-21	-33
−2	9	-1	-2	-9	-21
−1	10	0	-1	-8	-20
9	20	10	9	2	-10
17	28	18	17	10	-2

b)

Subtrahend (Spalten), Minuend (Zeilen)

−	-16	-11	− 4	3	12
15	31	26	19	12	3
12	28	23	16	9	0
7	23	18	11	4	-5
−8	8	3	-4	-11	-20
-12	4	-1	-8	−15	-24

55. a) richtig

b) falsch, denn $-1-(-2)>0$.

c) falsch, denn $1+(-2)<1-(-2)$.

d) falsch, denn $5-1=4$, aber $1-5=-4$.

e) richtig

f) falsch, denn $-2<1$, aber $|-2| > |1|$.

Mehrgliedrige Ausdrücke

56.

Berechne schrittweise von links nach rechts.

-18 - 12 + 41 - 20
= -30 + 41 - 20
= 11 - 20
= -9

a) 1
b) −11
c) −4
d) 9
e) −5
f) −63

57.

a) (-48) - (+23) + (+25)
= -48 - 23 + 25
= -71 + 25
= -46

b) -(-25) + (-37) - (+19)
= 25 - 37 - 19
= -12 - 19
= -31

c) 5
d) 1
e) −1
f) 0

58. Klammern werden zuerst berechnet.

$-18 + (37 - 45) - (26 - 21)$
$= -18 + (-8) - 5$
$= -26 - 5$

a) 68
b) –5
c) 0
d) –1
e) –24
f) 113

59.

a) $39 - [23-(34-57)]$
$= 39 - [23-(-23)]$
$= 39 - [23+23]$
$= 39 - 46 = -7$

b) $-[(-124+61) - (28-97)]$
$= -[-63 - (-69)]$
$= -[-63 + 69]$
$= -6$

c) –16
d) 0
e) –34
f) –77

60. a) $25-(18+(-43))=50$
b) $(16-(-21))+(-45)=-8$
c) $-34-(23-44)=-13$
d) $(16-(-38))+((-61)+25)=18$
e) $((-22)-19)-((-22)+19)=-38$
f) $[26+(-39)] - [-(26-(-39))] = -26$

61. a) Silvesters Übersetzung ist falsch. Korrektur: Subtrahiere von –38 die Summe der Zahlen –75 und 41.

b) ① Addiere zu 33 die Differenz von 12 und 55: $33+(12-55)=-10$.

② Subtrahiere von der Differenz von 37 und 88 die Zahl 52: $(37-88)-52=-103$.

③ Addiere zur Summe von 19 und 23 die Differenz von 26 und 89: $(19+23)+(26-89)=42+(-63)=42-63=-21$.

④ Subtrahiere von der Differenz von –51 und 27 die Summe von – 43 und 28: $(-51-27)-(-43+28)=-78-(-15)=-78+15=-63$.

⑤ Subtrahiere von der Gegenzahl der Summe von 34 und 58 die Differenz von 39 und 37: $-(34+58)-(39-71)=-92-(-32)=-92+32=-60$.

⑥ Subtrahiere von der Zahl 50 die Summe von –82 und 28 und die Differenz von 73 und 37: $50-(-82+28)-(73-37)=50-(-54)-36=50+54-36=68$.

62.

Bevölkerungsbewegung 2000

	HOM	MZG	NK	SB	SLS	WND	VK
geboren	311	259	341	1361	256	148	271
gestorben	509	351	590	2087	420	322	491
zugezogen	2605	1299	2342	11452	2070	1140	2270
fortgezogen	2494	1259	2288	10241	2135	1099	2063
Veränderung	-87	-52	-195	+485	-229	-133	-13

Quelle: www.statistik.saarland.de

63. a) ---

b)

- $-3567 + 5026 - 1699 = -236 - 4 = -240$
- $-3560 + 5026 - 1695 = -236 + 7 = -229$
- $-3567 + 5023 - 1692 = -236 - 3 + 3 = -236$
- $-3571 + 5021 - 1695 = -236 - 4 - 5 = -245$
- $-3568 + 5027 - 1696 = -236 - 1 + 1 - 1 = -237$
- $3567 - 5026 + 1695 = -(-236) = 236$

Rechenregeln

64. a)

- 43 + 28 − 73 = 71 − 73 = −2

  43 − 73 + 28 = −30 + 28 = −2
- −81 − 23 + 86 = −104 + 86 = −18

  −81 + 86 − 23 = 5 − 23 = −18

b) Man darf auch das erste Glied tauschen. Ist dieses positiv, muss das Rechenzeichen „+“ ergänzt werden.

c)

- −37 − 23 + 69 = −60 + 69 = 9
- −37 + 69 − 23 = 32 − 23 = 9
- −23 − 37 + 69 = −60 + 69 = 9
- −23 + 69 − 37 = 46 − 37 = 9
- 69 − 37 − 23 = 32 − 23 = 9
- 69 − 23 − 37 = 46 − 37 = 9

65.

a) −75 + 119 − 45 = −75 − 45 + 119 = −120 + 119 = −1

b) −165 + 78 + 65 = −165 + 65 + 78 = −100 + 78 = −22

c) 174 − 49 + 26 = 174 + 26 − 49 = 200 − 49 = 151

d) 186 − 258 + 253 = 253 − 258 + 186 = −5 + 186 = 181

e) 57 − 39 − 107 = 57 − 107 − 39 = −50 − 39 = −89

66.

Plusklammerregel aus Klasse 5

$a + (b + c) = a + b + c$

$a + (b - c) = a + b - c$

a)

a	b	c	a + (b + c)	a + b + c
8	-9	7	8 + (-9 + 7) = 8 + 2 = 6	8 + (-9) + 7 = -1 + 7 = 6
-9	4	-3	-9 + (4 + (-3)) = -9 + 1 = -8	-9 + 4 + (-3) = -5 + (-3) = -8
-8	-1	5	-8 + (-1 + 5) = -8 + 4 = -4	-8 + (-1) + 5 = -9 + 5 = -4
7	-2	-3	7 + (-2 + (-3)) = 7 + (-5) = 2	7 + (-2) + (-3) = 5 + (-3) = 2

Ergebnis: Die Plusklammerregel gilt auch in $\mathbb{Z}$.

b) Voraussetzung: $a, b, c \in \mathbb{Z}$.

Behauptung: $a + (b - c) = a + b - c$.

Beweis:

$$\begin{aligned} a + (b - c) &= a + (b + (-c)) \\ &= a + b + (-c) \\ &= a + b - c. \end{aligned}$$

c) Steht vor einer Klammer ein Plus, so können wir die Klammer auch weglassen.

d)

- $12 + (18 + 15) = 12 + 18 + 15$
- $12 + (18 - 15) = 12 + 18 - 15$
- $12 + (-18 + 15) = 12 + (-18) + 15 = 12 - 18 + 15$
- $12 + (-18 - 15) = 12 + (-18) - 15 = 12 - 18 - 15$

67.

$42 + (-45 + 74)$
$= 42 + (-45) + 74$
$= -3 + 74 \quad = 71$

a) $-91 + (88 + 56)$
$= -91 + 88 + 56$
$= -3 + 56$
$= 53$

b) $57 + (23 - 64)$
$= 57 + 23 - 64$
$= 80 - 64$
$= 16$

c) $75 + (-68 + 93)$
$= 75 + (-68) + 93$
$= 7 + 93$
$= 100$

d) $67 + (-67 - 36) + 12$
$= 67 + (-67) - 36 + 12$
$= 0 - 36 + 12$
$= -24$

e) $-28 + (98 - 79 + 51)$
$= -28 + 98 - 79 + 51$
$= 70 - 79 + 51$
$= -9 + 51 \quad = 42$

68.

a) $-75 + 57 + 23$
$= -75 + (57 + 23)$
$= -75 + 80$
$= 5$

b) $28 + 56 - 96$
$= 28 + (56 - 96)$
$= 28 + (-40)$
$= -12$

c) $-86 + 41 - 37$
$= -86 + (41 - 37)$
$= -86 + 4$
$= -82$

d) $79 - 73 + 51 - 55$
$= (79 - 73) + (51 - 55)$
$= 6 + (-4)$
$= 2$

e) $-28 + 107 - 77 - 30$
$= -28 + (107 - 77) - 30$
$= -28 + 30 - 30$
$= -28 + (30 - 30) \quad = -28$

69.

Minusklammerregel aus Klasse 5

$a - (b + c) = a - b - c$

$a - (b - c) = a - b + c$

a)

a	b	c	a - (b + c)	a - b - c
9	8	5	9 - (8 + 5) = 9 - 13 = -4	9 - 8 - 5 = 1 - 5 = -4
7	-1	6	7 - (-1 + 6) = 7 - 5 = 2	7 - (-1) - 6 = 8 - 6 = 2
-6	7	-3	-6 - (7 + (-3)) = -6 - 4 = -10	-6 - 7 - (-3) = -13 - (-3) = -10
-2	-9	1	-2 - (-9 + 1) = - 2 - (-8) = 6	-2 - (-9) - 1 = 7 - 1 = 6

Ergebnis: Die Minusklammerregel gilt auch in $\mathbb{Z}$.

b)

Voraussetzung: $a, b, c \in \mathbb{Z}$.

Behauptung: $a - (b - c) = a - b + c$.

Beweis:

$a - (b - c)$	$= a - (b + (-c))$	Definition der Subtraktion
	$= a + [-(b + (-c))]$	Definition der Subtraktion
	$= a + [(-b) + c]$	2. Gegenzahlregel
	$= a + (-b) + c$	Plusklammerregel
	$= a - b + c$.	

c)

Steht vor einer Klammer ein Minus, so können wir die Klammer nur dann weglassen, wenn wir in der Klammer die **Rechen**zeichen ändern (+ wird zu - und umgekehrt).

d)

- $12 - (18 + 15) = 12 - 18 - 15$
- $12 - (18 - 15) = 12 - 18 + 15$
- $12 - (-18 + 15) = 12 - (-18) - 15 = 12 + 18 - 15$
- $12 - (-18 - 15) = 12 - (-18) + 15 = 12 + 18 + 15$

70. Wurzels Weg ist leichter zu rechnen.

a) 75 - (65 + 36)
= 75 - 65 - 36
= 10 - 36
= -26

b) 67 - (68 - 49)
= 67 - 68 + 49
= -1 + 49
= 48

c) -69 - (-65 - 86)
= -69 - (-65) + 86
= -69 + 65 + 86
= -4 + 86 = 82

d) -20 - (-68 + 149) - 37
= -20 - (-68) - 149 - 37
= -20 + 68 - 149 - 37
= 48 - 149 - 37
= -101 - 37 = -138

e) 181 - (179 + 134 - 82)
= 181 - 179 - 134 + 82
= 2 - 134 + 82
= -132 + 82
= -50

Rechenübungen

71. a) Silvester wendet die Umstellungsregel an, setzt dann Plusklammern und rechnet nach Vorschrift der Klammern weiter. Wurzel dagegen unterstreicht die Zahlen, die gut zusammen passen, und berechnet die Summe bzw. Differenz sofort.

b)

ausführliche Rechnung	abgekürzte Rechnung
67 - 81 - 47 + 84 = (67 - 47) + (84 - 81) = 20 + 3 = 23	67 - 81 - 47 + 84 = 20 + 3 = 23
47 - 84 - 16 - 67 = 47 - 67 - 84 - 16 = (47 - 67) + (-84) - 16 = (47 - 67) + (-84 - 16) = -20 + (-100) = -120	47 - 84 - 16 - 67 = (-20) + (-100) = -120

72. a) −160
b) −1
c) 20
d) 33
e) −25
f) −4
g) 89
h) 303

-67 - 91 + 55 + 94 - 23
= -90 + 3 + 55
= -87 + 55
= -32

73.

Wenn der Rechenausdruck Variablen enthält, kannst du genauso verfahren.

x - 7 - x + 6
= 0 - 1 = -1

a) x - 6 + 4 = x - 2
b) 8 + y - 7 = 1 + y = y + 1
c) 7 - 3 - r = 4 - r = -r + 4
d) -1 - p - 2 = -3 - p = -p - 3
e) 5 - a + a = 5
f) u - 1 - u = -1
g) 8 + x - 5 - x = 3
h) y - 9 - y + 2 = -7
i) -i + 1 + i - 2 = -1
j) 23 - t - 17 + t = 6

74.

a) 36 - 52 + 44 - 78
= 80 - 130
= -50

b) -19 + 33 - 17 + 45 - 14
= 78 - 50
= 28

c) 16 + 18 - 29 + 15 - 33
= 49 - 62
= -13

d) 35
e) 33
f) −66
g) 1

75.

a) 55 + (37 - 58)
= 55 + 37 - 58
= -3 + 37 = 34

b) 71 + (-69 - 42)
= 71 + (-69) - 42
= 2 - 42 = -40

c) 83 + (-48 + 17) - 32
= 83 + (-48) + 17 - 32
= 100 + (-80) = 20

d) −7
e) 170
f) −6
g) 7

76. a) $96 - (56 + 77)$
$= 96 - 56 - 77$
$= 40 - 77 = -37$

b) $47 - (28 - 53)$
$= \underline{47} - 28 + \underline{53}$
$= 100 - 28 = 72$

c) $-65 - (-39 - 66)$
$= \underline{-65} - (-39) + \underline{66}$
$= 1 + 39 = 40$

d) -7
e) 90
f) 113
g) 82

77. a) $a + (3 - a)$
$= a + 3 - a$
$= 3$

b) $6 - (u + 5)$
$= 6 - u - 5$
$= 1 - u$

c) $(3 - x) - (5 - x)$
$= 3 - x - 5 + x$
$= -2$

d) -1
e) -8
f) $-x$
g) $x-2$
h) 3
i) -2
j) 7
k) $y-4$
l) $-p-1$

78. a) 470
b) 53
c) -3
d) -50
e) -4
f) -393
g) -3
h) -12
i) -214
j) 199

79. Gutschriften:
$(-300\,€ - (-1500\,€)) + (700\,€ - (-3800\,€)) = 1200\,€ + 4500\,€ = 5700\,€$.
Lastschriften:
$(2800\,€ - 1200\,€) + (1200\,€ - (-1500\,€)) + (-300\,€ - (-3800\,€)) = 7800\,€$.

Koordinatensystem

80. a) $B(4|3); C(0|1); D(-3|4); E(-1|0); F(-4|-3); G(0|-1); H(3|-4)$.

b) Es entsteht ein deckungsgleicher Stern (Spiegelbild zu dem Stern aus a) bzgl. der ersten Winkelhalbierenden).

c) Die Punkte *B*, *D*, *F*, *H* liegen auf diesem Kreis (entsprechend B', D', F', H').

81. a) Das Viereck ist ein Rechteck, da die benachbarten Seiten zueinander senkrecht sind.

b) $A = 24\,\text{cm}^2$

82. a) / b) / d) / e)

$A(3|1)$, $B(-1|4)$, $C(-4|0)$, $D(-4|-3)$, $E(2|-5)$, $F(3|-1)$.

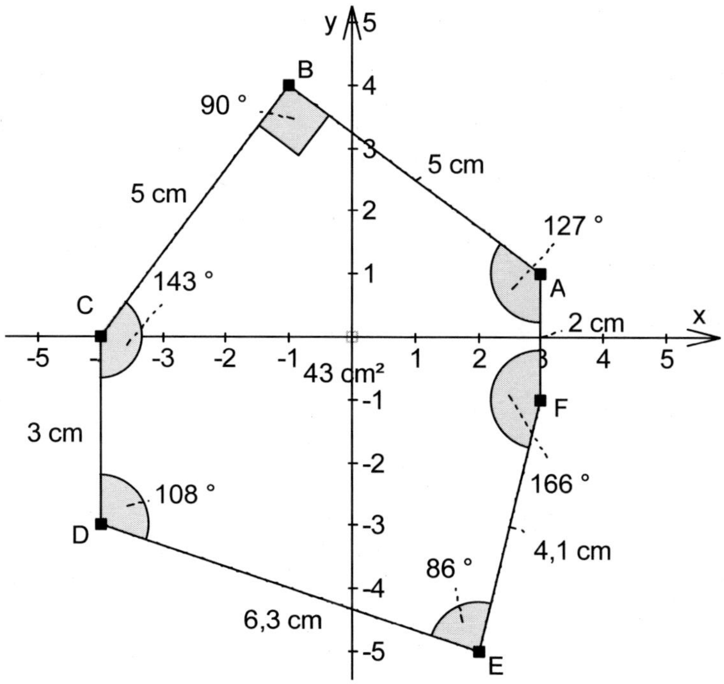

c) Umfang: $|\overline{AB}| + |\overline{BC}| + |\overline{CD}| + |\overline{DE}| + |\overline{EF}| + |\overline{FA}| \approx 25{,}4\,\text{cm}$

83.

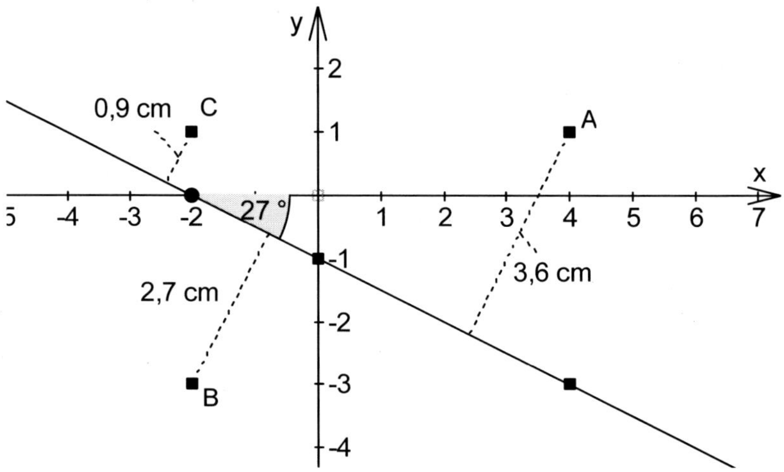

84. a)

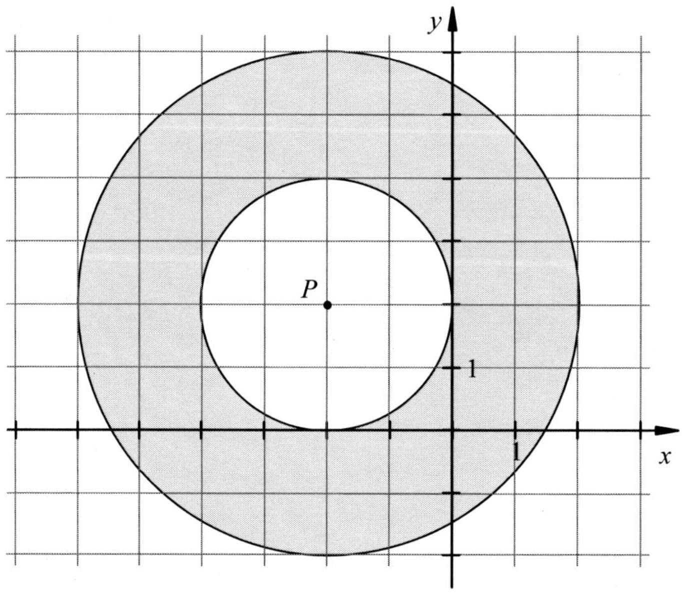

b) Die Punktmenge ist ein Kreisring mit Innenradius 2cm und Außenradius 4cm. Sein Flächeninhalt: $A = \pi \cdot (4\,\text{cm})^2 - \pi \cdot (2\,\text{cm})^2 = 12\,\pi\,\text{cm}^2 \approx 37{,}7\,\text{cm}^2$.

85. a) (5|6)

b) (25|26)

Weitere Aufgaben

86. a) England: 9.00 Uhr, Mexiko: 3.00 Uhr, Japan:18.00 Uhr.

b) 10.00 Uhr

c) 16.30 Uhr

d) Nein, es ist 3.00 Uhr in der Nacht.

e) 19 – 20 Uhr OEZ (osteuropäische zeit) bzw. 8 – 9 Uhr Pacific Time.

87. a)

10	-3	-4	7
-1	4	5	2
3	0	1	6
-2	9	8	-5

b)

3	2	-9	-2
-8	-3	4	1
6	-1	-6	-5
-7	-4	5	0

88.

Jahr	2007	2008	2009	2010	2011	2012	2013	2014
Bevölkerung am 1.1.	78300	78700	78200	77900	78100	78400	78300	78800
Zu-/Abnahme	+400	-500	-300	+200	+300	-100	+500	-

Zu- bzw. Abnahme der Bevölkerung in *Sim-City*

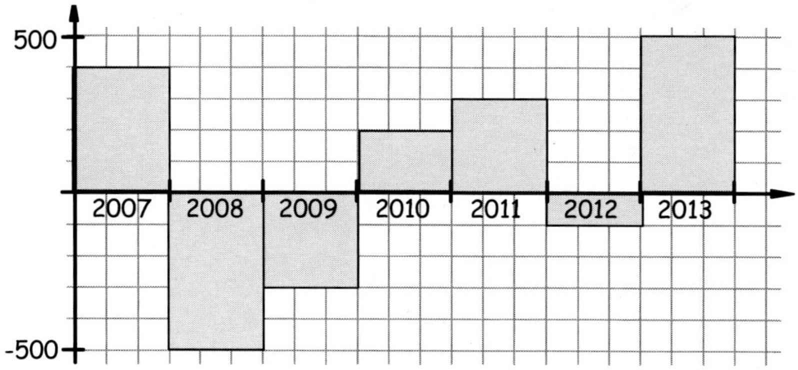

89. a)

Zahl	2	1	0	-1	-2	-3	-4	-5	-6	-7
Spiegelzahl bzgl. -4	-10	-9	-8	-7	-6	-5	-4	-3	-2	-1

b) –108 ist die Spiegelzahl von 100 bzgl. – 4; 69 ist die Spiegelzahl von –77 bzgl. – 4.

c) Die Spiegelzahl von einer beliebigen Zahl x bzgl. – 4 berechnet sich durch

$$\begin{cases} -4-|x+4|, & \text{wenn } x \geq -4 \\ -4+|x+4|, & \text{wenn } x < -4 \end{cases}.$$

90.

a) $-a + a + a = a$	d) $x - 9 - x + 6 + x = x - 3$
b) $b - b - b = -b$	e) $p - 7 - p + 7 - p = -p$
c) $-c + c - c = -c$	f) $a + 5 + b - 4 - a = b + 1$

g) $r-1$ i) $5-u$

h) $y+4$ j) $a-b$

91. a)

a	b	$\lvert a+b \rvert$	$\lvert a \rvert + \lvert b \rvert$
3	5	$\lvert 3+5 \rvert = \lvert 8 \rvert = 8$	$\lvert 3 \rvert + \lvert 5 \rvert = 3+5 = 8$
7	-4	$\lvert 7+(-4) \rvert = \lvert 3 \rvert = 3$	$\lvert 7 \rvert + \lvert -4 \rvert = 7+4 = 11$
-6	1	$\lvert -6+1 \rvert = \lvert -5 \rvert = 5$	$\lvert -6 \rvert + \lvert 1 \rvert = 6+1 = 7$
-2	-4	$\lvert (-2)+(-4) \rvert = \lvert -6 \rvert = 6$	$\lvert -2 \rvert + \lvert -4 \rvert = 2+4 = 6$
0	-2	$\lvert 0+(-2) \rvert = \lvert -2 \rvert = 2$	$\lvert 0 \rvert + \lvert -2 \rvert = 0+2 = 2$

b) $|a+b|$ ist stets kleiner oder gleich $|a|+|b|$. Übereinstimmung ergibt sich nur, wenn a und b dasselbe Vorzeichen haben, oder a oder b gleich 0 ist.

c)

Dreiecksungleichung

Für alle $a, b \in \mathbb{Z}$ gilt: $|a+b| \leq |a| + |b|$.

d) $|7+x| + |3-x| \geq |(7+x)+(3-x)| = 10.$

92. a) $L = \{-2; 8\}$

b)

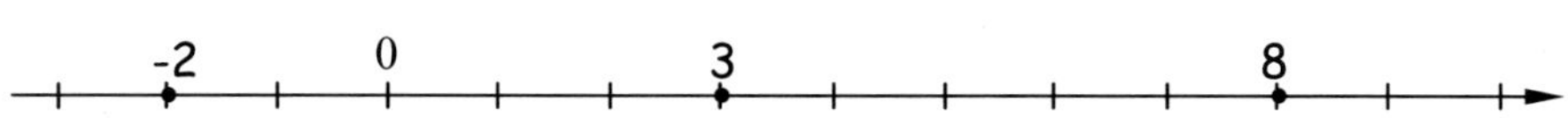

c) $|x-3|$ = Abstand der Zahl x von der Zahl 3

d) $L = \{-1; 0{:}1; 2; 3; 4; 5; 6; 7\}$

e) Ja: $L = \{2; 8\}$ bzw. $L = \{3; 4; 5; 6; 7\}$

93. Bei geschicktem Spiel gewinnt A immer, wenn $n \equiv 2 \bmod 4$ oder $n \equiv 3 \bmod 4$; dabei ist n die Anzahl der Reihen.

94. a)

Zimmer-Nr.	0	1	2	3	4	5	6	7	8	9
Bewohner	0	-1	1	-2	2	-3	3	-4	4	-5

b) Die Zahl 500 ist im Zimmer Nr. 1000 untergebracht.

c) Die Zahlen 1000 und -1000 sind in den Zimmern Nr. 2000 und 1999 untergebracht.

d) Die Zahlen n und $-n$ sind in den Zimmern Nr. $2n$ und $2n-1$ untergebracht.

95. a)

$000101_2 = 5$	$001010_2 = 10$	$001101_2 = 13$
$010000_2 = 16$	$010101_2 = 21$	$011111_2 = 31$

b) $2^6 = 64$

c) ---

d) $001111_2 = 15$; $101111_2 = -17$; $111111_2 = -1$; $011001_2 = 25$; $100000_2 = -32$

e) $-31 = 100001_2$; $-20 = 101100_2$; $-14 = 110010_2$; $-9 = 110111_2$; $-3 = 111101_2$

f)

$$\begin{array}{r} 001101 \\ +\ 101101 \\ \hline 111010 \end{array} \qquad \begin{array}{r} 13 \\ +(-19) \\ \hline -6 \end{array} \qquad \begin{array}{r} 110101 \\ +\ 101110 \\ \hline (1)000111 \end{array} \qquad \begin{array}{r} (-11) \\ +(-18) \\ \hline -29 \end{array}$$

$$\begin{array}{r} 101111 \\ +\ 010001 \\ \hline (1)000000 \end{array} \qquad \begin{array}{r} (-17) \\ +\ \ 17 \\ \hline 0 \end{array} \qquad \begin{array}{r} 011010 \\ +\ 101101 \\ \hline (1)000111 \end{array} \qquad \begin{array}{r} 26 \\ +(-19) \\ \hline 7 \end{array}$$

g) Von $-2^{15} = -32768$ bis $2^{15} - 1 = 32767$.
Es handelt sich um den Datentyp *Integer* in der EDV.

2

Multiplikation und Division ganzer Zahlen

Definition der Multiplikation

1. a)

$4 \cdot (-7) = (-7) + (-7) + (-7) + (-7)$

$= -28$

b)

- $3 \cdot (-5) = (-5) + (-5) + (-5) = -15$
- $6 \cdot (-4) = (-4) + (-4) + (-4) + (-4) + (-4) + (-4) = -24$
- $2 \cdot (-36) = (-36) + (-36) = -72$
- $42 \cdot (-5) =$ 42 Summanden $(-5) = -210$

c)

$(-7) \cdot 4 = -28$	$(-5) \cdot 3 = -15$	$(-4) \cdot 6 = -24$

d)

Zahlen mit verschiedenen Vorzeichen multiplizieren

1. Minuszeichen setzen
2. Beträge multiplizieren

2.

a) $12 \cdot (-8) = -96$

b) $(-4) \cdot 7 = -28$

c) $9 \cdot (-15) = -135$

d) $(-19) \cdot 6 = -114$

e) $(-1) \cdot (+1) = -1$

f) $47 \cdot (-3) = -141$

g) $70 \cdot (-40) = -2800$

h) $(-16) \cdot 25 = -400$

i) $11 \cdot (-37) = -407$

j) $0 \cdot (-13) = 0$

3. a) Wurzel schreibt die -7 als Differenz $(0-7)$ und wendet das Distributivgesetz an (Ausmultiplizieren).

b) $(-5)\cdot(-3) = (-5)\cdot(0-3)$

$= (-5)\cdot 0 - (-5)\cdot 3$

$= -(-15) = 15$

c) Zahlen mit gleichen Vorzeichen multiplizieren

(1. Pluszeichen setzen)

2. Beträge multiplizieren

4.

a) $(-8)\cdot(-15) = 120$

b) $(-18)\cdot(-6) = 108$

c) $(-9)\cdot(-17) = 153$

d) $(-13)\cdot(-11) = 143$

e) $(-1)\cdot(-1) = 1$

f) $(-1)\cdot(-43) = 43$

g) $(-12)\cdot(-12) = 144$

h) $(-60)\cdot(-90) = 5400$

i) $(-30)\cdot(-16) = 480$

j) $(-75)\cdot(-80) = 6000$

5. a)

·	-9	-7	-1	4	12
-12	108	84	12	-48	-144
-8	72	56	8	-32	-96
-6	54	42	6	-24	-72
7	-63	-49	-7	28	84
14	-126	-98	-14	56	168

b)

·	11	-7	4	-8	-1
-3	-33	21	-12	24	3
7	77	-49	28	-56	-7
-10	-110	70	-40	80	10
6	66	-42	24	-48	-6
-5	-55	35	-20	40	5

6. a)

·	87	-87
678	58986	-58986
-678	-58986	58986

b)

·	-139	174
139	-19321	24186
-174	24186	-30276

7. a)
- $(-5)\cdot 9$ ist das Produkt von -5 und 9: $(-5)\cdot 9=-45$, $-5\cdot 9$ ist die Gegenzahl des Produktes von -5 und 9: $-5\cdot 9=-45$.
- $-4\cdot(-7)$ ist die Gegenzahl des Produktes von 4 und -7: $-4\cdot(-7)=28$, $(-4)\cdot(-7)$ ist das Produkt von -4 und -7: $(-4)\cdot(-7)=28$.

b)
Produkt von -9 und 4: (-9)·4 = -36

Gegenzahl des Produktes von 9 und 4: -9·4 = -36

Gegenzahl des Produktes von 7 und -5: -7·(-5) = 35

Produkt von -7 und -5: (-7)·(-5) = 35

Gegenzahl des Produktes von -7 und -5: -(-7)·(-5) = -35

8. a)

·	−7	12
25	−175	300
−17	119	−204
−70	490	−840

b) ①

·	-15	-8	-4	9	13
-9	135	72	36	-81	-117
-7	105	56	28	-63	-91
-5	75	40	20	-45	-65
8	-120	-64	-32	72	104
12	-180	-96	-48	108	156

②

·	-25	-17	-14	15	21
-12	300	204	168	-180	-252
-7	175	119	98	-105	-147
-1	25	17	14	-15	-21
0	0	0	0	0	0
8	-200	-136	-112	120	168

9. a)

zwei Zahlen		 Ich multipliziere die beiden Zahlen!	Ich multipliziere die Gegenzahlen! 
3	4	3·4 = 12	(-3)·(-4) = 12
5	-6	5·(-6) = -30	(-5)·6 = -30
-8	3	(-8)·3 = -24	8·(-3) = -24
-4	-9	(-4)·(-9) = 36	4·9 = 36

b)

a	b	(-a)·b	a·(-b)	a·b
3	7	(-3)·7 = -21	3·(-7) = -21	21
5	-6	(-5)·(-6) = 30	5·6 = 30	-30
-8	3	8·3 = 24	(-8)·(-3) = 24	-24
-4	-9	4·(-9) = -36	(-4)·9 = -36	36

Multiplikationsregeln für Gegenzahlen

1. Für alle $a, b \in \mathbb{Z}$ gilt: $(-a)\cdot(-b) = a\cdot b$.
2. Für alle $a, b \in \mathbb{Z}$ gilt: $(-a)\cdot b = a\cdot(-b) = -a\cdot b$.

c)
- $(-6)\cdot(-x) = 6x$
- $(-5)\cdot a = -5a$
- $(-q)\cdot(-q) = q^2$
- $2\cdot(-y) = -2y$
- $x\cdot(-x) = -x^2$
- $(-r)\cdot r^2 = -r^3$

10. a)

27000			
-150	-180		
-10	15	-12	
2	-5	-3	4

b) nicht
c) 256-fache
d) ja
e) positiv

Mehrgliedrige Produkte

11.
a) $(-3)\cdot(-4)\cdot(+6)$
$= 12\cdot 6$
$= 72$

b) $90\cdot[5\cdot(-8)]$
$= 90\cdot(-40)$
$= -3600$

c) $(-17)\cdot[[(-6)\cdot 3]\cdot(-5)]$
$= (-17)\cdot[(-18)\cdot(-5)]$
$= (-17)\cdot 90$
$= -1530$

d) 1800
e) 6300
f) 1260
g) –2520

12. a) Die Zahl ist negativ.
b) Ein Produkt aus drei Faktoren ist
- positiv, wenn alle drei Faktoren positiv oder genau zwei Faktoren negativ sind.
- negativ, wenn genau ein Faktor negativ ist oder alle drei Faktoren negativ sind.
- gleich null, wenn mindestens ein Faktor gleich 0 ist.

13.
- Silvester rechnet schrittweise von links nach rechts.
- Wurzel sucht Faktoren, die „gut zueinander passen“, d. h. deren Produkt eine Zehnerpotenz ist.

Wurzels Rechnung ist geschickter.

In Produkten dürfen wir Faktoren beliebig vertauschen und zu Teilprodukten zusammenfassen.

14. a)

- $25\cdot(-47)\cdot 4$
  $= (-47)\cdot[25\cdot 4]$
  $= (-47)\cdot 100$
  $= -4700$
- $(-8)\cdot(-5)\cdot 17\cdot(-20)$
  $= [(-8)\cdot 17]\cdot[(-5)\cdot(-20)]$
  $= (-136)\cdot 100$
  $= -13600$
- $5\cdot(-6)\cdot(-14)\cdot 15$
  $= [5\cdot(-14)]\cdot[(-6)\cdot 15]$
  $= (-70)\cdot(-90)$
  $= 6300$

b)

Schnellverfahren: Unterstreiche die Faktoren, die du zusammenfassen willst.

$(-13)\cdot 8\cdot(-7)\cdot(-125)$
$= 91\cdot(-1000)$
$= -91000$

- $20\cdot 11\cdot(-12)\cdot(-50)$
  $= (-132)\cdot(-1000)$
  $= 132000$
- $(-15)\cdot(-18)\cdot(-4)\cdot(-5)$
  $= 60\cdot 90$
  $= 5400$
- $30\cdot(-75)\cdot 17\cdot 40$
  $= 510\cdot(-3000)$
  $= -1530000$

15. Ja, Silvester rechnet richtig.

a) $3\cdot 5x = 15x$	d) $(-9)\cdot(-4r) = 36r$	g) $9\cdot(-b)\cdot(-11) = 99b$
b) $(-4)\cdot 6y = -24y$	e) $3z\cdot(-6) = -18z$	h) $5\cdot(-3h)\cdot(-4) = 60h$
c) $7\cdot(-3u) = -21u$	f) $(-1)\cdot(-2a) = 2a$	i) $(-3x)\cdot 2x = -6x^2$

16.

- $(-2)\cdot(-2)\cdot(-2)\cdot(-2)\cdot(-2) = (-2)^5 = -32$
- $(-5)\cdot(-5)\cdot(-5)\cdot(-5) = (-5)^4 = +625$
- $(-6)\cdot(-6)\cdot(-6) = (-6)^3 = -216$
- $(-10)\cdot(-10)\cdot(-10)\cdot(-10)\cdot(-10)\cdot(-10) = (-10)^6 = +1000000$
- $(-12)\cdot(-12) = (-12)^2 = +144$
- $(-1)\cdot(-1)\cdot(-1)\cdot(-1)\cdot(-1)\cdot(-1)\cdot(-1) = (-1)^7 = -1$

17. a)

- 6. Potenz von –2: $(-2)^6 = 64$

  Gegenzahl der 6. Potenz von 2: $-2^6 = -64$
- 4. Potenz von –3: $(-3)^4 = 81$

  Gegenzahl der 4. Potenz von 3: $-3^4 = -81$
- 3. Potenz von –5: $(-5)^3 = -125$

  Gegenzahl der 3. Potenz von 5: $-5^3 = -125$
- Quadrat von –18: $(-18)^2 = 324$

  Gegenzahl des Quadrates von 18: $-18^2 = -324$

b) $(-13)^n$ ist genau dann positiv, wenn n gerade ist.

18.

Potenzen werden zuerst berechnet.

$3^2\cdot(-5)^3$

$= 9\cdot(-125)$

$= -1125$

a) $9\cdot(-2)^5$

$= 9\cdot(-32)$

$= -288$

b) $(-5)^2\cdot(-2)^3$

$= 25\cdot(-8)$

$= -200$

c) $-5^2\cdot(-2)^3$

$= -25\cdot(-8)$

$= 200$

d) –567

e) 1080

f) 1125

g) 6 400 000

h) –256

i) 108

Punkt- und Strichrechnung

19. a)

- $(-15)\cdot(-8) - 125$
  $= 120 - 125$
  $= -5$
- $19\cdot 5 - (-8)\cdot(-12)$
  $= 95 - 96$
  $= -1$
- $-33\cdot 4 + (-16)\cdot(-8)$
  $= -132 + 128$
  $= -4$
- $-46 - 3\cdot(-19)$
  $= -46 - (-57)$
  $= -46 + 57$
  $= 11$
- $11\cdot(-7) + (-13)\cdot 6$
  $= -77 + (-78)$
  $= -145$
- $(-7)\cdot 9 - (-4)\cdot 16$
  $= -63 - (-64)$
  $= -63 + 64$
  $= 1$

b) Der Term mit dem größten Wert ist umrahmt.

$(-14)\cdot(-7) - 126 = 98 - 126 = -28$

$-45 - 4\cdot(-18) = -45 + 72 = 27$

$\boxed{20\cdot 6 - (-7)\cdot(-11) = 120 - 77 = 43}$

$12\cdot(-6) + (-12)\cdot 7 = -72 - 84 = -156$

$-34\cdot 5 + (-15)\cdot(-7) = -170 + 105 = -65$

$(-6)\cdot 10 - (-3)\cdot 17 = -60 + 51 = -9$

20. a) 10
b) 2
c) -1
d) 42
e) -4
f) -52

21.

$79 + (-9)\cdot(49 - 40)$
$= 79 + (-9)\cdot 9$
$= 79 + (-81) = -2$

In der folgenden Tabelle steht nun links neben dem Term die Lösung.

180	$(-15)\cdot(-178+166)$	-5	$39+(-4)\cdot(36-25)$
-153	$(-17)\cdot(564-555)$	7	$-7\cdot 44-(-14-21)\cdot 9$
-143	$-(136-149)\cdot(-11)$	-21	$-(324-415)+8\cdot(73-87)$
104	$(-51+38)\cdot(173-181)$	14	$9\cdot(56-103)-19\cdot(55-78)$
324	$-(-61+79)\cdot(35-53)$	-6	$-(87-72)\cdot 13-(51-78)\cdot(46-39)$

22.

a) 1

b) -3

c) 40

d) 16

e) -152

f) $\begin{cases} -1, \text{ wenn } n \text{ ungerade} \\ 0, \text{ wenn } n \text{ gerade} \end{cases}$

23. a) $-1780-60\cdot(-30)=20$

b) $(-34-18)\cdot 7=-364$

c) $-(-18)\cdot 11+(-6)^3=-18$

d) $(16+(-9))\cdot(16-(-9))=175$

e) $13\cdot(-50)-(135+(-990))=205$

f) $\left[70^2+(-90)^2\right]+2\cdot(70\cdot(-90))=400$

Distributivgesetz

24. a) Kannst du Silvester helfen?

b)

a	b	c	a·(b + c)	a·b + a·c
-3	2	-8	(-3)·(2 + (-8)) = (-3)·(-6) = 18	(-3)·2 + (-3)·(-8) = - 6 + 24 = 18
6	-1	-7	6·((-1) + (-7)) = 6·(-8) = -48	6·(-1) + 6·(-7) = -6+(-42) = -48
-5	-7	9	(-5)·((-7) + 9) = (-5)·2 = -10	(-5)·(-7)+(-5)·9 = 35+(-45) = -10
-6	-5	-2	(-6)·((-5)+(-2)) = (-6)·(-7) = 42	(-6)·(-5) + (-6)·(-2) = 30+12 = 42
-3	0	5	(-3)·(0 + 5) = (-3)·5 = -15	(-3)·0 + (-3)·5 = 0+(-15) = -15

Distributivgesetz für Summen

Für alle a, b, c $\in \mathbb{Z}$ gilt: $a\cdot(b+c) = a\cdot b + a\cdot c$.

c)

$a\cdot(b-c) = a\cdot(b+(-c))$	(Definition der Subtraktion)
$= a\cdot b + a\cdot(-c)$	Distributivgesetz für Summen
$= a\cdot b + (-a\cdot c)$	(2. Multiplikationsregel für Gegenzahlen)
$= a\cdot b - a\cdot c$	(Definition der Subtraktion)

25. a) $(-8)\cdot(-50+6)$
$= (-8)\cdot(-50) + (-8)\cdot 6$
$= 400 + (-48)$
$= 352$

b) $(-7)\cdot(3-70)$
$= (-7)\cdot 3 - (-7)\cdot 70$
$= -21 - (-490)$
$= -21 + 490 = 469$

c) -444
d) -702
e) -1005
f) 2688
g) 2028
h) -2192

26. a) $17\cdot(-28)$
$= 17\cdot(-30+2)$
$= 17\cdot(-30) + 17\cdot 2$
$= -510 + 34 = -476$

b) $(-18)\cdot 69$
$= (-18)\cdot(70-1)$
$= (-18)\cdot 70 - (-18)\cdot 1$
$= -1260 + 18 = -1242$

c) -912 d) -1162 e) -3570 f) -9417

g) Wurzel nutzt die erste Multiplikationsregel für Gegenzahlen aus und multipliziert dann aus.

27. a) -385
b) 1072
c) -400
d) -6586
e) 74
f) -16170
g) $(53-67)\cdot(60-2) = (-14)\cdot(60-2) = -840 + 28 = -812$
h) $(-20-4)\cdot(-110+59) = (-24)\cdot(-51) = (-24)\cdot(-50-1) = 1200 + 24 = 1224$
i) $(641-649)\cdot(965-953) = (-8)\cdot 12 = -96$

28. Berechne durch Ausklammern.

a) $28 \cdot (-87) + 28 \cdot 37$
$= 28 \cdot (-87 + 37)$
$= 28 \cdot (-50)$
$= -1400$

b) $(-6) \cdot 13 + (-6) \cdot 17$
$= (-6) \cdot (13 + 17)$
$= (-6) \cdot 30$
$= -180$

c) $35 \cdot (-34) - 35 \cdot 16$
$= 35 \cdot (-34 - 16)$
$= 35 \cdot (-50)$
$= -1750$

d) -420
e) 1460
f) 0
g) 1920
h) -3000
i) -580

29. a)

$(-87) \cdot (-25) - (-87) \cdot (-35)$
$= 87 \cdot 25 - 87 \cdot 35$
$= 87 \cdot (25 - 35)$
$= 87 \cdot (-10) = -870$

- $-76 \cdot 33 - 76 \cdot 17$
$= 76 \cdot (-33) - 76 \cdot 17$
$= 76 \cdot (-33 - 17)$
$= 76 \cdot (-50) = -3800$

- $(-68) \cdot (-29) + (-68) \cdot (-71)$
$= 68 \cdot 29 + 68 \cdot 71$
$= 68 \cdot (29 + 71)$
$= 68 \cdot 100 = 6800$

- $-54 \cdot 15 + 54 \cdot 75$
$= 54 \cdot (-15) + 54 \cdot 75$
$= 54 \cdot (-15 + 75)$
$= 54 \cdot 60 = 3240$

b)

$(-18) \cdot 32 + (-18)^2 + 16 \cdot (-18)$
$= (-18) \cdot 32 + (-18) \cdot (-18) + (-18) \cdot 16$
$= (-18) \cdot (32 + (-18) + 16)$
$= (-18) \cdot 30 = -540$

- $36^2 + 36 \cdot (-16)$
  $= 36 \cdot 36 + 36 \cdot (-16)$
  $= 36 \cdot (36 + (-16))$
  $= 36 \cdot 20 = 720$

- $(-67)^2 - (-67) \cdot 33$
  $= (-67) \cdot (-67) - (-67) \cdot 33$
  $= (-67) \cdot (-67 - 33)$
  $= (-67) \cdot (-100) = 6700$

- $19 \cdot (-51) - 19^2$
  $= 19 \cdot (-51) - 19 \cdot 19$
  $= 19 \cdot (-51 - 19)$
  $= 19 \cdot (-70) = -1330$

c)

$72 \cdot (-51) + 72$
$= 72 \cdot (-51) + 72 \cdot 1$
$= 72 \cdot (-51 + 1)$
$= 72 \cdot (-50) = -3600$

- $35 \cdot (-79) - 35 \cdot \mathbf{1}$
  $= 35 \cdot (-79 - 1)$
  $= 35 \cdot (-80)$
  $= -2800$

- $-78 + 46 \cdot (-78) - 17 \cdot (-78)$
  $= -78 \cdot (\mathbf{1} + 46 - 17)$
  $= -78 \cdot 30$
  $= -2340$

- $41 - 41^2$
  $= 41 \cdot \mathbf{1} - 41 \cdot 41$
  $= 41 \cdot (1 - 41)$
  $= 41 \cdot (-40) = -1640$

30. $43^3 - 43^2 = 43^2 \cdot 43 - 43^2 \cdot 1 = 43^2 \cdot (43 - 1) = 43^2 \cdot 42 = \underbrace{(43^2 \cdot 6) \cdot 7}_{\text{Vielfaches von 7}}$

Termumformungen

31.

a) $(-3) \cdot (-a) = 3a$

b) $(-5) \cdot 4x = -20x$

c) $3 \cdot (-2y) = -6y$

d) $(-6) \cdot (-7r) = 42r$

e) $(-x) \cdot (-2x) = 2x^2$

f) $(-12a) \cdot 5b = -60ab$

32.

a) $2a - 11a = -9a$	g) $6u - 8u + 3u = u$
b) $-5b - 3b = -8b$	h) $12z - 13z - 6z = -7z$
c) $-8c + 15c = 7c$	i) $-6y + 9y + 2y = 5y$
d) $4d - 5d = -d$	j) $-p - 8p + 5p = -4p$
e) $x - 3x = -2x$	k) $4x^2 - 8x^2 + x^2 = -3x^2$
f) $-2y - y = -3y$	l) $-7a + 11a - 9a + 5a = 0$

33.

a) $7a - 5 - 6a = a - 5$	f) $-3z + 3 + 2z - 3 = -z$
b) $c + 1 - 2c = 1 - c$	g) $4a - 4b + 5b = 4a + b$
c) $2 + 3x - 3 = 3x - 1$	h) $5u - v - 4u - v = u - 2v$
d) $5x - 7 + 4 - 3x = 2x - 3$	i) $-u + 3v + 6u - 4v = 5u - v$
e) $8 - r - 10 + 2r = r - 2$	j) $x - y + 2y - 2x = -x + y$

34. Wurzel löst die Klammern auf und fasst zusammen.

a) $3a - (1 + 2a) = 3a - 1 - 2a = a - 1$
b) $-7e + (-3 + 9e) = -7e - 3 + 9e = 2e - 3$
c) $2r - (3r - 4) = 2r - 3r + 4 = 4 - r$
d) $9x + (3y - 7x) = 9x + 3y - 7x = 2x + 3y$
e) $4p - 7 - (2p - 6) = 4p - 7 - 2p + 6 = 2p - 1$
f) $(8a - b) - (5a + b) = 8a - b - 5a - b = 3a - 2b$
g) $-(3p - q) - 2q + 3p = -3p + q - 2q + 3p = -q$
h) $(15y + 2z) - (14y - 3z) = 15y + 2z - 14y + 3z = y + 5z$

35. a)
- $(-6)\cdot(3x-7) = (-6)\cdot 3x - (-6)\cdot 7 = -18x + 42$
- $(-3)\cdot(x+2) = (-3)\cdot x + (-3)\cdot 2 = -3x - 6$
- $(-5)\cdot(-b+7) = (-5)\cdot(-b) + (-5)\cdot 7 = 5b - 35$
- $9\cdot(7r-1) = 9\cdot 7r - 9\cdot 1 = 63r - 9$
- $(-3y+4)\cdot(-8) = (-3y)\cdot(-8) + 4\cdot(-8) = 24y - 32$

b)
- $-4\cdot(2x-5) = (-4)\cdot(2x-5) = -8x - (-20) = -8x + 20$
- $-2\cdot(7+3x) = (-2)\cdot(7+3x) = -14 + (-6x) = -14 - 6x$
- $-3\cdot(9-a) = (-3)\cdot(9-a) = -27 - (-3a) = -27 + 3a$
- $-(-5u-1)\cdot 7 = (-7)\cdot(-5u-1) = 35u - (-7) = 35u + 7$

c)

$3\cdot(a-8) = 3a - 24$	$-8\cdot(2y+9) = -16y - 72$
$(-2)\cdot(3c+1) = -6c - 2$	$-12\cdot(3a-4) = -36a + 48$
$(-7)\cdot(7-4y) = -49 + 28y$	$-(5-4n)\cdot 6 = -30 + 24n$
$(-2u+3)\cdot 5 = -10u + 15$	$-(7r+1)\cdot(-4) = 28r - 4$
$(4x-5)\cdot(-6) = -24x + 30$	$2x\cdot(3-x) = 6x - 2x^2$

36. a) Wurzel setzt eine Klammer um das Produkt und geht dann in zwei Schritten vor:

1. Sie **multipliziert** die eckige Klammer **aus**.
2. Sie wendet die **Minusklammerregel** an und fasst anschließend zusammen.

b)

$$6-5\cdot(2x-1) = 6-[5\cdot(2x-1)] = 6-[10x-5] = 6 - 10x + 5 = 11 - 10x$$

$$29-7\cdot(4y-1) = 29-[7\cdot(4y-1)] = 29-[28y-7] = 29 - 28y + 7 = 36 - 28y$$

$$-4+3\cdot(-6x+2) = -4+[3\cdot(-6x+2)] = -4+[-18x+6] = -4 + 18x + 6 = 2 + 18x$$

$$14y+3\cdot(3-5y) = 14y+[3\cdot(3-5y)] = 14y+[9-15y] = 14y + 9 - 15y = 9 - y$$

37. Fasse die Anwendung des Distributivgesetzes und der Plus- bzw. Minusklammerregel in einem Schritt zusammen.

$10x - 6\cdot(3x - y) + 4\cdot(2x - 3y)$

$= 10x - 18x + 6y + 8x - 12y$

$= -6y$

a) $12 + 3\cdot(x - 4)$

$= 12 + 3x - 12$

$= 3x$

b) $16x - 5\cdot(3x + 1)$

$= 16x - 15x - 5$

$= x - 5$

c) $4\cdot(6r - 3) - 3\cdot(7r - 4)$

$= 24r - 12 - 21r + 12$

$= 3r$

d) $10z - 3\cdot(6z - 8) + 4\cdot(2z - 5)$

$= 10z - 18z + 24 + 8z - 20$

$= 4$

38. a) -8
b) $a+6$
c) $8p-1$
d) $4y-2$
e) $u+4$
f) $-x+3y$

39. Lösung durch Aufstellen eines Terms: $37\cdot(3x+1) - 7\cdot(16x-9) = 111x + 37 - 112x + 63$
$= 100 - x$

40.
- $-(-a) = a = 1\cdot a$
- $(-a)^2 = (-a)\cdot(-a) = a^2$
- $-a^2 = (-1)\cdot a^2 = (-a)\cdot a$
- $(-a)\cdot(-b) = -(-ab) = ab$
- $-a + b = -(a-b) = b - a$
- $(-a) + (-b) = -a - b = -(a+b)$

41.

a) $18a - 15 = 3\cdot(6a - 5)$	e) $-28 - 7u = -7\cdot(4 + u)$
b) $24a - 20 = 4\cdot(6a - 5)$	f) $8a - 24b = 8\cdot(a - 3b)$
c) $42x - 6 = 6\cdot(7x - 1)$	g) $-mx - 3m = -m\cdot(x + 3)$
d) $-30y + 35 = -5\cdot(6y - 7)$	h) $3x^2 - 15x = 3x\cdot(x - 5)$

Division

42.

Multiplikationsaufgabe	Umkehraufgabe
8 · (-5) = -40	(-40) : (-5) = 8
(-9) · 7 = -63	(-63) : 7 = -9
(-7) · (-8) = 56	56 : (-8) = -7
(-1) · 4 = -4	(-4) : (4) = -1
0 · (-5) = 0	0 : (-5) = 0

Platz für eigene Aufgaben

b)

Divisionsregel

- Wir dividieren Zahlen mit gleichen Vorzeichen, indem wir ihre Beträge dividieren.
- Wir dividieren Zahlen mit verschiedenen Vorzeichen, indem wir ihre Beträge dividieren und ein Minuszeichen setzen.

43. a)

36 : (-4) = -9	126 : (-18) = -7	17 : (-17) = -1
(-72) : (-6) = 12	(-152) : (-19) = 8	(-17) : (-17) = 1
(-105) : 15 = -7	(-630) : 90 = -7	1 : (-1) = -1
(-104) : (-8) = 13	(-17) : 1 = -17	(-1) : (-1) = 1
(-144) : 12 = -12	(-17) : (-1) = 17	0 : (-11) = 0

b) Siehe Tabelle.

c) Betrag des Quotienten ≤ Betrag des Dividenden

d) Der Quotient verdoppelt sich auch, wenn man den Dividenden verdoppelt.

44. a)

Divisor (Spalten), Dividend (Zeilen)

:	-3	-7	-1	21
-21	7	3	21	-1
63	-21	-9	-63	3
105	-35	-15	-105	5
-147	49	21	147	-7

b)

Divisor (Spalten), Dividend (Zeilen)

:	-84	156
3276	-39	21
−12012	143	-77

c)

a	x	(a·x) : a
7	-5	-5
-8	12	12
-6	-4	-4

Für alle $a \in \mathbb{Z}^*$ und $x \in \mathbb{Z}$ gilt:

$(a \cdot x) : a = x$

45. a)

Ich errate die Lösung:

$x = -9$

Ich löse die Gleichung nach x auf:

$(-3) \cdot x = 27 \quad | : (-3)$

$x = -9$

b)

$7 \cdot x = -56 \quad | : 7$
$x = -8$

$(-6) \cdot x = 42 \quad | : (-6)$
$x = -7$

$(-5) \cdot x = -65 \quad | : (-5)$
$x = 13$

c)

$-4x = 24$
$(-4) \cdot x = 24 \quad | : (-4)$
$x = -6$

$-7x = -21$
$(-7) \cdot x = -21 \quad | : (-7)$
$x = 3$

$-x = 12$
$(-1) \cdot x = 12 \quad | : (-1)$
$x = -12$

46.

-8 ist Teiler von 56.	r
7 ist Teiler von −35.	r
-4 ist Teiler von -54.	f
-6 ist Teiler von -90.	r

72 ist teilbar durch -9.	r
-12 ist teilbar durch 36.	f
-119 ist Vielfaches von -17.	r
-1 ist Vielfaches von 1.	r

47.
- $T(21) = \{1,-1,3,-3,7,-7,21,-21\}$
- $T(-21) = \{1,-1,3,-3,7,-7,21,-21\}$
- $T(-25) = \{1,-1,5,-5,25,-25\}$
- $T(-11) = \{1,-1,11,-11\}$
- $T(18) = \{1,-1,2,-2,3,-3,6,-6,9,-9,18,-18\}$
- $T(-24) = \{1,-1,2,-2,3,-3,4,-4,6,-6,8,-8,12,-12,24,-24\}$
- $T(-1) = \{1,-1\}$
- $T(0) = \mathbb{Z}^*$

Die Grundrechenarten

48. a) 44
b) 1
c) –6
d) –130
e) 0
f) 3
g) –31
h) –1

49. a) –6
b) 85
c) –15
d) 100
e) –6
f) 2
g) –8
h) –2

50. a) $(-77+26):(-17)=3$
b) $(-135):(-13-14)=5$
c) $(-6)^2-(-200):(-8)=11$
d) $14\cdot(-15):(-6)=35$
e) $[12+(-27)]:[12-(-3)] = -1$
f) $[63:(-7)]\cdot[(-48):8] = 54$

51. a) ---
b) $(-60):4-(-15)=0$
c) $(-60):(-3)-(-17)=37$
$(72:(-3)-13=-37)$
d) 27

52. a)

- $7 + (-6) : 2 = 4$
- $(-1) \cdot (-2) + (-3) = -1$
- $(-15) : (-3) - 4 = 1$
- $10 + (-4) \cdot 3 = -2$

b) Z. B.: $24 : 6 + 7 = 11$

$24 - 6 - 7 = 11$

53. a) $33 - (-75) = 108$

b) $m = -75 + 108 : 2 = -75 + 54 = -21$

c) Die Formel stimmt.

54. a)

① $(-12) \cdot 5 : (-4) = (-60) : (-4) = 15$

$(-12) : (-4) \cdot 5 = 3 \cdot 5 = 15$

② $18 \cdot (-4) : 3 = (-72) : 3 = -24$

$18 : 3 \cdot (-4) = 6 \cdot (-4) = -24$

③ $15 \cdot (-7) : (-5) = (-105) : (-5) = 21$

$15 : (-5) \cdot (-7) = (-3) \cdot (-7) = 21$

b) **Divisionsregel für Produkte:** Statt ein Produkt durch eine Zahl zu dividieren können wir einen Faktor durch die Zahl dividieren und den Quotienten mit dem anderen Faktor multiplizieren.

c)

- $65 \cdot (-47) : 13 = 65 : 13 \cdot (-47) = 5 \cdot (-47) = -235$
- $(-300) \cdot (-29) : 75 = (-300) : 75 \cdot (-29) = (-4) \cdot (-29) = 116$
- $37 \cdot (-102) : (-17) = (-102) : (-17) \cdot 37 = 6 \cdot 37 = 222$

Gleichungen

55. a) Silvester hat Recht, denn $1-3\cdot(-33) = 1+99 = 100$.

b) x = gedachte Zahl

$$1 - 3x = 100$$

c) -33.

d)
$$
\begin{aligned}
1 - 3x &= 100 \quad &| -1\\
-3x &= 99 \quad &| :(-3)\\
x &= -33\\
L &= \{-33\}
\end{aligned}
$$

e) x = gedachte Zahl

$$
\begin{aligned}
-1 - 7x &= 111 \quad &| +1\\
-7x &= 112 \quad &| :(-7)\\
x &= -16
\end{aligned}
$$

56. a) -5 b) -9 c) -8 d) -1 e) 2 f) 2 g) 3 h) nicht lösbar i) 0

57. Die Rechnung im linken Kasten:

- Alle Terme mit x auf eine Seite schaffen.
- Alle Terme ohne x auf die andere Seite schaffen.
- Durch den Faktor vor dem x auf beiden Seiten dividieren.

Die Lösung des rechten Kastens:

$$
\begin{aligned}
15x - 7 &= 9x - 25 \quad &| -9x\\
6x - 7 &= -25 \quad &| +7\\
6x &= -18 \quad &| :6\\
x &= -3
\end{aligned}
$$

58. a) -2 d) -1 g) nicht lösbar

b) -3 e) 9 h) nicht lösbar

c) 7 f) 0 i) allgemeingültig

59. a) •

$$\begin{aligned} & 3\cdot\big(2\cdot(-10)-1\big)-8\cdot(-10+2) \\ =\ & 3\cdot(-21)-8\cdot(-8) \\ =\ & -63+64 \\ =\ & 1 \end{aligned}$$

•

$$\begin{aligned} 3\cdot(2x-1)-8\cdot(x+2) &= 1 \\ 6x-3-8x-16 &= 1 \\ -2x-19 &= 1 \quad | +19 \\ -2x &= 20 \quad | :(-2) \\ x &= -10 \end{aligned}$$

b) ① $L=\{3\}$ ④ $L=\{1\}$

② $L=\{-4\}$ ⑤ $L=\{-5\}$

③ $L=\{-2\}$ ⑥ $L=\{13\}$

60. a) $108-3x=-30$; $x=46$

b) $13x+28=x-8$; $x=-3$

c) $6x-21=-x+21$; $x=6$

d) $4x=90-9(x-3)$; $x=9$

e) $2x-11=5(x+8)$; $x=-17$

f) $3(x+12)-60=60-5(x-12)$; $x=18$

61. a) $40\cdot 30\,\text{c}=1200\,\text{c}=12\,€$

b)
$$\begin{aligned} 30n-50\cdot(40-n)&=480 \\ 30n-2000+50n&=480 \\ 80n&=2480 \\ n&=31 \end{aligned}$$

Hanna hat 31 Aufgaben richtig gelöst.

c)
$$\begin{aligned} 30n &> 50\cdot(40-n) \\ 80n &> 2000 \end{aligned}$$

Hanna muss mindestens 26 Aufgaben richtig lösen.

62. In der folgenden Tabelle steht nun links neben dem Term die Lösung.

-1	$7-x = 13+5x$	6	$7r+10 = 12r-20$
2	$9-8i = -7$	-10	$6z-(2+7z) = 8$
-3	$(8+7e) - (3e+5) = -9$	0	$7-2\cdot(3-y) = 6+(y-5)$
4	$t+6 = 14-t$	1	$7\cdot(4-3k)-13 = 7-(10+3k)$

Ungleichungen

63.
- Ungleichung aufstellen: $x\cdot(x+2) < 5$
- Durch Probieren lösen: $L = \{-3, -2, -1, 0, 1\}$

64. a)

$x < 3$	$L = \{2, 1, 0, -1, ...\}$	$5x \leq 30$	$L = \{6, 5, 4, ...\}$
$x \geq -4$	$L = \{-4, -3, -2, ...\}$	$3x > 10$	$L = \{4, 5, 6, ...\}$
$x < -1$	$L = \{-2, -3, -4, ...\}$	$8x > -61$	$L = \{-7, -6, -5, ...\}$

b) Kannst du Wurzel und Silvester helfen?

$-x > 6$

$L = \{-7, -8, -9, ...\}$

Die Gegenzahl von x ist größer als 6. Dann ist x selbst kleiner als -6.

c)

$-x < -2$	$L = \{3, 4, 5, 6, ...\}$	$-2x > 7$	$L = \{-4, -5, -6, ...\}$

65. a) $L = \{2, 1, 0, -1, ...\}$

b)

$5x + 3 < 18 \quad | -3$

$5x < 15 \quad | :5$

$x < 3$

$L = \{2, 1, 0, -1, ...\}$

Wir machen dieselben Umformungen wie bei Gleichungen.

Das Lösungsverfahren führt zur richtigen Lösungsmenge.

c)

$8x - 15 < 41 \quad | +15$

$8x < 56 \quad | :8$

$x < 7$

$L = \{6, 5, 4, \ldots\}$

$27 + 6x \geq -33 \quad | -27$

$6x \geq -60 \quad | :6$

$x \geq -10$

$L = \{-10, -9, -8, \ldots\}$

66.

$3 - 2x < 11 \quad | -3$

$-2x < 8 \quad | :(-2)$

$x < -4$

$L = \{-5, -6, -7, \ldots\}$

$3 - 2x < 11 \quad | -3$

$-2x < 8 \quad | :(-2)$

$x > -4$

$L = \{-3, -2, -1, \ldots\}$

a) $3 - 2 \cdot (-5) = 3 - (-10) = 12 > 11$

b) $L = \{-3, -2, -1, 0, \ldots\}$

c) Die zweite Ungleichung ist noch richtig, erst die dritte Ungleichung ist falsch.

d) Siehe oben.

67.

a) $x - 2 > -5 \quad | +2$

$x > -3$

b) $x + 6 \leq 4 \quad | -6$

$x \leq -2$

c) $-3 + x > 3 \quad | +3$

$x > 6$

d) $x - 5 \geq -1 \quad | +5$

$x \geq 4$

e) $4 \cdot x < 72 \quad | :4$

$x < 18$

f) $19 \cdot x \geq -57 \quad | :19$

$x \geq -3$

g) $7 \cdot x \geq -7 \quad | :7$

$x \geq -1$

h) $x : 5 < -4 \quad | \cdot 5$

$x < -20$

i) $(-3) \cdot x > 36 \quad | :(-3$

$x < -12$

j) $-8x \leq -56 \quad | :(-8$

$x \geq 7$

k) $-7 \cdot x \geq 7 \quad | :(-7$

$x \leq -1$

l) $-16 \cdot x < 0 \quad | :(-16$

$x > 0$

68. a) $L = \{4, 3, 2, \ldots\}$
b) $L = \{-3, -2, -1, \ldots\}$
c) $L = \{-8, -9, -10, \ldots\}$
d) $L = \{11, 10, 9, \ldots\}$
e) $L = \mathbb{Z}^-$
f) $L = \{0, 1, 2, \ldots\}$
g) $L = \{4, 5, 6, \ldots\}$
h) $L = \{-5, -6, -7, \ldots\}$
i) $L = \{-7, -6, -5, \ldots\}$
j) $L = \{1, 0, -1, -2, \ldots\}$
k) $L = \{-6, -7, -8, \ldots\}$
l) $L = \{3, 4, 5, \ldots\}$

69. a) $-6x \le -42$
$x \ge 7$
$L = \{7, 8, 9, \ldots\}$

b) $2x < -6$
$x < -3$
$L = \{-4, -5, -6, \ldots\}$

c) $6x \ge 6$
$x \ge 1$
$L = \{1, 2, 3, \ldots\}$

d) $-11x < -33$
$x > 3$
$L = \{4, 5, 6, \ldots\}$

e) $3x \le -9$
$x \le -3$
$L = \{-3, -4, -5, \ldots\}$

f) $2x > -18$
$x > -9$
$L = \{-8, -7, -6, \ldots\}$

g) $-6x \ge -54$
$x \le 9$
$L = \{9, 8, 7, \ldots\}$

h) $0 \cdot x < 1$
$L = \mathbb{Z}$

70. x = Anzahl der Monate

$$6000 + 20 \cdot x < 150 \cdot 0{,}8 \cdot x$$
$$6000 + 20x < 120x$$
$$100x > 6000$$
$$x > 60$$

Die Anlage muss mindestens 60 Monate betrieben werden.

71. a)

Kosten pro Tag	50 km pro Tag	200 km pro Tag
Car Rent	28 €	28 € + 150 · 0,30 € = 73 €
Europa Car	7 € + 50 · 0,35 € = 24,50 €	7 € + 200 · 0,35 € = 77 €

b) $700 + 35x < 2800 + 30 \cdot (x - 50),\ x \ge 50$
$$700 + 35x < 2800 + 30x - 1500$$
$$700 + 35x < 1300 + 30x$$
$$5x < 600$$
$$x < 120$$

Bis zu einer täglichen Fahrleistung von 120 km ist das zweite Angebot günstiger.

Zusätzliche Aufgaben

72. a)

$x-5$	$5x$	$x+5$	$-5x$	x^5

b)

x^2	$(-3)\cdot x$	$-1-x$	$(-x)^3$	x^3

c)

x	$x+1$	$1-x$	$10x$	$x-1$

73. a)

2 < 9 | + (-6)	-7 < 3 | + 5	-8 < -1 | + (-3)
-4 < 3	-2 < 8	-11 < -4

b)

3 < 7 | · 6	-4 < 5 | · 8	-9 < -2 | · 3
18 < 42	-32 < 40	-27 < -6

c)

3 < 7 | · (-6)	-4 < 5 | · (-8)	-9 < -2 | · (-3)
-18 > -42	32 > -40	27 > 6

Monotoniegesetz der Addition

Wenn $a < b$, dann ist $a + c < b + c$; $a, b, c \in \mathbb{Z}$.

Monotoniegesetze der Multiplikation

Wenn $a < b$ und $c > 0$, dann ist $a \cdot c < b \cdot c$; $a, b \in \mathbb{Z}, c \in \mathbb{Z}^+$.

Wenn $a < b$ und $c < 0$, dann ist $a \cdot c > b \cdot c$; $a, b \in \mathbb{Z}, c \in \mathbb{Z}^-$.

74. a) $12, 7, 2, -3, -8, -13, -18, -23$

b) $17 - 100 \cdot 5 = -483$

c) $17 - 5 \cdot n$

d) $17 - 5 \cdot n = -3333$

$n = 670$

e) $17 - 5 \cdot n < -10000$

$5 \cdot n > 100017$

$n > 2003$

Also beim 2004. Sprung.

75. a) ①

•	-2	-1	0	1	2	3
-2	4	2	0	-2	-4	-6
-1	2	1	0	-1	-2	-3
0	0	0	0	0	0	0
1	-2	-1	0	1	2	3
2	-4	-2	0	2	4	6
3	-6	-3	0	3	6	9

②
- 6^2
- $2\cdot 6-1$
- 3^2+2^2
- $2\cdot(3\cdot 2)$

b)
- $15^2=225$
- $2\cdot 15-1=29$
- $5^2+9^2=106$
- $2\cdot(5\cdot 9)=90$

76. a) $2-4-6+8-10-12+14=-8$

b) größter Wert: 56; kleinster Wert: -52

c) Der Term kann den Wert -36, aber nicht den Wert 30 annehmen.

d) Der Term kann alle Vielfachen von 4 zwischen -52 und 56 annehmen.

e) Anzahl verschiedener Summen: $2^6=64$; 28 verschiedene Summenwerte

77. a) 35 € b) 208 € c) 129 €

78. a)
- $7\cdot(-3)+12\cdot 1=-21+12=-9$
- z. B. $7\cdot 7+12\cdot(-4)=49-48=1$
- $7\cdot(7-12k)+12\cdot(-4+7k)=49-84k-48+84k=1$
- $7\cdot(7\cdot 2002)+12\cdot(-4\cdot 2002)=2002$

b)
- Nein, denn $6x+15y$ ist stets ein Vielfaches von 3.
- Der Term $6x+15y$ kann nur Vielfache von 3 annehmen ($\text{ggT}(6,15)=3$).

79. a)

Startwert	Zahlenfolge
2	1
3	10, 5, 16, 8, 4, 2, 1
4	2, 1
5	16, 8, 4, 2, 1
6	3, 10, 5, 16, 8, 4, 2, 1

b)

Startwert	7	64	13	15	
Spitzenwert	**52**	**64**	**40**	**160**	
Weglänge	**16**	**6**	**9**	**17**	

c)

Startwert	Zahlenfolge	
–2	–1.	
–3	–8, –4, –2, –1.	
–4	–2, –1.	
–5	–14, –7, –20, –10, –5, –14, –7, ...	periodisch
–6	–3, –8, –4, –2, –1.	
–7	–20, –10, –5, –14, –7, ...	periodisch
–13	–38, –19, –56, –28, –14, –7, –20, ...	periodisch

Die Folge endet bei –1 oder wird periodisch.

80. a)

$12-2\cdot5^3$

$=12-2\cdot125$

$=12-250$

$=-238$

b) $(12-2\cdot5)^3=2^3=8$

$(12-2)\cdot5^3=10\cdot5^3=1250$

$12-(2\cdot5)^3=12-10^3=-988$

c) $1250-(-988)=2238$

81. a) ---

b) Beweis der Regel für Zahlen bis 10^5.

Sei z eine ganze Zahl zwischen 0 und 10^5.

Ihre Ziffern seien a, b, c, d und e.

Dann gilt: $z = a \cdot 10000 + b \cdot 1000 + c \cdot 100 + d \cdot 10 + e$

$= a \cdot 9999 + b \cdot 1001 + c \cdot 99 + d \cdot 11 + (a - b + c - d + e)$

Da 11 die Zahlen 9999, 1001, 99 und 11 teilt, ist z nur dann durch 11 teilbar, wenn die alternierende Quersumme $(a - b + c - d + e)$ durch 11 teilbar ist.

82. a)

*	-3	-2	-1	0	1	2	3
-3	-15	-11	-7	-3	1	5	9
-2	-11	-8	-5	-2	1	4	7
-1	-7	-5	-3	-1	1	3	5
0	-3	-2	-1	0	1	2	3
1	1	1	1	1	1	1	1
2	5	4	3	2	1	0	-1
3	9	7	5	3	1	-1	-3

b) * ist **assoziativ**. Der Beweis:

$(a*b)*c = (a+b-ab)*c$

$= a+b-ab+c-(a+b-ab)\cdot c$;

$= a+b+c-ab-ac-bc+abc$

$a*(b*c) = a*(b+c-bc)$

$= a+b+c-bc-a\cdot(b+c-bc)$

$= a+b+c-ab-ac-bc+abc$

c) 0 ist **neutrales Element**, für alle $a \in \mathbb{Z}$ gilt: $a*0 = a+0-a\cdot 0 = a$.

d) • $x = -2$ • unerfüllbar • allgemeingültig

83. a) / b) / c) / d)

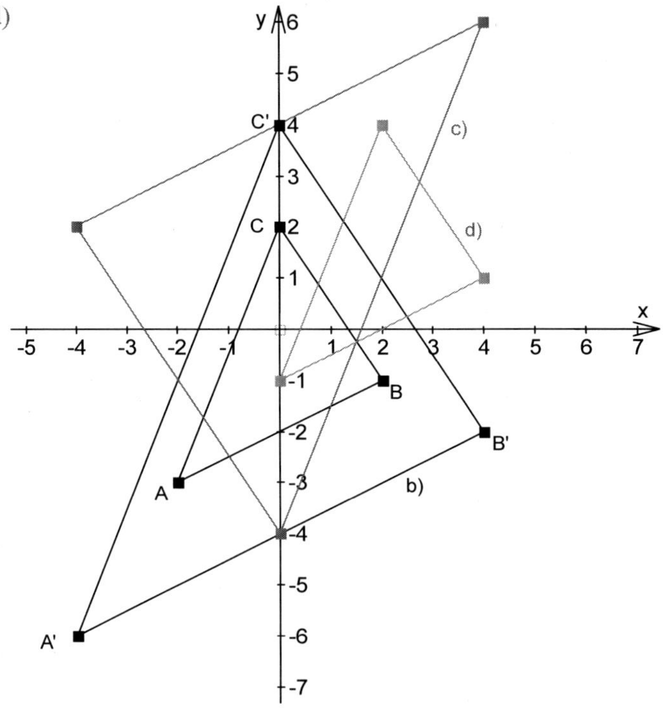

84. a)

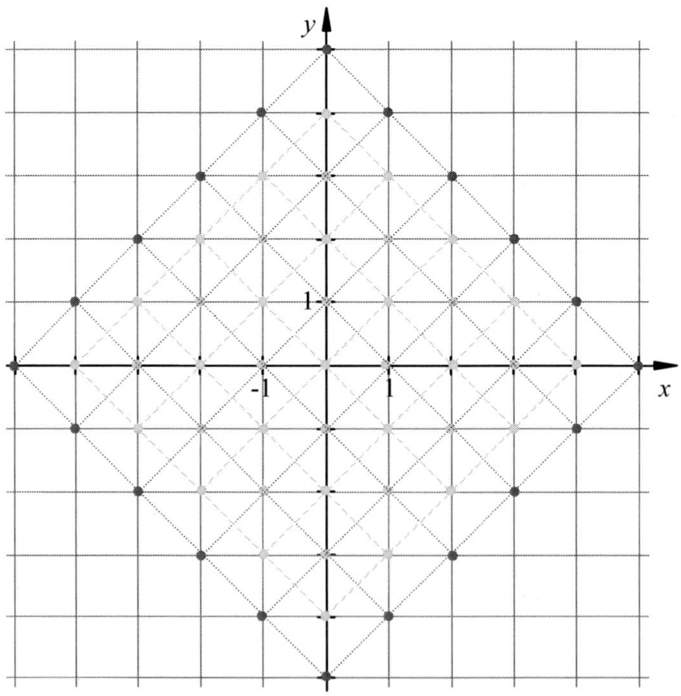

b) Zwei Quadratgitter (siehe gestrichelte bzw. gepunktete Linien in a)): $6^2 + 5^2 = 61$.

c) $(n+1)^2 + n^2$

3

Geometrische Körper

Ecken, Kanten, Flächen

1. a)

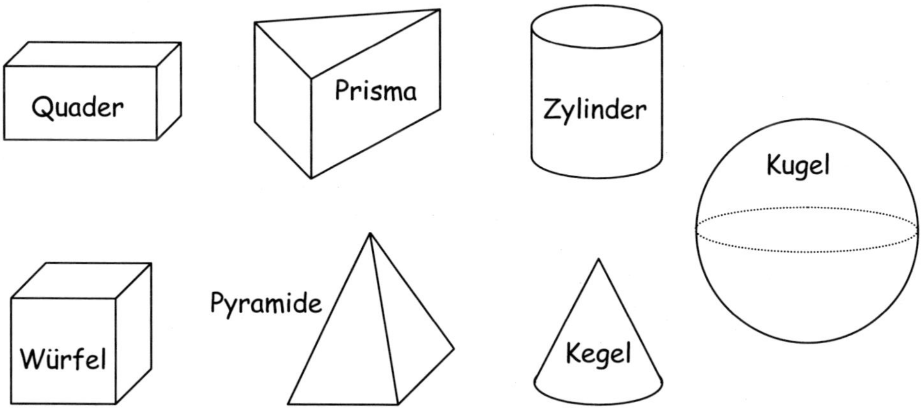

b) Turm1: Quader und Pyramide
Turm2: Quader und Prisma
Turm3: Zylinder und Kegel

2. 6 Ecken
9 Kanten
5 Flächen

3. Eigenschaften des Quaders:

Der Quader wird von 6 Rechtecken begrenzt.

Gegenüberliegende Rechtecke sind deckungsgleich.

Der Quader hat 12 Kanten.

Davon sind je vier Kanten gleich lang und parallel.

Der Quader hat 8 Ecken.

In jeder Ecke stehen drei Kanten zueinander senkrecht.

4.

Eigenschaften des Würfels:

Der Würfel ist ein besonderer Quader.

Die Begrenzungsflächen sind Quadrate.

Alle Kanten sind gleich lang.

5. a) ---

b) Ein Quader hat vier Raumdiagonalen. Diese sind gleich lang, treffen sich in einem Punkt und halbieren sich.

6. a) $l = 4 \cdot 25\text{cm} + 4 \cdot 20\text{cm} + 4 \cdot 15\text{cm} = 4 \cdot (25\text{cm} + 20\text{cm} + 15\text{cm})$

$= 4 \cdot 60\text{cm} = 2{,}4\text{m}$

b) 12 Stücke zu 25 cm

7. Wurzel will aus 48 cm Draht ein Kantenmodell eines Quaders bauen. Die Kantenlängen sollen in cm gemessen ganzzahlig sein und es soll kein Draht übrigbleiben.

a) Jede der drei Kantenlängen *a*, *b* und *c* kommt viermal vor, die Summe ergibt die Gesamtlänge des Drahtes.

Erster Rechenschritt: Auf der linken Seite wird 4 ausgeklammert.

Zweiter Rechenschritt: Beide Seiten der Gleichung werden durch 4 dividiert.

b) $a = 5\,\text{cm}; b = 4\,\text{cm}; c = 3\,\text{cm}$

$a = 2\,\text{cm}; b = 3\,\text{cm}; c = 7\,\text{cm}$

c) $a = b = c = 4\,\text{cm}$

d) $1+1+10$

$1+2+9$	$2+2+2$		
$1+3+8$	$2+3+7$	$3+3+6$	
$1+4+7$	$2+4+6$	$3+4+5$	$4+4+4$
$1+5+6$	$3+5+5$		

8.

Körper	e	f	k	e + f
Quader	8	6	12	14
Prisma aus Aufgabe 1	6	5	9	11
Pyramide aus Aufgabe 1	5	5	8	10
Turm 1 aus Aufgabe 1	9	9	16	18
Turm 2 aus Aufgabe 1	10	9	17	19
Dachraum aus Aufgabe 2	6	5	9	11
Zylinder	0	3	2	3

9. a) Ich bin der Körper mit ...

① ... 8 Kanten und 5 Ecken: vierseitige Pyramide

② ... 9 Kanten und 6 Ecken: dreiseitiges Prisma

③ ... 12 Kanten und 6 Ecken: Oktaeder

b) Nein, denn das vierseitige Prisma erfüllt diese Bedingung auch.

10. a) $e = 60 : 3 = 20$

b) $k = 60 : 2 = 30$ (Jede Kante gehört zu zwei Fünfecken.)

c) $e + f = k + 2$

$20 + 12 = 30 + 2$ [r]

Netze von Körpern

11. Es entsteht ein Quader der Länge 7 cm, der Breite 5 cm und der Höhe 4 cm.

12. a)

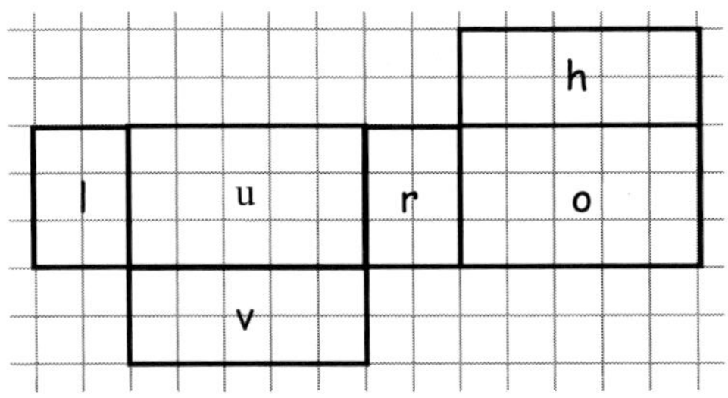

b)

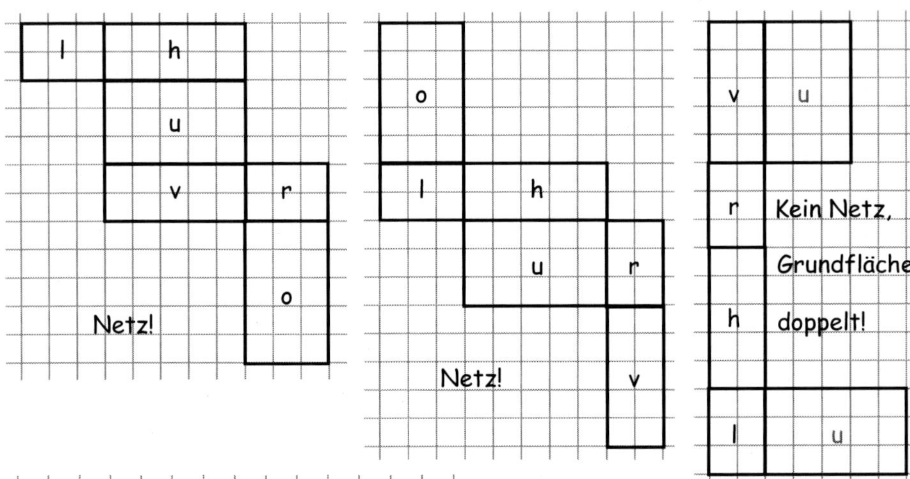

c)

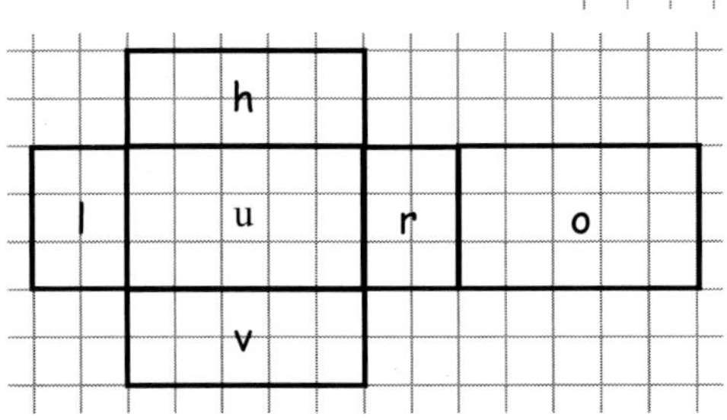

13.

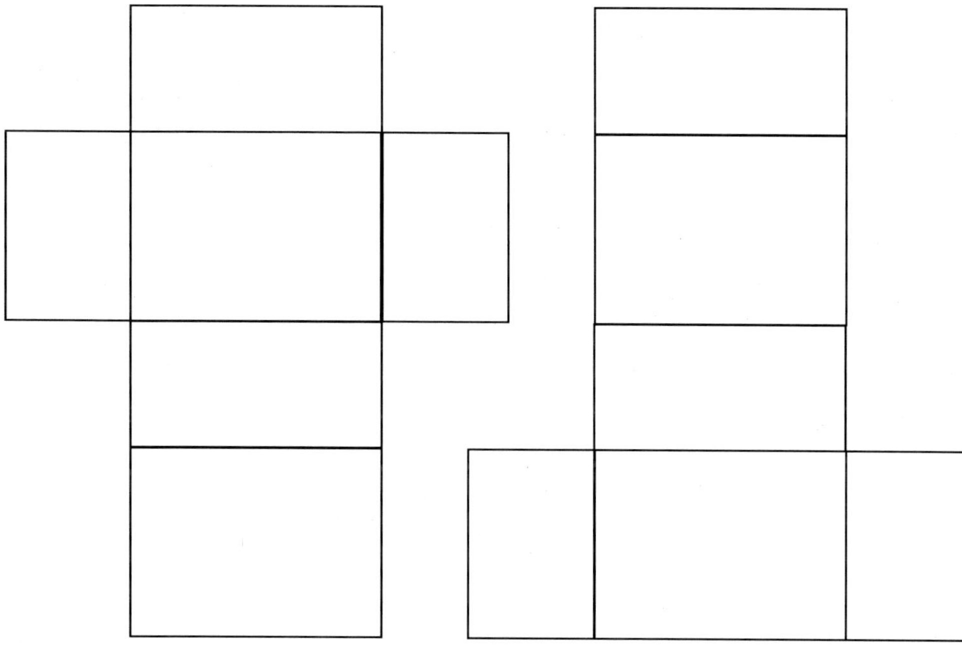

14. a)

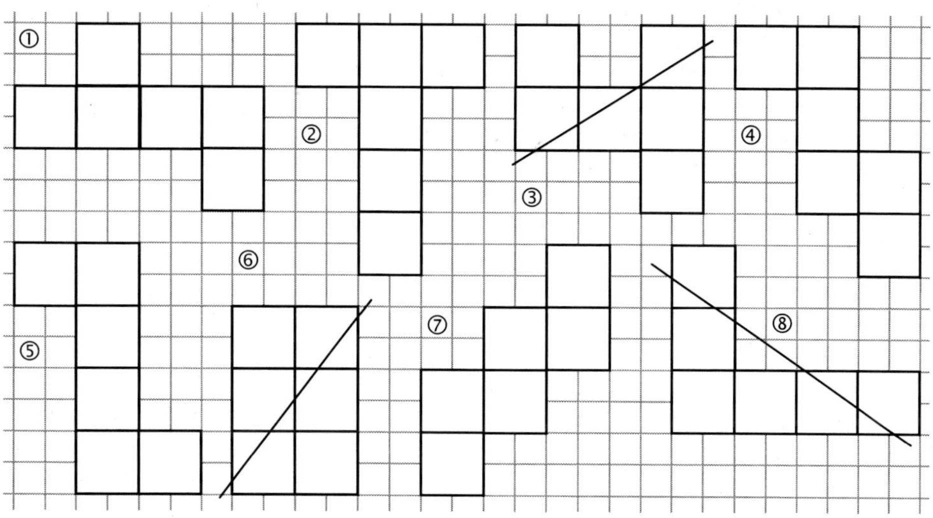

b) Erstes Netz: Rechtsdrehung um 90°
Zweites Netz: Vertikal klappen
Drittes Netz: Drehung um 180°
Viertes Netz: Linksdrehung um 90° und horizontal klappen

c)

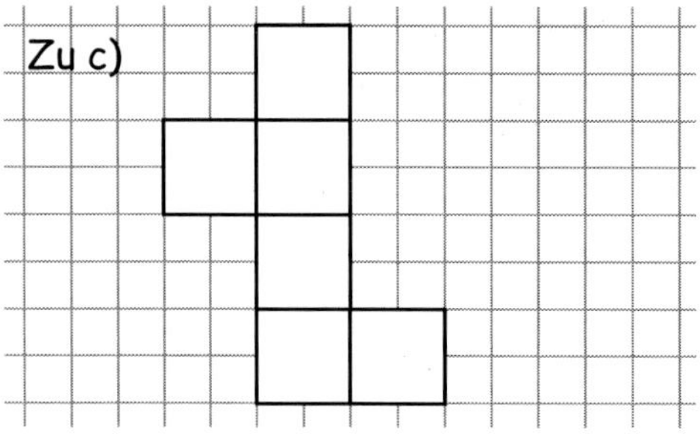

d)

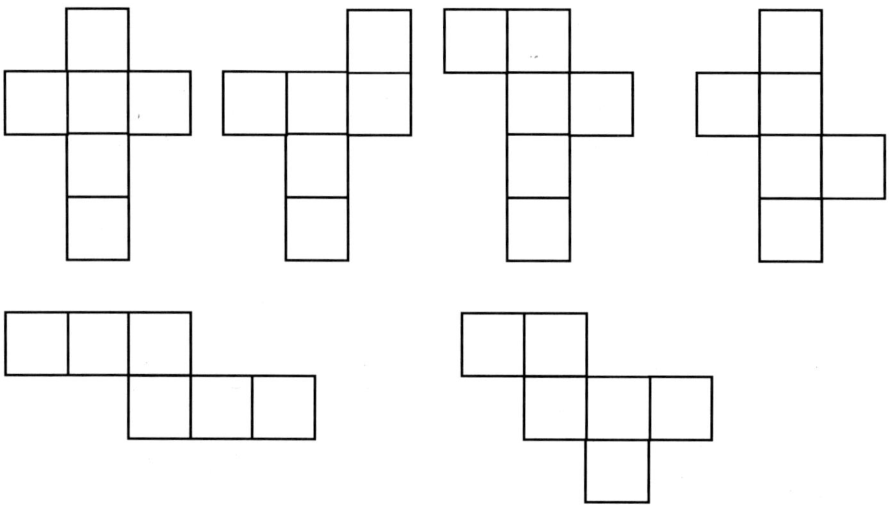

15. ⑤

16. c)/d)

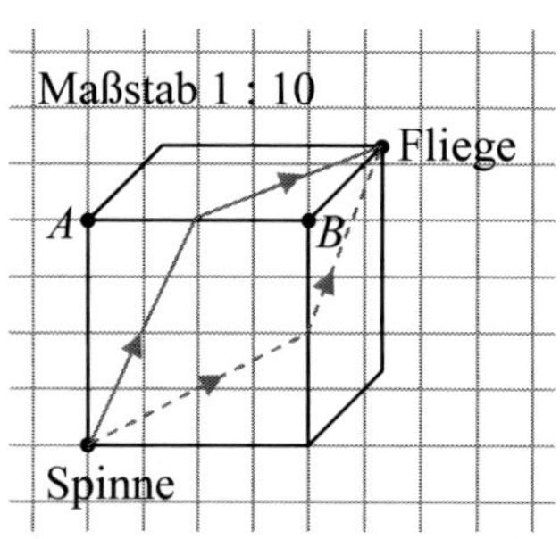

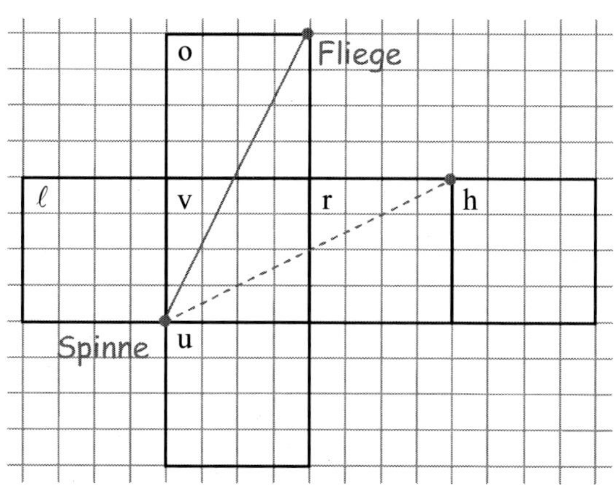

a) 60 cm

b) ungefähr 45 cm

17. a) Der Körper ...

- ... wird von vier deckungsgleichen, gleichseitigen Dreiecken begrenzt,
- ... hat sechs gleich lange Kanten,
- ... hat vier Ecken, wobei an jeder Ecke drei Kanten zusammentreffen.

b) ---

c)

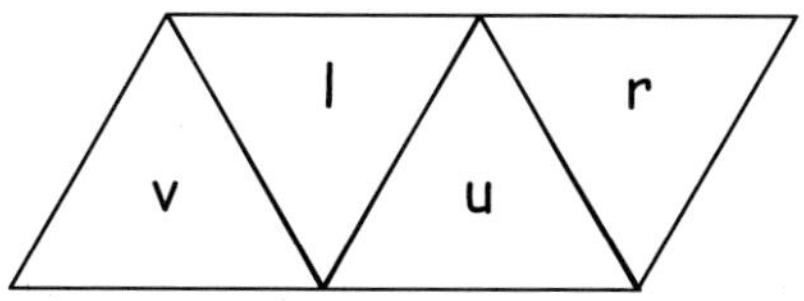

d) ---

18. a) quadratische Pyramide

b) Dreiecksprisma

19. a) Es entsteht ein Rechteck.

b) $A = u \cdot \ell = 14\,\text{cm} \cdot 9{,}5\,\text{cm} = 133\,\text{cm}^2$

20. Kegel

Schrägbilder

21. ① Zeichne ein Rechteck mit den Seitenlängen $3\,\text{cm}$ und $1{,}5\,\text{cm}$.

② Zeichne an jeder Ecke durch die Kästchendiagonale (45°-Winkel) die *verkürzten* Seiten der Grundfläche (*halbe* Breite, also $1\,\text{cm}$).

③ Ergänze die Deckfläche, die Rückseite und die Seitenflächen. Zeichne dabei nicht sichtbare Kanten gestrichelt.

22. a) Das Ergebnis sieht aus wie ein Quader, der *kein* Würfel ist.

b) ---

23. ---

24. a)

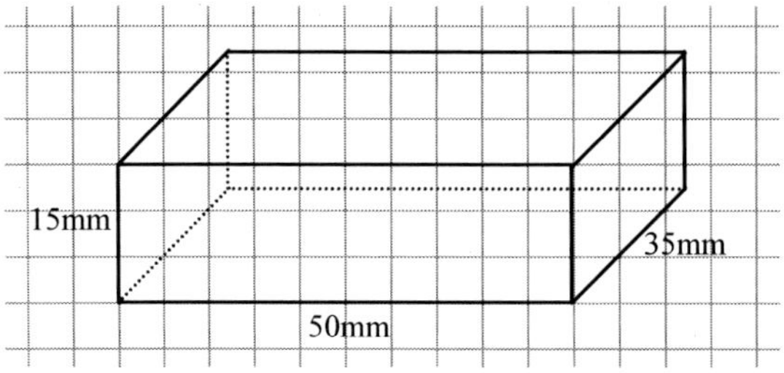
15mm
35mm
50mm

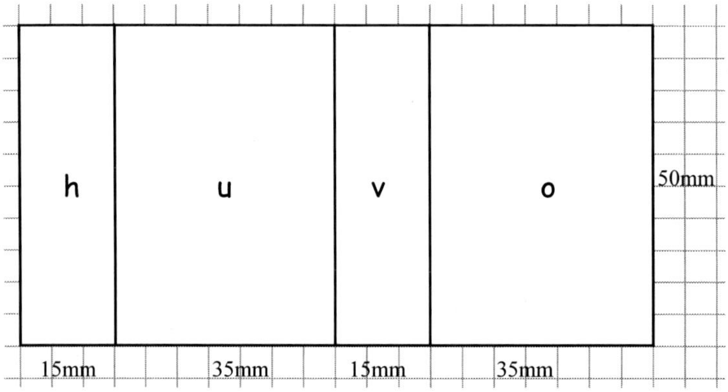
h
u
v
o
50mm
15mm
35mm
15mm
35mm

b)

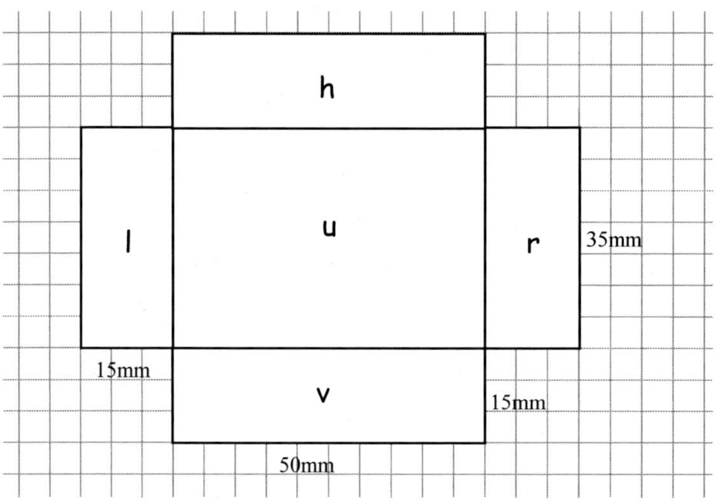
h
l
u
r
35mm
15mm
v
15mm
50mm

25. a)

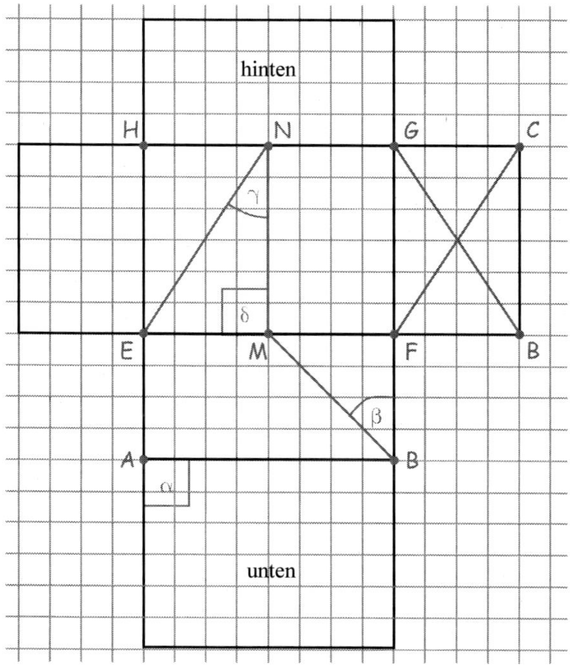

b)

• $\lvert\overline{CF}\rvert \approx 3{,}6$ cm	• $\lvert\overline{MN}\rvert = 3$ cm	• $\beta = 45°$
• $\lvert\overline{BG}\rvert \approx 3{,}6$ cm	• $\lvert\overline{EN}\rvert \approx 3{,}6$ cm	• $\gamma \approx 34°$
• $\lvert\overline{BM}\rvert \approx 2{,}8$ cm	• $\alpha = 90°$	• $\delta = 90°$

26.

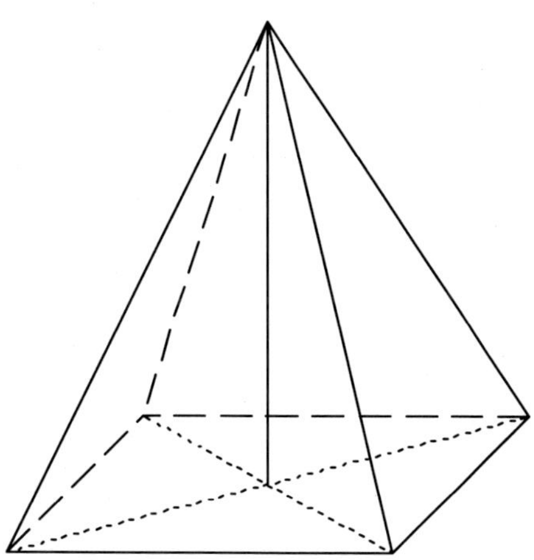

27. a) Im Schrägbild: Parallelogramm.
In Wirklichkeit: Rechteck.

c) $|\overline{BH}| = |\overline{EC}| \approx 6{,}9\,\text{cm}$; $\gamma \approx 71°$

b) 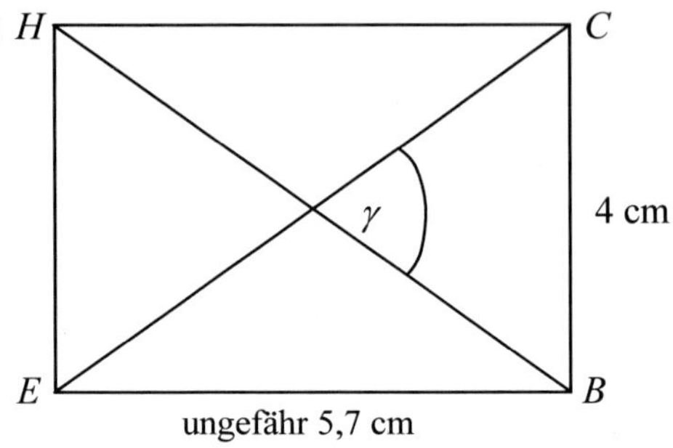

28. a) 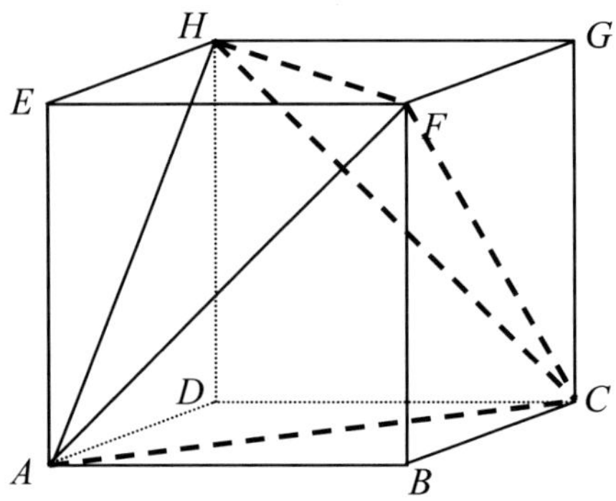

b) Tetraeder

29.

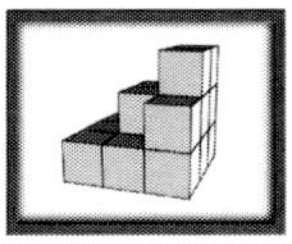

Wolle

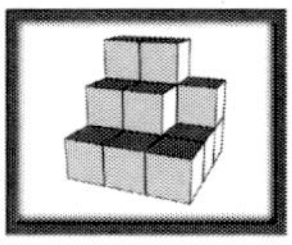

Silvester

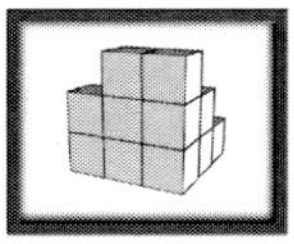

Wurzel

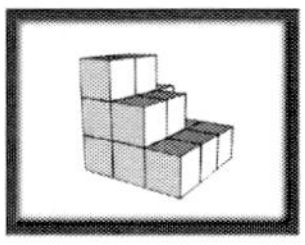

Schweini

30. a) / b)

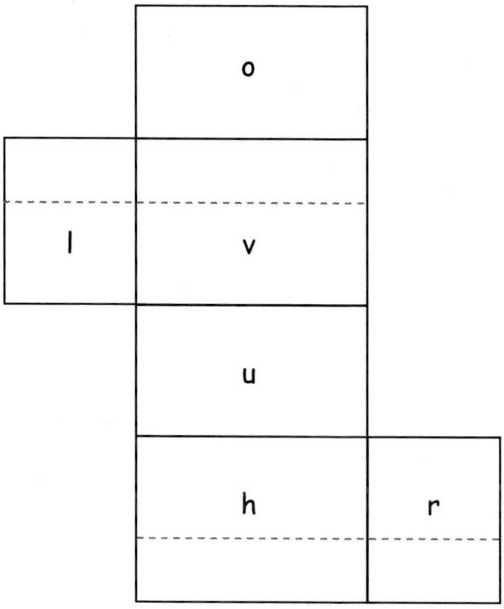

c) 7

31.

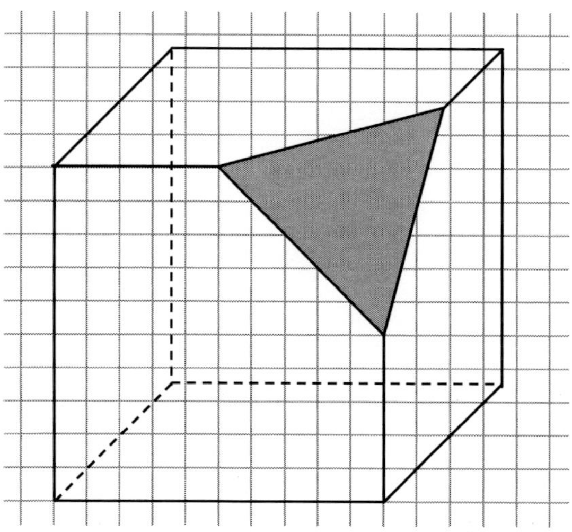

32. Benötigte Schnurlänge:

$$\underbrace{4 \cdot 65\,\text{cm}}_{\text{Länge}} + \underbrace{6 \cdot 40\,\text{cm}}_{\text{Breite}} + \underbrace{6 \cdot 15\,\text{cm}}_{\text{Höhe}} + \underbrace{10 \cdot 1\,\text{cm}}_{\text{Knoten}} + \underbrace{20\,\text{cm}}_{\text{Enden}} = 620\,\text{cm}.$$

33. a)

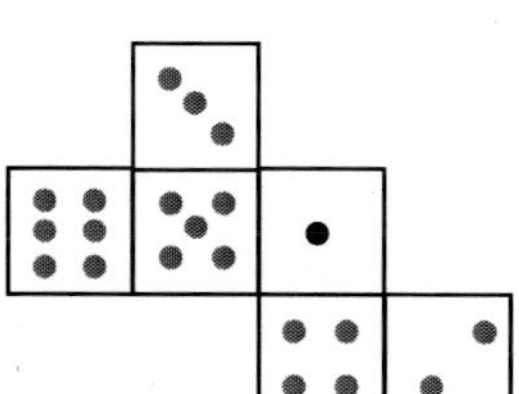

b) 2

c) noch zweimal

Definition des Rauminhalts

34. a) 45 Würfel passen in den Karton.

b) 120 Würfel

35. a) ---

b) Der 1 cm-Würfel ist 1000-mal in dem 1 dm-Würfel enthalten.

36.

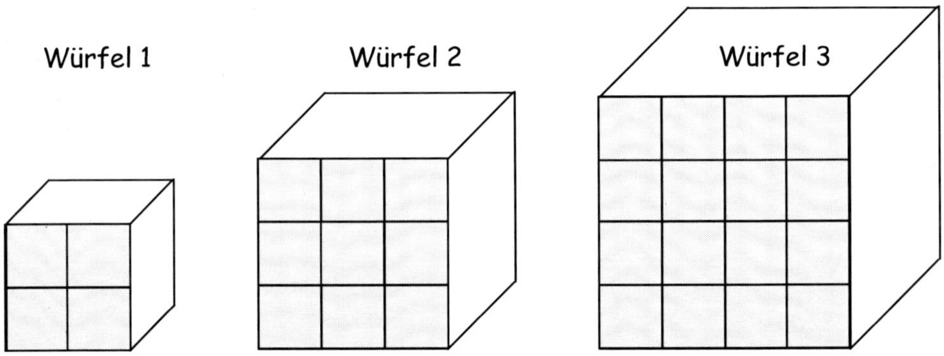

8-mal | 27-mal | 64-mal

37.

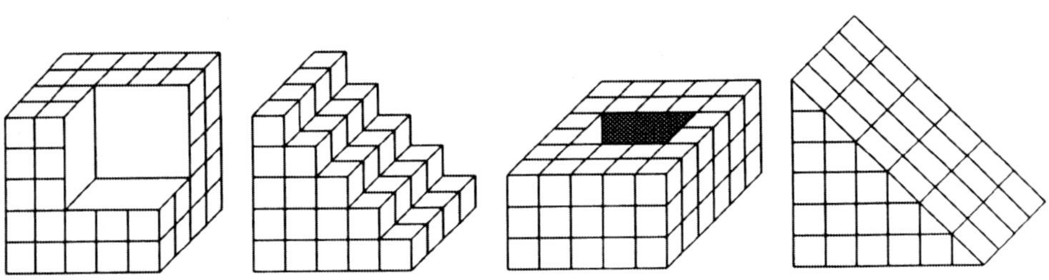

$V = 82\ cm^3$ | $V = 60\ cm^3$ | $V = 72\ cm^3$ | $V = 72\ cm^3$

38. a)

	Quader 1	Quader 2	Quader 3	Quader 4
a	5 cm	3 cm	4 cm	3,5 cm
b	4 cm	2 cm	4 cm	6 cm
c	3 cm	5 cm	4 cm	2 cm
V	$60\ cm^3$	$30\ cm^3$	$64\ cm^3$	$42\ cm^3$

b)

- Rauminhalt des Quaders mit den Kantenlängen a, b, c: $V = a \cdot b \cdot c$.
- Rauminhalt des Würfels mit der Kantenlänge a: $V = a^3$.

39. a) $V = 12\,\text{cm} \cdot 7\,\text{cm} \cdot 5\,\text{cm} = 420\,\text{cm}^3$

b) $V = 18\,\text{cm} \cdot 10\,\text{cm} \cdot 8\,\text{cm} = 1440\,\text{cm}^3 < 1500\,\text{cm}^3$
Das Gefäß ist zu klein.

c) $V = (8\,\text{cm})^3 = 8^3\,\text{cm}^3 = 512\,\text{cm}^3$

d) $V_{\text{Würfel 1}} = (5\,\text{cm})^3 = 125\,\text{cm}^3$

$V_{\text{Würfel 2}} = (10\,\text{cm})^3 = 1000\,\text{cm}^3$

$V_{\text{Würfel 2}} = 8 \cdot V_{\text{Würfel 1}}$

Silvester hat nicht Recht.

e) Mögliche Kantenlängen: 10 cm, 5 cm und 2 cm bzw. 5 cm, 5 cm und 4 cm.

f) Kantenlänge: 6 cm.

Volumeneinheiten

40. a)

- 1 cm^3 ist der Rauminhalt eines Würfels mit der Kantenlänge 1 cm.
- 1 mm^3 ist der Rauminhalt eines Würfels mit der Kantenlänge 1 mm.
- 1 dm^3 ist der Rauminhalt eines Würfels mit der Kantenlänge 1 dm.
- 1 m^3 ist der Rauminhalt eines Würfels mit der Kantenlänge 1 m.

b)

- 1 cm^3 = 1000 mm^3.
- 1 dm^3 = 1000 cm^3.
- 1 m^3 = 1000 dm^3.

c) Beim Übergang zur nächstkleineren Volumeneinheit muss die Maßzahl mit 1000 multipliziert werden.

d)

- Umrechnungsfaktor beim Übergang zur nächstkleineren **Längen**einheit: 10 (Ausnahme: km → m)
- Umrechnungsfaktor beim Übergang zur nächstkleineren **Flächen**einheit: 100

41. Umrechnungsübungen

a) Schreibe in der nächstkleineren Einheit.

$2\,m^3 = 2000\ dm^3$	$25\,m^3 = 25000\ dm^3$
$18\,dm^3 = 18000\ cm^3$	$100\,dm^3 = 100000\ cm^3$
$5\,cm^3 = 5000\ mm^3$	$375\,cm^3 = 375000\ mm^3$

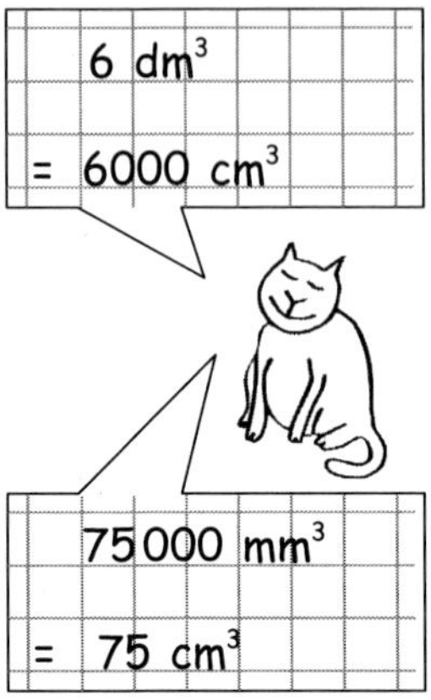

b) Schreibe in der nächstgrößeren Einheit.

$8000\,cm^3 = 8\ dm^3$	$200000\,cm^3 = 200\ dm^3$
$15000\,mm^3 = 15\ cm^3$	$25 \cdot 10^4\,mm^3 = 250\ cm^3$
$80000\,dm^3 = 80\ m^3$	$6{,}4\ \text{Mio}\ dm^3 = 6400\ m^3$

c)
- $1\,dm^3 = 1000\,cm^3 = 1\,000\,000\ mm^3$
- $1\,m^3 = 1000\,dm^3 = 1\,000\,000\ cm^3 = 1\,000\,000\,000\ mm^3$

42. Ja, denn $10^9\,\text{mm} = 1000\,\text{km} > 580\,\text{km}$.

43. a) $120\,\ell$ oder $240\,\ell$

b) $1000\,\ell$

c) $V = 50\,\text{cm} \cdot 40\,\text{cm} \cdot 24\,\text{cm} = 48\,000\,\text{cm}^3 = 48\,\text{dm}^3 = 48\,\ell$

d) $1\ \text{dl} = \frac{1}{10}\,\ell = 100\ \text{ml}$; $1\ \text{cl} = \frac{1}{100}\,\ell = 10\ \text{ml}$

44. $10\,\text{m}\ell$, $100\,\text{m}\ell$, $45\,\text{m}\ell$.

45.

Container	Zahnpasta- / Cremetube	Fass
m^3	ml	l
Stecknadelkopf	Hubraum eines Autos	Wohnhaus
mm^3	l	m^3
Lego-Stein	Kühlschrank / Gefriertruhe	Erde
cm^3	l	km^3

46. a) $0{,}2\,\ell$, $0{,}33\,\ell$, $0{,}5\,\ell$, $0{,}7\,\ell$, $1{,}0\,\ell$, $1{,}5\,\ell$.

b) ---

47. a) Zwei Lagen aufrecht (5 Ranzen nebeneinander, 3 hintereinander)

b) 6 Ranzen quergelegt.

48. a) $1\,\text{km}^3$ ist das Volumen eines Würfels mit der Kantenlänge 1 km.

b) $(1000)^3 = 1\,000\,000\,000 =$ 1 Milliarde

c) $1\,350\,000\,000\,000\,000\,000\ \text{m}^3 =$ 1 Trillion 350 Billiarden m^3

49.

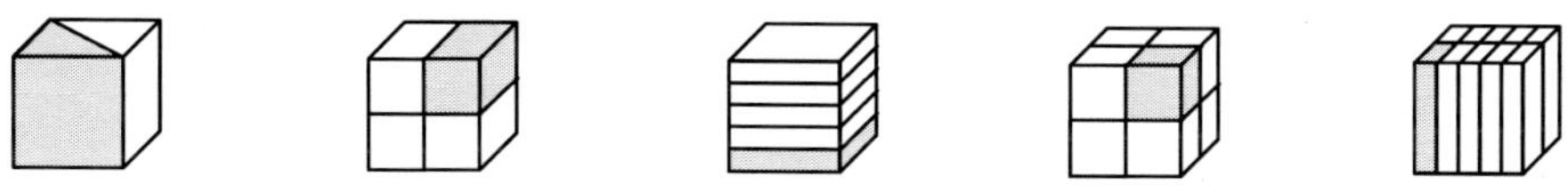

$\frac{1}{2}\ \text{cm}^3$ $\frac{1}{4}\ \text{cm}^3$ $\frac{1}{5}\ \text{cm}^3$ $\frac{1}{8}\ \text{cm}^3$ $\frac{1}{10}\ \text{cm}^3$

50. a)

- $\frac{2}{5}\ \text{m}^3 = \frac{2}{5}$ von $1000\ \text{dm}^3 = 400\ \text{dm}^3$
- $\frac{7}{10}\ \text{dm}^3 = \frac{7}{10}$ von $1000\ \text{cm}^3 = 700\ \text{cm}^3$
- $\frac{3}{4}\ \text{cm}^3 = \frac{3}{4}$ von $1000\ \text{mm}^3 = 750\ \text{mm}^3$

b)

$\frac{1}{2}\ \text{m}^3 = 500\ \text{dm}^3$	$\frac{1}{8}\ \ell = 125\ \text{ml}$	$\frac{3}{8}\ \text{dm}^3 = 375\ \text{cm}^3$
$\frac{1}{4}\ \text{dm}^3 = 250\ \text{cm}^3$	$\frac{4}{5}\ \text{cm}^3 = 800\ \text{mm}^3$	$\frac{1}{100}\ \ell = 10\ \text{ml}$
$\frac{1}{5}\ \text{cm}^3 = 200\ \text{mm}^3$	$\frac{7}{20}\ \text{m}^3 = 350\ \text{dm}^3$	$2\frac{3}{4}\ \text{m}^3 = 2750\ \text{dm}^3$

Dezimale Schreibweise

51. a) / b)

	1000 ℓ	100 ℓ	10 ℓ	1 ℓ	100 ml	10 ml	1 ml			
	$1m^3$	$100dm^3$	$10dm^3$	$1dm^3$	$100cm^3$	$10cm^3$	$1cm^3$	$100mm^3$	$10mm^3$	$1mm^3$
$3{,}75m^3$	3	7	5							
$0{,}672m^3$	0	6	7	2						
$8{,}355dm^3$				8	3	5	5			
10,01 ℓ			1	0	0	1	0			
$13{,}7cm^3$						1	3	7	0	0
$1{,}2345dm^3$				1	2	3	4	5	0	0

c)

$0{,}1\ m^3$ =	100	ℓ	$0{,}1\ dm^3$ =	100	cm^3
$0{,}01\ m^3$ =	10	ℓ	0,01 ℓ =	10	ml
$0{,}001\ m^3$ =	1	ℓ	$0{,}001dm^3$ =	1	cm^3
$0{,}0001\ m^3$ =	100	mℓ	0,0001 ℓ =	100	mm^3

d)

$5m^3\ 825dm^3 = 5{,}825\ m^3$	10 l 30 ml = 10,03 ℓ
$16m^3\ 500dm^3 = 16{,}5\ m^3$	$2cm^3\ 1mm^3 = 2{,}001\ cm^3$
$8m^3$ 75 l = $8{,}075\ m^3$	7 l $505cm^3\ 700mm^3$ = 7,5057 ℓ
$1dm^3\ 360cm^3 = 1{,}36\ dm^3$	$1m^3\ 20dm^3\ 500cm^3 = 1{,}0205\ m^3$

52. a) 10,2 cm = 10cm 2mm ; $10{,}2\ cm^2 = 10cm^2\ 20mm^2$; $10{,}2\ cm^3 = 10cm^3\ 200mm^3$
b) 5,37 m = 5m 3dm 7cm ; $5{,}37\ m^2 = 5m^2\ 37dm^2$; $5{,}37\ m^3 = 5m^3\ 370dm^3$
c) 1,04 dm = 1dm 0cm 4mm ; $1{,}04\ dm^2 = 1dm^2\ 4cm^2$; $1{,}04\ dm^3 = 1dm^3\ 40cm^3$
d) 3,685 m = 3m 6dm 8cm 5mm ; $3{,}685\ m^2 = 3m^2\ 68dm^2\ 50cm^2$;
$3{,}685\ m^3 = 3m^3\ 685dm^3$

53. Die Digitalanzeige gibt die ganzen m^3 an, die vier Analoganzeigen (im Uhrzeigersinn) $0{,}1\ m^3$, $0{,}01\ m^3$, $0{,}001\ m^3$ und $0{,}0001\ m^3$. Man kann den Zählerstand also bis Zehntel Liter genau ablesen.

Hier: $951{,}5261\ m^3$

54. a)

	$1m^3$	$100dm^3$	$10dm^3$	$1dm^3$	$100cm^3$	$10cm^3$	$1cm^3$	$100mm^3$	$10mm^3$	
$2{,}3875\,m^3$	2	3	8	7	5					$2387{,}5\,dm^3$
$1{,}6508\,dm^3$				1	6	5	0	8		$1650{,}8\,cm^3$
$0{,}02795\,m^3$	0	0	2	7	9	5				$27{,}95\,dm^3$
$0{,}512\,dm^3$				0	5	1	2			$512\,cm^3$
$9{,}51\,cm^3$							9	5	1	$9510\,mm^3$
$18{,}4\,cm^3$						1	8	4		$18400\,mm^3$

b)
- Beim Übergang zur nächstkleineren Volumeneinheit wird das Komma um drei Stellen nach rechts verschoben.
- Beim Übergang zur nächstgrößeren Volumeneinheit wird das Komma um drei Stellen nach links verschoben.

c)
-

$1{,}8562\,m^3 = 1856{,}2\,dm^3$	$5{,}62\,cm^3 = 5620\,mm^3$	$0{,}062\,m^3 = 62\,dm^3$
$8{,}562\,dm^3 = 8562\,cm^3$	$6{,}2\,dm^3 = 6200\,cm^3$	$62\,cm^3 = 62000\,mm^3$

-

$4879{,}5\,cm^3 = 4{,}8795\,dm^3$	$870{,}3\,dm^3 = 0{,}8703\,m^3$	$77{,}85\,dm^3 = 0{,}07785\,m^3$
$12350\,mm^3 = 12{,}35\,cm^3$	$385\,cm^3 = 0{,}385\,dm^3$	$90\,mm^3 = 0{,}09\,cm^3$

d)

$87{,}5\,dm = 8{,}75\,m$	$3{,}2\,cm = 32\,mm$	$654{,}5\,cm = 6{,}545\,m$
$87{,}5\,dm^2 = 0{,}875\,m^2$	$3{,}2\,cm^2 = 320\,mm^2$	$654{,}5\,cm^2 = 0{,}06545\,m^2$
$87{,}5\,dm^3 = 0{,}0875\,m^3$	$3{,}2\,cm^3 = 3200\,mm^3$	$654{,}5\,cm^3 = 0{,}0006545\,m^3$

55. a)
- $4800\,dm^3 = 4{,}8\,m^3$
- $25800\,l = 25{,}8\,m^3$
- $62\,l = 0{,}062\,m^3$
- $3{,}5$ Mio $cm^3 = 3{,}5\,m^3$

b)
- $2{,}3\,m^3 = 2300\,l$
- $7500\,ml = 7{,}5\,l$
- $870{,}6\,cm^3 = 0{,}8706\,l$
- $0{,}036\,m^3 = 36\,l$
- $4\,dm^3\ 50\,cm^3 = 4{,}05\,l$
- $580\,000\,mm^3 = 0{,}58\,l$

c)
- $0{,}33\,l = 330\,ml$
- $6{,}05\,dm^3 = 6050\,ml$
- $0{,}01\,m^3 = 10000\,ml$
- $0{,}07\,l = 70\,ml$
- $120\,000\,mm^3 = 120\,ml$
- $27\,cm^3\ 500\,mm^3 = 27{,}5\,ml$

56. Schreibe dezimal.

$\frac{1}{4} = 0{,}25$

$3\frac{1}{4}\,m^3 = 3{,}25\,m^3$

Überlege zunächst, wie $\frac{1}{4}$ als Dezimalbruch geschrieben wird.

• $\frac{1}{2}\,m^3 = 0{,}5\,m^3$	• $\frac{3}{4}\,cm^3 = 0{,}75\,cm^3$	• $\frac{5}{8}\,l = 0{,}625\,l$
• $\frac{1}{5}\,dm^3 = 0{,}2\,dm^3$	• $\frac{3}{5}\,dm^3 = 0{,}6\,dm^3$	• $7\frac{1}{2}\,ml = 7{,}5\,ml$
• $\frac{1}{8}\,l = 0{,}125\,l$	• $\frac{9}{10}\,m^3 = 0{,}9\,m^3$	• $11\frac{3}{8}\,cm^3 = 11{,}375\,cm^3$

57. a) Nein, denn $0{,}33\,\ell = 330\,ml = 330\,cm^3 > 300\,cm^3$.

b)

$85\,\ell$	$<$	$0{,}1\,m^3$	$0{,}05\,\ell$	$>$	$5\,cm^3$	$2\frac{3}{4}\,dm^3$	$=$	$2750\,ml$
$\frac{7}{10}\,m^3$	$=$	$700\,dm^3$	$0{,}52\,ml$	$>$	$52\,mm^3$	$10^8\,mm^3$	$<$	$1\,m^3$

Berechnungen am Quader

58. a)

- Volumen des Würfels: $V_W = (4\,m)^3 = 64\,m^3$
- Volumen des Quaders: $V_Q = 5m \cdot 4m \cdot 3m = 60\,m^3$
- Vergleich: $V_W > V_Q$

b)

- Würfel: $O_W = 6 \cdot (4m)^2 = 6 \cdot 16\,m^2 = 96\,m^2$
- Quader: $O_Q = 2 \cdot 5m \cdot 4m + 2 \cdot 5m \cdot 3m + 2 \cdot 3m \cdot 4m$
  $= 40\,m^2 + 30\,m^2 + 24\,m^2 = 94\,m^2$

c)

$O_Q = \underbrace{a \cdot b}_{unten} + \underbrace{a \cdot b}_{oben} + \underbrace{b \cdot c}_{rechts} + \underbrace{b \cdot c}_{links} + \underbrace{a \cdot c}_{vorne} + \underbrace{a \cdot c}_{hinten}$

$O_Q = 2ab + 2bc + 2ac$

d)

$O_W = 6a^2$

e) Im Würfel ist $b = a$ und $c = a$:

$O_Q = 2a \cdot a + 2a \cdot a + 2a \cdot a = 2a^2 + 2a^2 + 2a^2 = 6a^2$.

f):

Ein **Quader** mit den Kantenlängen a, b und c hat

- den Rauminhalt $V_Q = abc$
- den Oberflächeninhalt $O_Q = 2ab + 2bc + 2ac$

Ein **Würfel** mit der Kantenlänge a hat

- den Rauminhalt $V_W = a^3$
- den Oberflächeninhalt $O_W = 6a^2$

59.

	Länge	Breite	Höhe	Volumen	Oberflächeninhalt
a)	15 cm	10 cm	6 cm	900 cm^3	600 cm^2
b)	3 m	3 m	16 m	144 m^3	210 m^2
c)	12 dm	4 dm	6 dm	288 l	288 dm^2

60. a) / b)

a	V	O
4 cm	64 cm^3	96 cm^2
5 cm	125 cm^3	150 cm^2
8 cm	512 cm^3	384 cm^2
10 cm	1000 cm^3	600 cm^2
6 cm	216 cm^3	216 cm^2

61. a) Silvester wandelt zunächst alle Längeneinheiten in dieselbe Einheit um und wendet dann die Formel $V = a \cdot b \cdot c$ an. Das mehrgliedrige Produkt berechnet er schrittweise von links nach rechts. Letztendlich wandelt er sein Ergebnis in ℓ um.

b) ① 25 ℓ ② 135 ℓ

c) $(229\,\text{mm})^3 = 12\,008\,989\,\text{mm}^3 \approx 12\,\ell$

62. a) $V = 8\,\text{m} \cdot 8\,\text{m} \cdot 2\,\text{m} + 4\,\text{m} \cdot 4\,\text{m} \cdot 2\,\text{m} + (2\,\text{m})^3$

$= 128\,\text{m}^3 + 32\,\text{m}^3 + 8\,\text{m}^3$

$= 168\,\text{m}^3$

b) Silvester zerlegt den Quader in zwei Teilquader, berechnet das Volumen jedes einzelnen Teilquaders und addiert die Teilergebnisse.

Wurzel dagegen denkt sich den Körper zu einem großen Quader ergänzt und subtrahiert das Volumen des „fehlenden Teilquaders".

Beide rechen richtig.

c) Körper 3: $V = 6\,\text{cm} \cdot 4\,\text{cm} \cdot 3\,\text{cm} + 5\,\text{cm} \cdot 6\,\text{cm} \cdot 8\,\text{cm} + 3\,\text{cm} \cdot 3\,\text{cm} \cdot 4\,\text{cm}$

$= 348\,\text{cm}^3$

Körper 4: $V = 45\,\text{cm} \cdot 50\,\text{cm} \cdot 32\,\text{cm} - 30\,\text{cm} \cdot 25\,\text{cm} \cdot 32\,\text{cm}$

$= 48\,000\,\text{cm}^3$

d) $V = (7\,\text{cm} \cdot 8\,\text{cm} \cdot 15\,\text{cm}) : 2 = 420\,\text{cm}^3$

63. a) 10%

b) überhaupt nicht

64. a) Z. B.

	a	b	c	V	O
Quader 1	1 cm	8 cm	125 cm	$1000\,\text{cm}^3$	$2266\,\text{cm}^2$
Quader 2	4 cm	10 cm	25 cm	$1000\,\text{cm}^3$	$780\,\text{cm}^2$
Quader 3	8 cm	5 cm	25 cm	$1000\,\text{cm}^3$	$730\,\text{cm}^2$
Quader 4	5 cm	10 cm	20 cm	$1000\,\text{cm}^3$	$700\,\text{cm}^2$
Würfel	10 cm	10 cm	10 cm	$1000\,\text{cm}^3$	$600\,\text{cm}^2$

b) Die Oberflächeninhalte der Quader sind verschieden (siehe letzte Spalte der Tabelle).

c) Würfel mit der Kantenlänge 10 cm, siehe letzte Zeile der Tabelle.

65. a)
- Das Volumen verachtfacht sich.
- Der Oberflächeninhalt vervierfacht sich.

b) Wir verdoppeln nur die Kantenlängen *a* und *b*.

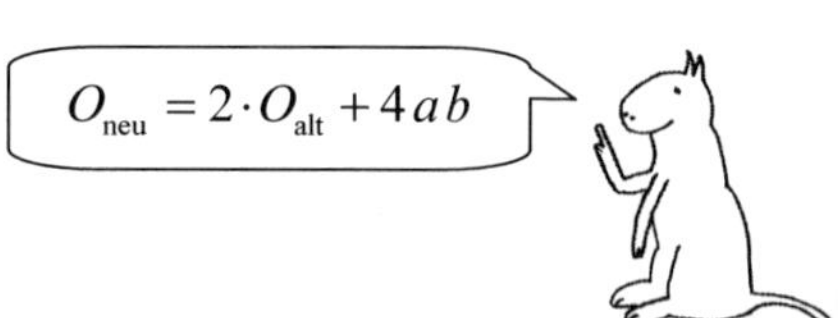

- Das Volumen vervierfacht sich.
- $O_{neu} = 2 \cdot 2a \cdot 2b + 2 \cdot 2a \cdot c + 2 \cdot 2b \cdot c$

$= 8ab + 4ac + 4bc$

$= 2 \cdot (2ab + 2ac + 2bc) + 4ab$

$= 2 \cdot O_{alt} + 4ab$

66. a) Von einem Quader sind zwei Kantenlängen und das Volumen bekannt. Gesucht ist die dritte Seitenlänge.

Wurzel schreibt die Volumenformel mit vertauschten Seiten auf und setzt dann die gegebenen Größen ein. Sie erhält eine Gleichung, die sie nach der Variablen auflöst.

b) ① $c = 7\,\text{m}$ ② $b = 5\,\text{cm}$

67. $V = 1800\,\text{cm}^3 = 1{,}8\,\ell$

Das Gefäß ist ausreichend groß.

Wasserstand h:

$$150\,\text{cm}^2 \cdot h = 1500\,\text{cm}^3$$
$$h = 10\,\text{cm}$$

68. a) Von einem Quader sind zwei Kantenlängen und der Oberflächeninhalt bekannt. Gesucht ist die dritte Seitenlänge.

Wurzel schreibt die Oberflächenformel mit vertauschten Seiten auf und setzt dann die gegebenen Größen ein. Sie erhält eine Gleichung, die sie nach der Variablen auflöst.

b) ① $c = 5\,\text{m}$ ② $a = 4\,\text{cm}$

69. a) ① 3cm; 3 Würfel

② ---

③ $54\,\text{cm}^2$

b) 6 cm

70. a) 60 Würfel

b) Er erhält 4 Sorten.

Anzahl der Würfel ...			
... ohne grüne Fläche	... mit einer grünen Fläche	... mit zwei grünen Flächen	... mit drei grünen Flächen
6	22	24	8

71. a) Kantenlänge: $a = 7$ cm ; Volumen: $V = 343\,\text{cm}^3$; Anzahl der Würfel: 240 .

b) Kantenlänge: $a = 60$ cm ; Volumen: $V = 216\,\ell$; Anzahl der Quader: 2600 .

72. a) $n = 1^2 + 2^2 + \ldots + 8^2 = 204$

b) $V = 204 \cdot 125\,\text{cm}^3 = 25\,500\,\text{cm}^3$

c) $$O = \underbrace{2 \cdot (40\,\text{cm})^2}_{\text{oben/unten}} + \underbrace{4 \cdot (1+2+3+\ldots+8) \cdot 25\,\text{cm}^2}_{\text{Seiten}}$$
$$= 3200\,\text{cm}^2 + 100\,\text{cm}^2 \cdot 36$$
$$= 6800\,\text{cm}^2$$

73. a) $V = \underbrace{a^3}_{\text{ganzer Würfel}} - \underbrace{3 \cdot a \cdot b^2}_{\substack{\text{3 herausgesägte Quader} \\ \text{der Länge } a \text{ und Fläche } b^2}} + \underbrace{2 \cdot b^3}_{\substack{\text{Korrektur der mehrfach} \\ \text{herausgesägten Mitte}}}$.

b) vollständiger Würfel: $V = 125\,\text{cm}^3$, $m = 2{,}5\text{ kg} = 2500\text{g}$.

Gitterwürfel: $V = 125\,\text{cm}^3 - 3 \cdot 5\,\text{cm} \cdot (1\,\text{cm})^2 + 2 \cdot (1\,\text{cm})^3$

$= 125\,\text{cm}^3 - 15\,\text{cm}^3 + 2\,\text{cm}^3$

$= 112\,\text{cm}^3$

$125\,\text{cm}^3$ wiegen 2500g

$1\,\text{cm}^3$ wiegt 20g

$112\,\text{cm}^3$ wiegen 2240g.

c) Schrägbild für $a = 5\,\text{cm}$ und $b = 1\,\text{cm}$:

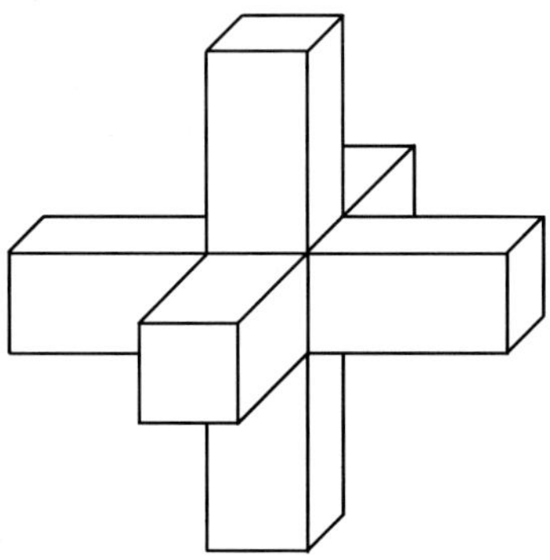

Sachaufgaben

74. a) $V \approx 14\,\text{m}^3$

b) $V = 637\,\ell$

c) $V = 30\,240\,\text{cm}^3 \approx 30{,}2\,\ell$

d) $V \approx 1\,\text{Mio mm}^3 \approx 1\,\ell$

75. a) 600 m^3 ; 1260 €

b) 448 m^2

c) 20 cm ; 10 h

76. a) 0,6g

b) $1\,\frac{\text{g}}{\text{cm}^3}$

77. a) Rechnung: $1\,\text{m}^3 = 10^6\,\text{cm}^3 \Rightarrow 10^6 \cdot 0{,}25\,\text{g} = 250\,\text{kg}$ (Gewicht eines Kubikmeters)

Antwort: Nein.

b) Volumen der Scheibe: $V = 160\,\text{cm} \cdot 125\,\text{cm} \cdot 0{,}6\,\text{cm} = 12\,000\,\text{cm}^3$

Gewicht der Scheibe: $12\,000 \cdot 2{,}5\,\text{g} = 30\,\text{kg}$

c) Volumen der Bauteils: $V = 4\,\text{dm} \cdot 5\,\text{dm} \cdot 6\,\text{dm} - 2\,\text{dm} \cdot 3\,\text{dm} \cdot 6\,\text{dm} = 84\,\text{dm}^3$

Gewicht der Bauteils: $84 \cdot 2{,}3\,\text{kg} = 193{,}2\,\text{kg}$

78. a) 20 cm, 60 cm

b) $V = 9 \cdot 60\,\text{cm} \cdot 20\,\text{cm} \cdot 10\,\text{cm} = 108\,\text{dm}^3$

c) $60\,\text{cm} \times 60\,\text{cm} \times 40\,\text{cm}$

d) $60 \cdot 60 \cdot 40 \cdot 7{,}8\,\text{g} = 1123\,200\,\text{g} \approx 1{,}1\,\text{t}$

79. a) 48 m^3 Schnee liegen auf dem Dach und wiegen 3024 kg, also etwa das Dreifache eines Personenkraftwagens.

b) Der Schnee ergibt 3000 Liter Schmelzwasser.

80. a) $V = 100\,\text{cm} \cdot 40\,\text{cm} \cdot 44\,\text{cm} = 176\,\ell$, also 22 Eimer

b) Glasvolumen $= 102\,\text{cm} \cdot 42\,\text{cm} \cdot 50\,\text{cm} - 100\,\text{cm} \cdot 40\,\text{cm} \cdot 49\,\text{cm} = 18\,200\,\text{cm}^3$

Gewicht $= 118\,200 \cdot 2{,}5\,\text{g} = 45{,}5\,\text{kg}$

c) $176\,\text{kg} + 45{,}5\,\text{kg} = 221{,}5\,\text{kg}$

81. a) Länge und Breite der Schachtel: $a = b = 18\,\text{cm} - 2 \cdot x$; Höhe der Schachtel: x ; Volumen der Schachtel: $V = (18\,\text{cm} - 2 \cdot x) \cdot (18\,\text{cm} - 2 \cdot x) \cdot x = (18\,\text{cm} - 2 \cdot x)^2 \cdot x$.

b)

x (in cm)	1	2	3	4	5	6	7	8	9
V (in cm^3)	256	392	432	400	320	216	112	32	0

c) Länge = Breite = 12 cm ; Höhe = 3 cm.

82. a) Ausstoß in m^3: $19\,500\,\text{m}^3$.

b) Rechnung: $195000\,\text{h}\ell : (50 \cdot 5) = 780\,\text{h}\ell$
Antwort: Am Tag werden durchschnittlich $780\,\text{h}\ell$ hergestellt.

c) Rechnung: 150 $100\,\ell$-Fässer: $150\,\text{h}\ell$,
200 $50\,\ell$-Fässer: $100\,\text{h}\ell$,
120 $30\,\ell$-Fässer: $36\,\text{h}\ell$,
Summe: $286\,\text{h}\ell$.
Rest: $780\,\text{h}\ell - 286\,\text{h}\ell = 494\,\text{h}\ell = 49\,400\,\ell$.
Pro Kasten: $20 \cdot 0{,}5\,\ell = 10\,\ell$.
Anzahl der Kästen: $49\,400\,\ell : 10\,\ell = 4940$.
Antwort: Am Tag werden durchschnittlich 4 940 Kästen abgefüllt.

d) Volumen eines Bierkastens: $V = 40\,\text{cm} \cdot 30\,\text{cm} \cdot 30\,\text{cm} = 36\,000\,\text{cm}^3 = 36\,\text{dm}^3$.
Platzbedarf: $4940 \cdot 36\,\text{dm}^3 = 177840\,\text{dm}^3 = 177{,}84\,\text{m}^3$.

83. a) Volumen der Verpackung: $V = 210\,\text{m}\ell$. Das Volumen der Verpackung ist mehr als viermal so groß wie das Füllvolumen.
b) ---

84. a) Abfallaufkommen pro Woche: $750 \cdot 280\,\ell : 40 = 5250\,\ell$.
Das $5500\,\ell$-Gefäß ist bei diesem Abfallaufkommen günstig.
Bei 40 Schulwochen betragen die Entsorgungskosten $40 \cdot 275\,€ = 11000\,€$.

b) Abfall pro Schüler pro Schuljahr: $3300\,\ell \cdot 40 : 750 = 176\,\ell$.
Jeder Schüler müsste pro Schuljahr $104\,\ell$ Abfall einsparen.
Es würden $40 \cdot (275\,€ - 165\,€) = 4400\,€$ eingespart werden.

Abbildungen und Symmetrien 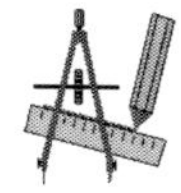

4

Grundlagen

1. a) **Punkt** M

Strecke $\overline{AB}$: Eine gerade Linie, die von zwei Punkten begrenzt wird, heißt Strecke.

$\overline{AB}$ = Strecke mit den Endpunkten A und B

Gerade g bzw. PQ: Eine beidseitig unbegrenzte gerade Linie heißt Gerade. Die Gerade durch die Punkte P und Q wird mit PQ (lies: „Gerade PQ") bezeichnet.

Halbgerade / Strahl $\overleftarrow{ST}$: Eine einseitig unbegrenzte gerade Linie heißt Strahl oder Halbgerade. $\overleftarrow{ST}$ Ist der Strahl mit Anfangspunkt S durch T.

b)

Eine Punktmenge, die von zwei Strahlen mit gemeinsamem Anfangspunkt begrenzt wird, heißt **Winkel**. Die beiden Strahlen heißen **Schenkel**, der gemeinsame Anfangspunkt heißt **Scheitel** des Winkels.

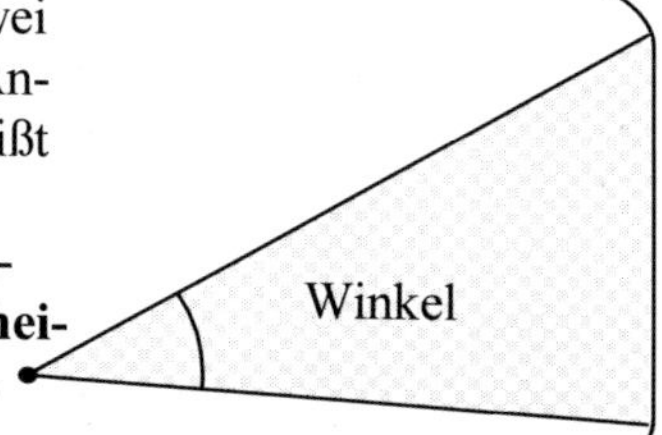

Winkelmessung

- Der gestreckte Winkel wird in 180 gleich große Teilwinkel, die **Einheitswinkel**, unterteilt.
- Die Einheitswinkel haben das Maß 1° (**1 Grad**).
- Einen **Winkel messen** heißt zählen, wie oft der Einheitswinkel in dem betreffenden Winkel enthalten ist.

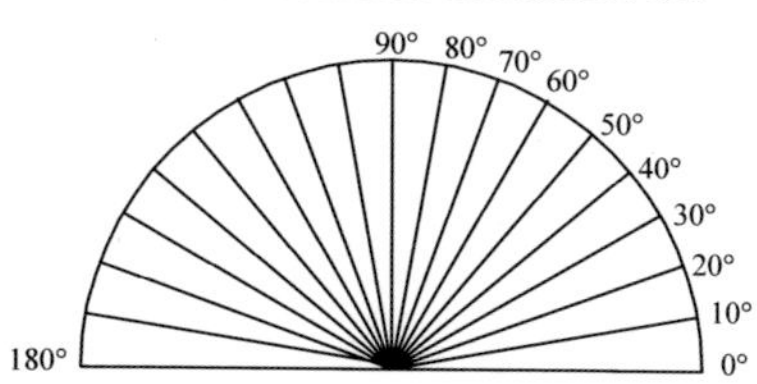

Winkeltypen

Spitzer Winkel
$0° < \varphi < 90°$

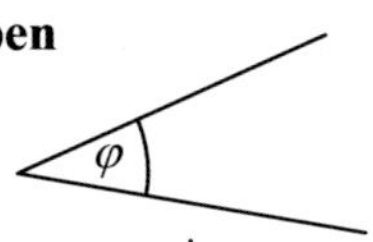

Rechter Winkel
$\varphi = 90°$

Stumpfer Winkel
$90° < \varphi < 180°$

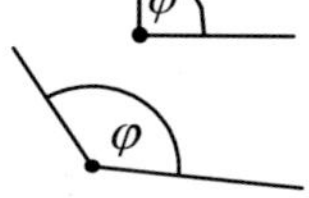

Gestreckter Winkel
$\varphi = 180°$

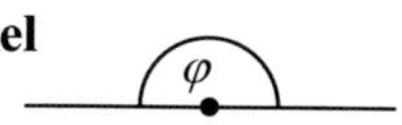

Überstumpfer Winkel
$180° < \varphi < 360°$

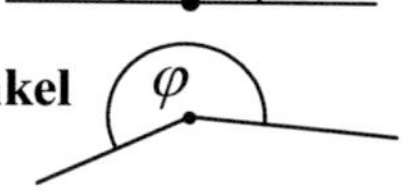

Voller Winkel
$\varphi = 360°$

2.

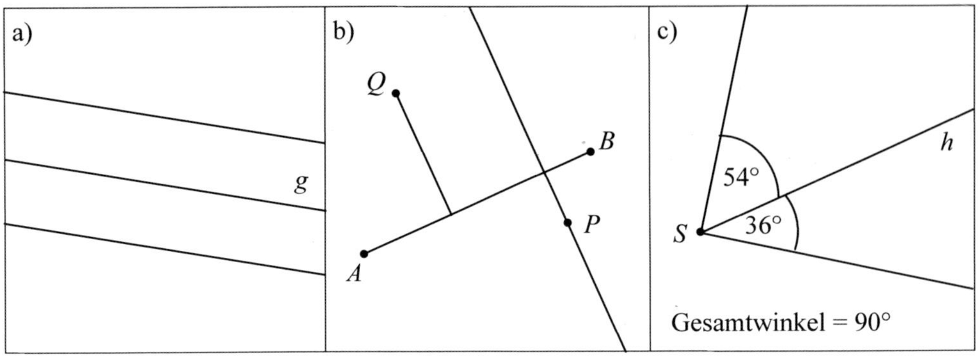

3.

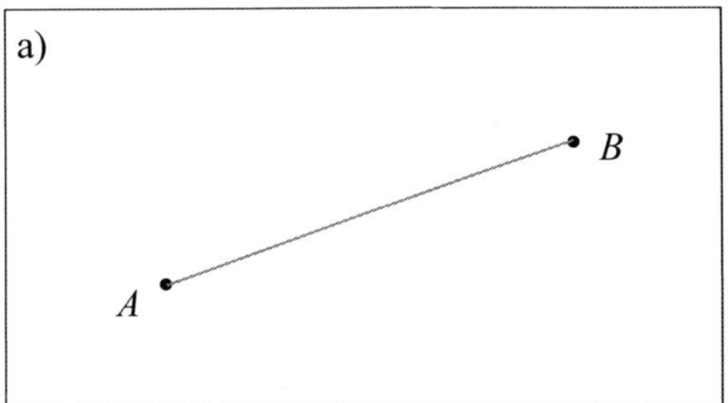

Miss den Abstand (die Entfernung) der Punkte A und B

d(A,B) ≈ 4,7 cm

d = distance

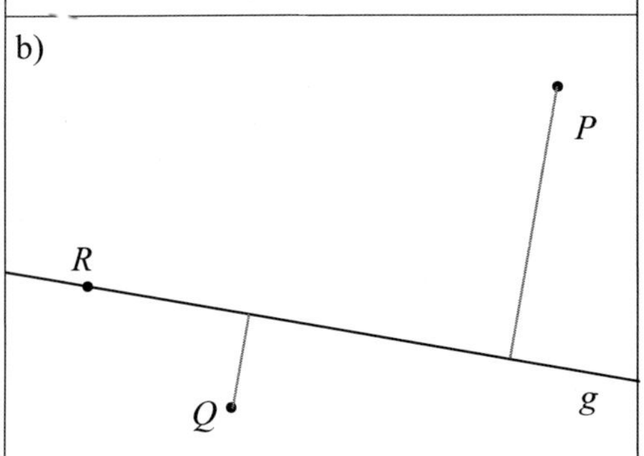

Miss den Abstand der Punkte P, Q und R von der Geraden g:

d(P,g) ≈ 3,4 cm

d(Q,g) ≈ 1,2 cm

d(R,g) = 0 cm

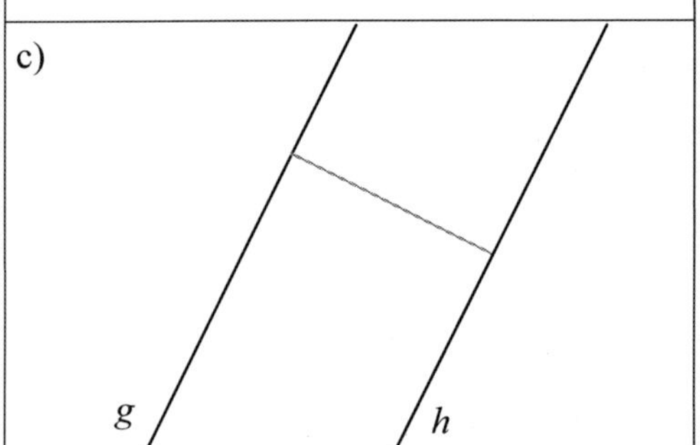

Miss den Abstand der Parallelen g und h:

d(g,h) ≈ 2,5 cm

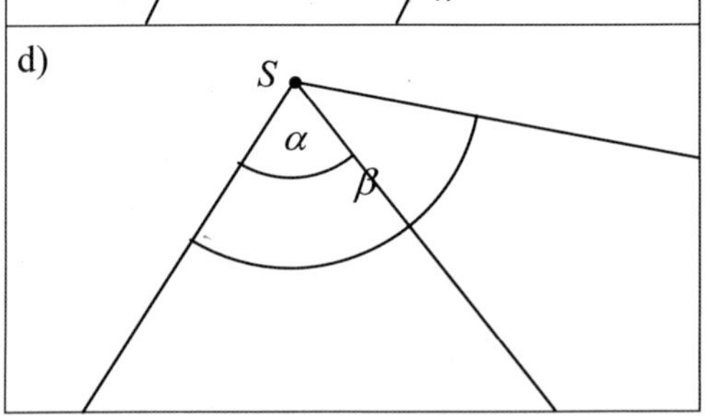

Miss die Winkel $\sphericalangle\alpha$ und $\sphericalangle\beta$:

$\alpha \approx 71°$

$\beta \approx 112°$

4. a) ---

b) $a = 9{,}4\,\text{cm}, b = 6{,}7\,\text{cm}, c = 8{,}2\,\text{cm}.$

c) $\alpha = 77°, \beta = 44°, \gamma = 59°.$

d) $d(A, M_a) = 5{,}9\,\text{cm}, d(B, M_b) = 8{,}2\,\text{cm}, d(C, M_c) = 7{,}1\,\text{cm}.$

e) $d(A, \overline{BC}) = 5{,}7\,\text{cm}, d(B, \overline{AC}) = 8{,}1\,\text{cm}, d(C, \overline{AB}) = 6{,}5\,\text{cm}.$

5. Kreis

a) $r \approx 2{,}9\,\text{cm}$.

b) Z. B.: Alle Punkte eines Kreises sind gleich weit von seinem Mittelpunkt entfernt. Diese Entfernung heißt Radius.

c) Punkte innerhalb (außerhalb) des Kreises haben vom Kreismittelpunkt eine Entfernung kleiner (größer) als r.

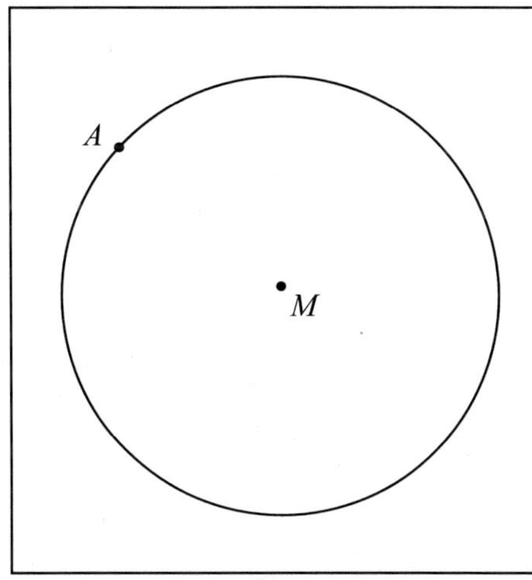

d) Die Punkte auf dem Kreis um M mit Radius r und nur diese haben von M die Entfernung r.

Der Kreis um M mit Radius r ist die **Menge aller Punkte**, die von M die Entfernung r haben.

e) Die beiden grau markierten Punkte erfüllen die geforderten Bedingungen.

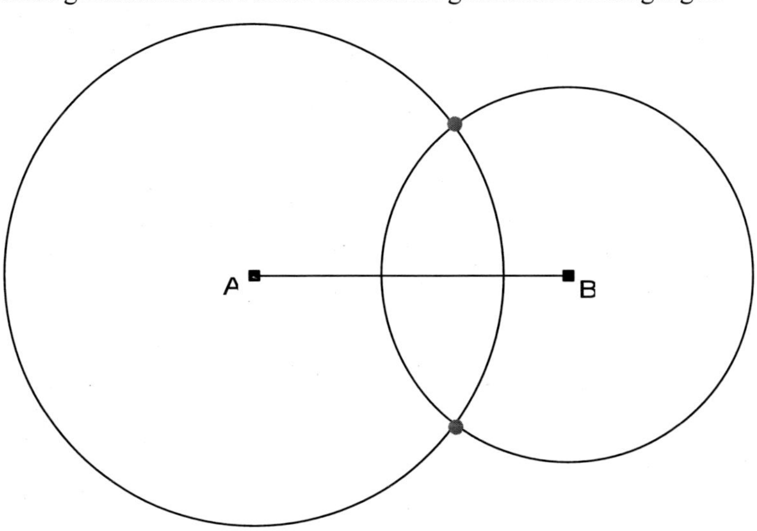

6. Ein besonderes Dreieck

a) / b)

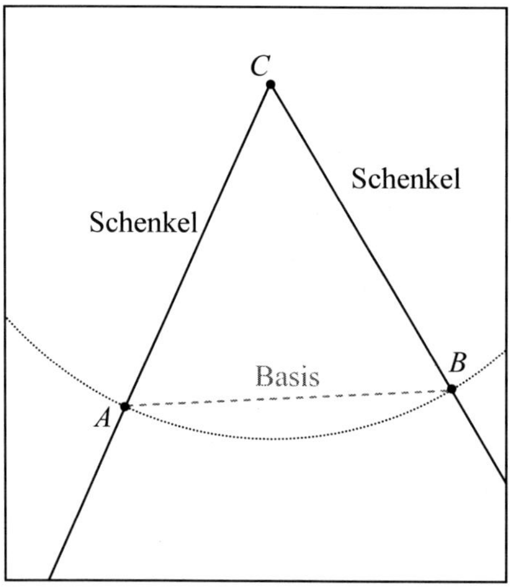

c) Ein Dreieck heißt **gleichschenklig**, wenn es zwei gleich lange Seiten hat.

Zum Weiterdenken:

Ja, es gibt auch Dreiecke mit drei gleich langen Seiten.
Bei der Konstruktion beginnt man mit einem Winkel vom Maß 60°.

7. Mittelsenkrechte

a) Die Gerade, die durch die Mitte einer Strecke senkrecht zur Strecke verläuft, heißt **Mittelsenkrechte**.

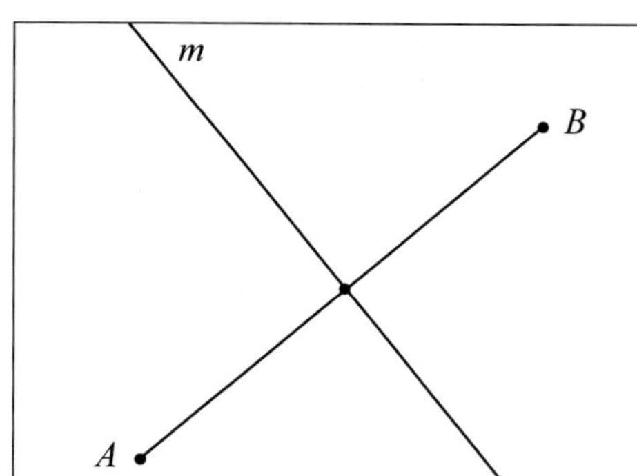

b) Wenn ein Punkt auf der Mittelsenkrechten einer Strecke liegt, dann ist er von den Endpunkten der Strecke gleich weit entfernt.

c) Die Punkte haben von den Endpunkten A und B den gleichen Abstand.

8. a) / b)

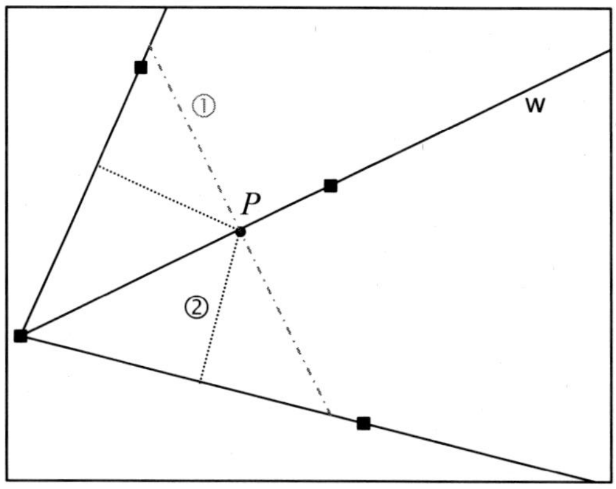

c) Wenn ein Punkt auf der Winkelhalbierenden eines Winkels liegt, dann ist er von den Schenkeln des Winkels gleich weit entfernt.

Achsenspiegelung

9. a) Z. B.: Der Bildpunkt liegt auf der Senkrechten zur Wasserlinie (=Spiegelachse) durch den Originalpunkt. Er hat von der Spiegelachse denselben Abstand wie der Originalpunkt.

b) ---

Abbildungsvorschrift für die Achsenspiegelung

Die **Spiegelung an der Achse a** ordnet jedem Punkt P nach folgender Vorschrift den Bildpunkt P' zu:

- P' liegt auf der Senkrechten zu a durch P und
- P' hat von a denselben Abstand wie P.

10. Achsenspiegelung mit dem Geodreieck

a) Vorgehensweise:

- Ich lege das Geodreieck so an, dass die Mittellinie entlang der Achse *a* verlüft und *P* an der Grundlinie des Geodreiecks liegt.
- Ich übertrage den Abstand von *P* zur Achse *a* auf die andere Seite der Achse.

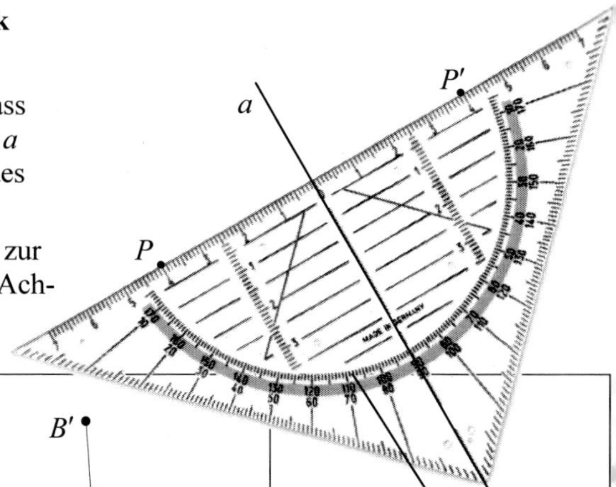

b)

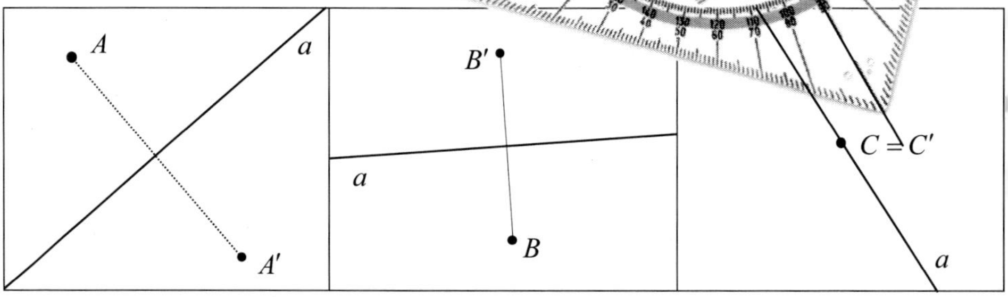

c) Man erhält wieder die Urpunkte.

d)

11. a) Die Spiegelachse a ist die Mittelsenkrechte der Strecke $\overline{PQ}$.

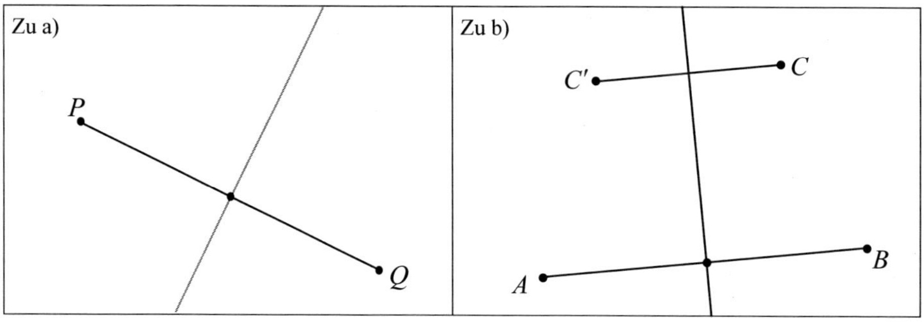

b) Vorgehensweise:

- Ich zeichne die Mittelsenkrechte m zur Strecke $\overline{AB}$.
- Ich spiegele C an m und erhalte den Bildpunkt C'.

12. a) / b) siehe rechts

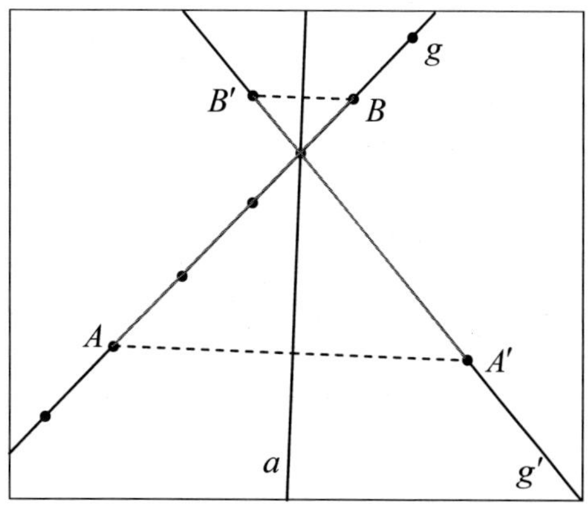

c) Achsenspiegelungen sind **geradentreu** und **längentreu**. Das heißt:

- Das Bild einer Geraden ist eine Gerade.
- Das Bild einer Strecke ist eine gleichlange Strecke.

13. a)

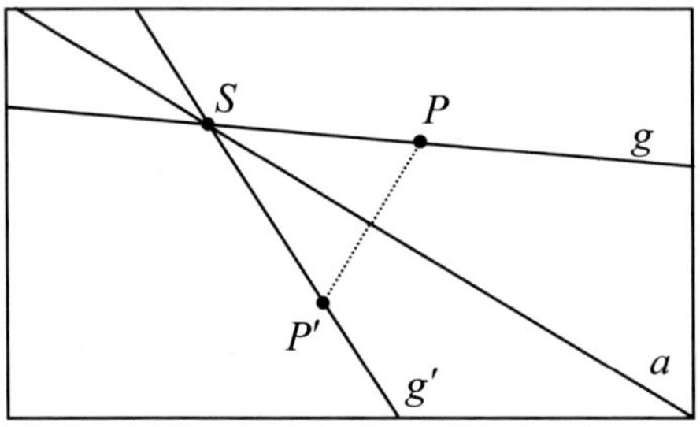

b)

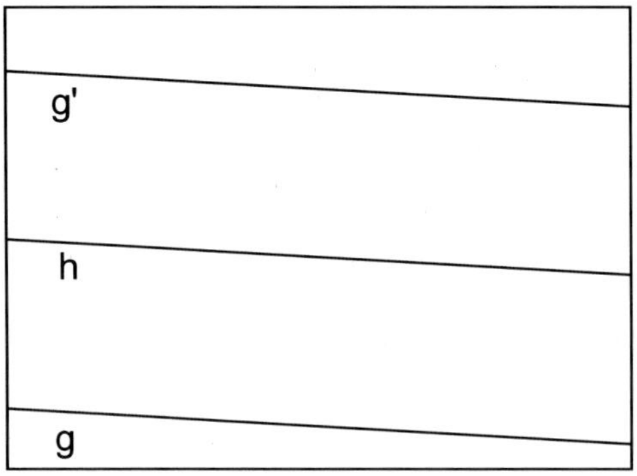

c)

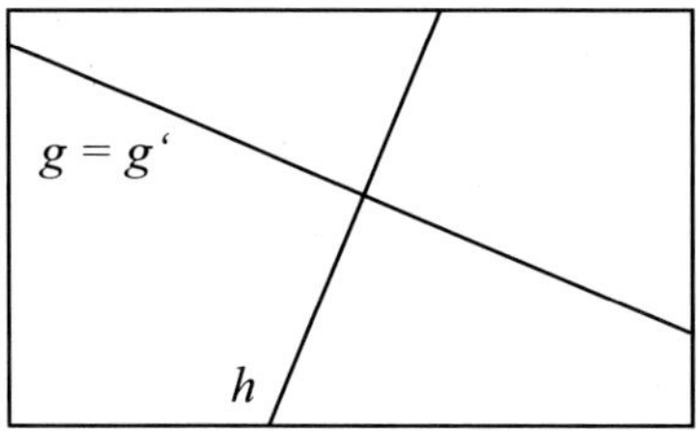

14. a) $P'(3\,|\,0)$; $Q'(8\,|\,0)$

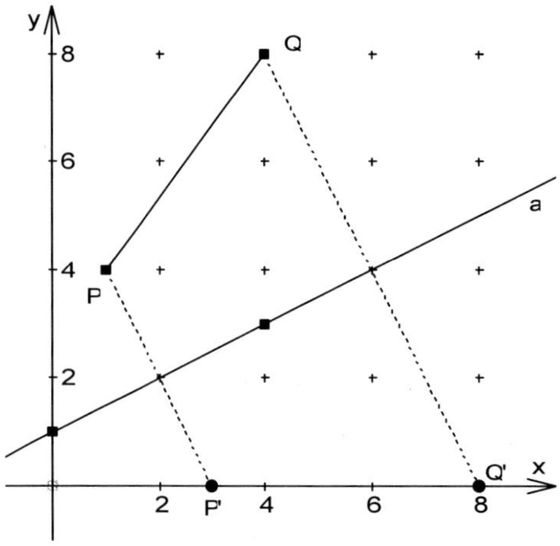

b) $P'(-1\,|\,3)$; $Q'(5\,|\,6)$

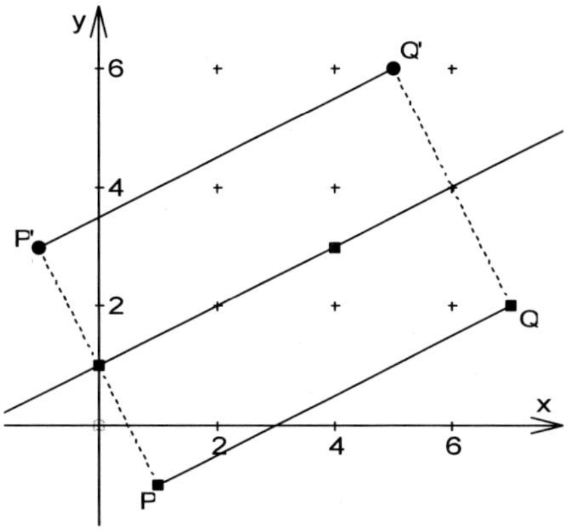

c) $P'(-3\,|\,2)$; $Q'(5\,|\,1)$

15. a) Urwinkel und Bildwinkel sind gleich groß.

b)

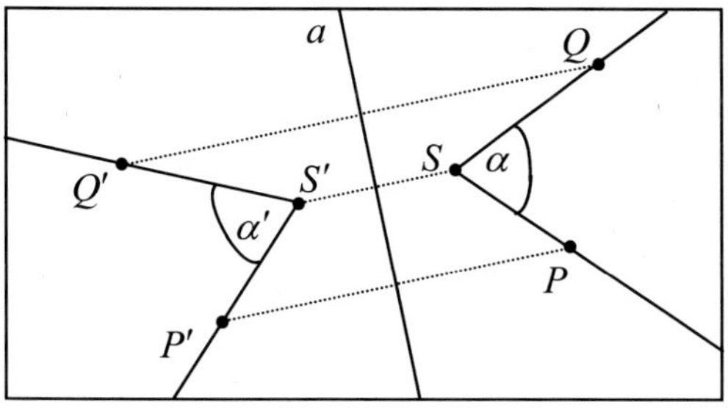

c) Achsenspiegelungen sind **winkeltreu**. Das heißt:

- Das Bild eines Winkels ist ein Winkel.
- Winkel und Bildwinkel sind gleich groß.

d) Der Winkel wird bei Spiegelung an der Winkelhalbierenden auf sich selbst abgebildet.

16. a)

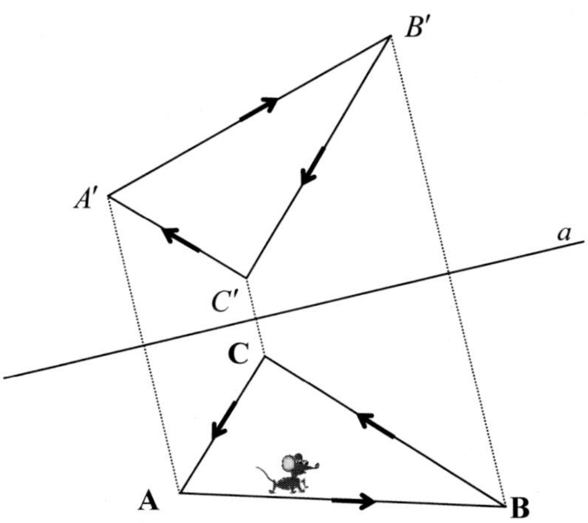

b) Dreieck und Bilddreieck haben die gleiche Form, sie sind deckungsgleich. Grund dafür sind die Eigenschaften der Achsenspiegelung.

(Geradentreue, Längentreue, Winkeltreue)

c) Jerrys Spiegelbild durchläuft das gespiegelte Dreieck rechtsherum (im Uhrzeigersinn).

17.

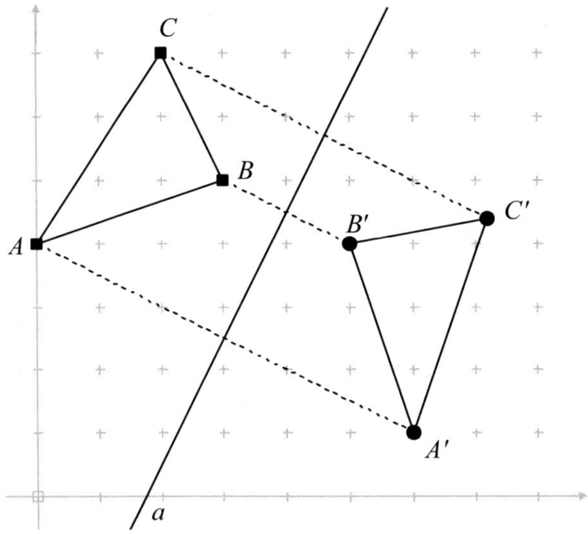

18.

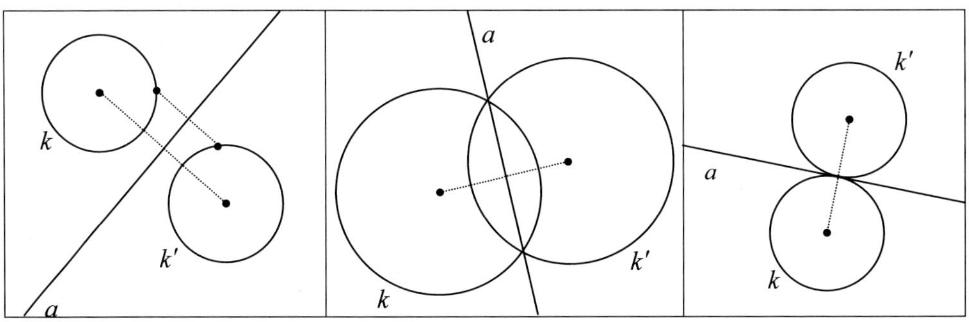

Die Längentreue garantiert, dass ein gleich großer Bildkreis entsteht.

19. a) $|\overline{PA}| = |\overline{PB}|$

b) Z. B.: Die Spiegelung an m bildet A auf B (und umgekehrt) und P auf sich ab. Daraus folgt: $\overline{BP}$ ist das Bild von $\overline{AP}$. Strecke und Bildstrecke sind gleich lang.

c) Wenn ein Punkt auf der Mittelsenkrechten einer Strecke liegt, dann ist er von den Endpunkten der Strecke gleich weit entfernt.

d) Wenn ein Punkt nicht auf der Mittelsenkrechten einer Strecke liegt, dann ist von den Endpunkten der Strecke verschieden weit entfernt.

e)

Die Mittelsenkrechte einer Strecke ist die **Menge aller Punkte**, die von den Endpunkten der Strecke gleich weit entfernt sind.

Ein Punkt liegt **genau dann** auf der Mittelsenkrechten einer Strecke, **wenn** er von den Endpunkten der Strecke gleich weit entfernt ist.

20.

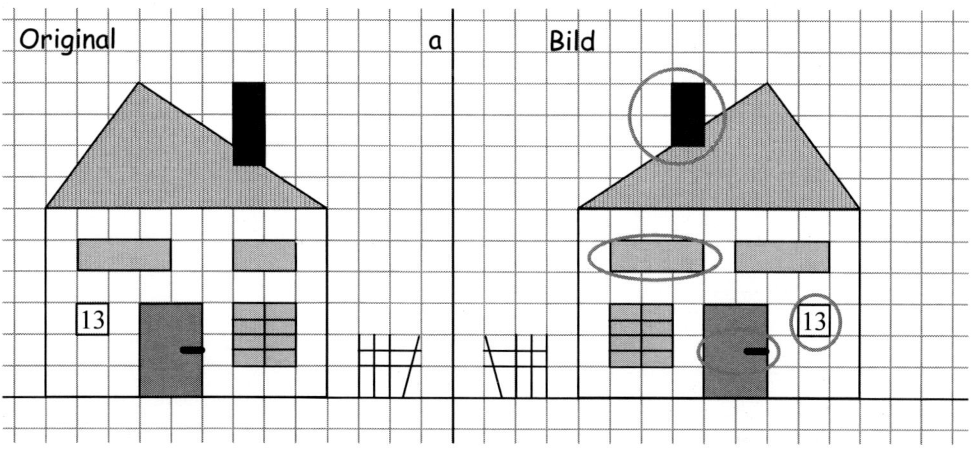

21. a)

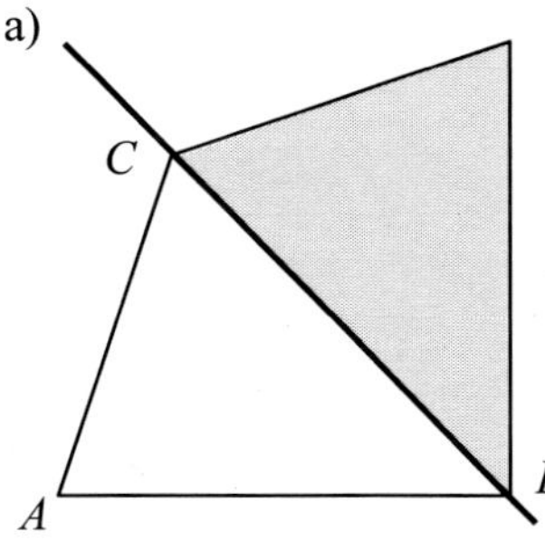

b)

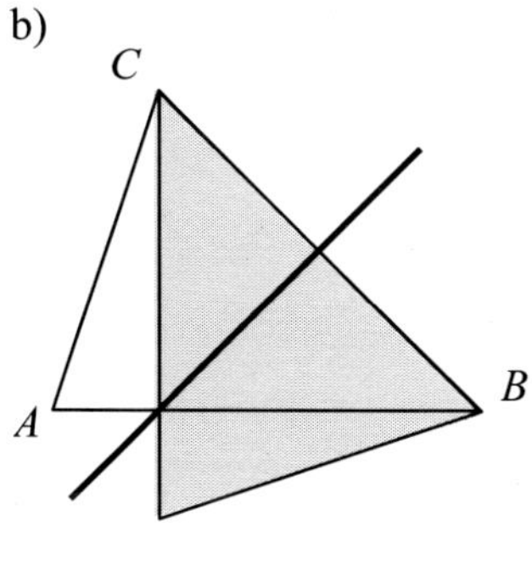

c)

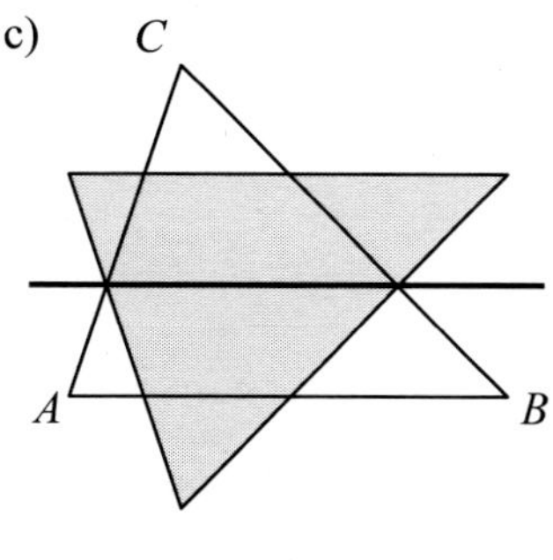

d) ---

Achsensymmetrie

22. a) Die Figur wird auf sich selbst abgebildet.

b)

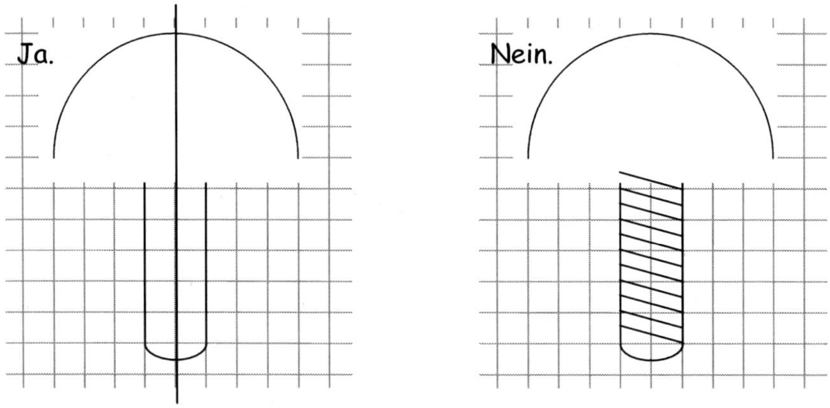

c) Eine Figur heißt **achsensymmetrisch**, wenn es eine Achsenspiegelung gibt, die die Figur auf sich selbst abbildet.

Die Achse der Spiegelung heißt Symmetrieachse der Figur.

23.

- Strecke: Die Mittelsenkrechte von $\overline{AB}$ und die Gerade AB.
- Winkel: Winkelhalbierende(ngerade).
- Kreis: Jede Gerade durch M.

24. a) Die Symmetrieachse ist die Mittelsenkrechte der Basis.

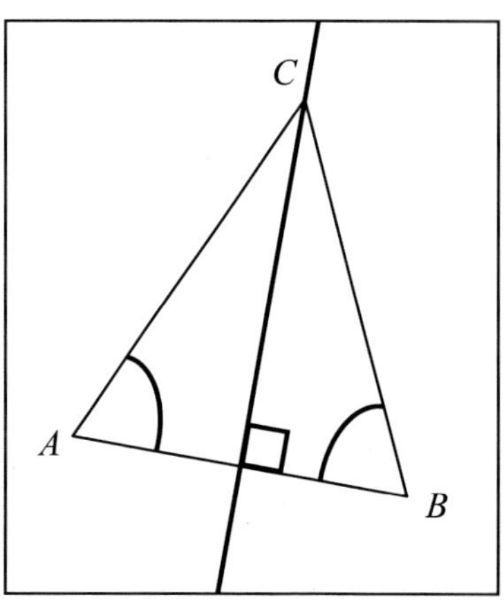

b) Basiswinkelsatz

Im gleichschenkligen Dreieck sind die Basiswinkel gleich groß.

c) Die Symmetrieachse halbiert den Winkel an der Spitze.

25. a) Ein gleichseitiges Dreieck ist insbesondere gleichschenklig und damit nach Aufgabe 24 achsensymmetrisch.

b) Silvester hat Recht, das gleichseitige Dreieck hat drei Symmetrieachsen.

c) Achse 2 geht in Achse 3 über und umgekehrt.

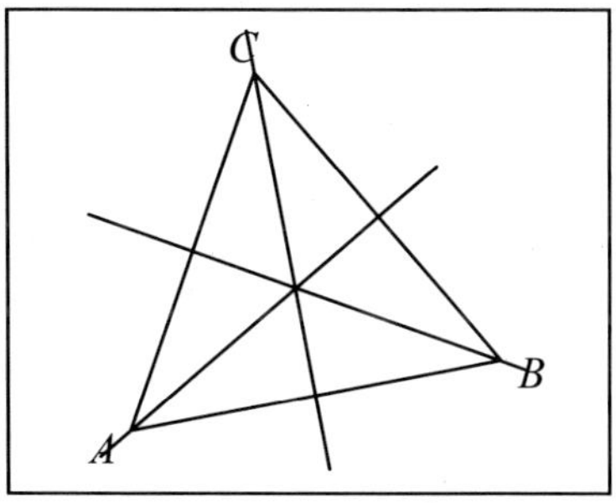

Zum Nachdenken:

Seien A, B, C die Eckpunkte des Dreiecks.

Bei einer Spiegelung, die das Dreieck auf sich selbst abbildet, müssen die Eckpunkte aufeinander abgebildet werden. Dafür kommen nur folgende drei Spiegelungen in Betracht:

- Die Spiegelung, die A in B überführt und umgekehrt;
- die Spiegelung, die A in C überführt und umgekehrt;
- die Spiegelung, die B in C überführt und umgekehrt.

Es gibt also höchstens drei Symmetrieachsen.

26.

27.

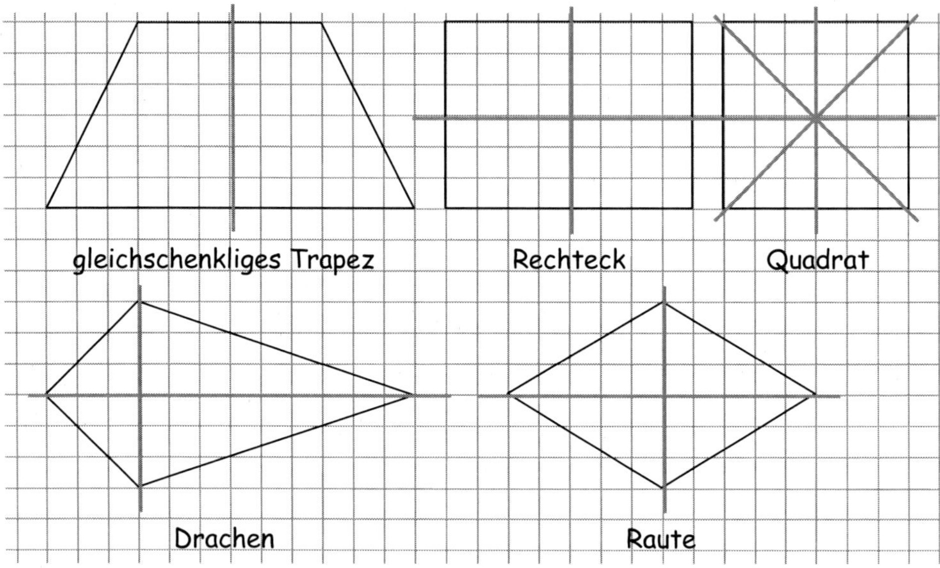

28. a) Keine der genannten Achsen kommt als Symmetrieachse in Frage.

b) Wurzels Gedankengang: ... Nach a) ist die Mittelsenkrechte zur Strecke $\overline{AB}$ aber keine Symmetrieachse. Wenn A auf C abgebildet wird, muss a die Mittelsenkrechte von $\overline{AC}$ sein. Bei Spiegelung an dieser Mittelsenkrechten wird aber B nicht auf D abgebildet. Usw.

Ergebnis:

Das gezeichnete Parallelogramm ist nicht achsensymmetrisch.

c) Rauten sind achsensymmetrisch.

29. a)

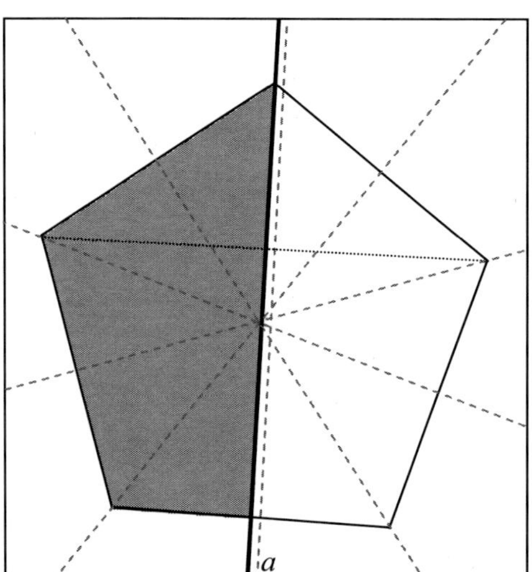

b)

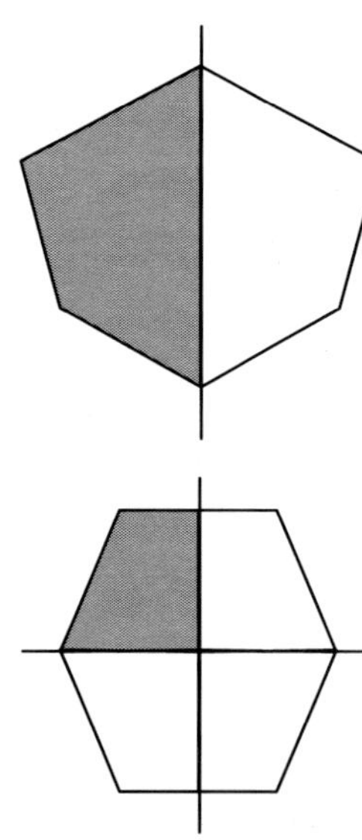

Konstruktionen mit Zirkel und Lineal

30. a) Konstruktionsbeschreibung:

- Ich zeichne um A und um B je einen Kreis mit gleichem und genügend großem Radius.
- Diese schneiden sich in P und Q.
- PQ ist die Mittelsenkrechte von $\overline{AB}$.

b) Begründung:

Wegen des gleichen Radius sind die Schnittpunkte P und Q gleich weit von A und B entfernt und liegen somit auf der Mittelsenkrechten. Die Mittelsenkrechte ist eine Gerade und durch zwei Punkte eindeutig festgelegt.
Also ist $m_{\overline{AB}} = PQ$.

c) Ja, denn die Mittelsenkrechte von $\overline{AB}$ teilt die Strecke $\overline{AB}$ in zwei gleich lange Teilstrecken.

31. a)

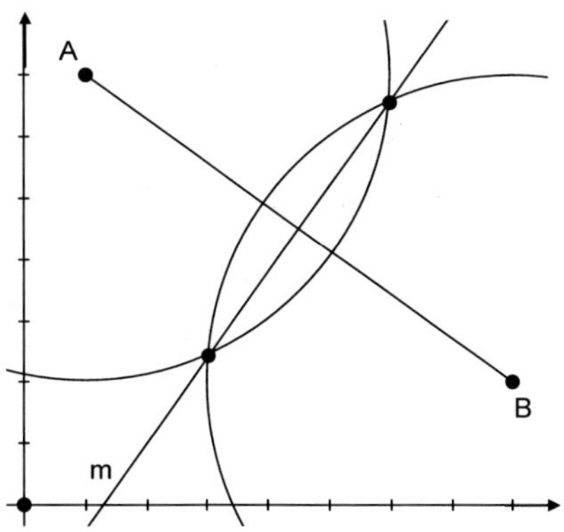

c)

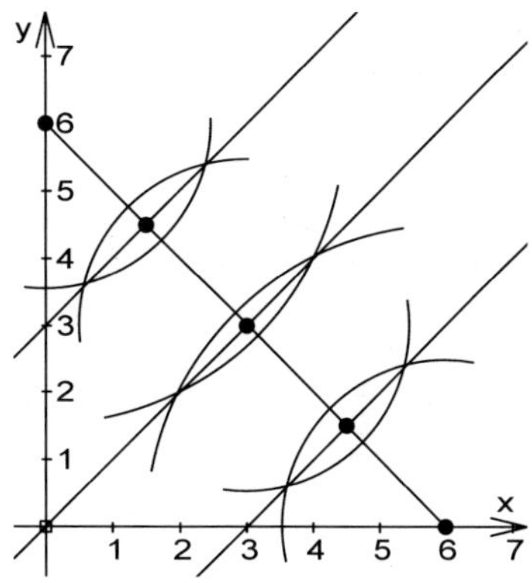

b)

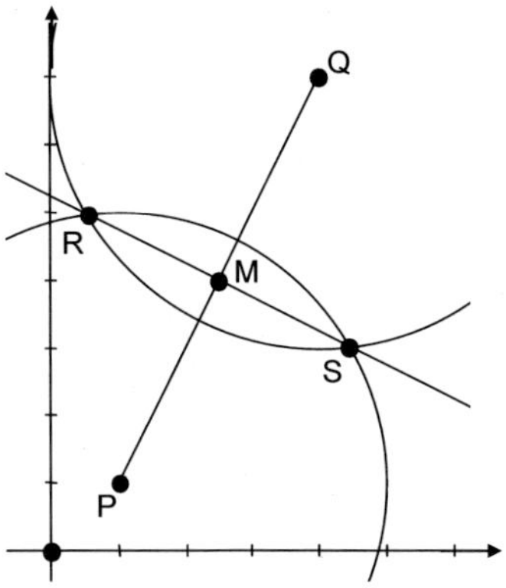

Konstruktionsbeschreibung:

- Ich zeichne um P und Q je einen Kreis mit gleichem und genügend großem Radius.
- Die beiden Kreise schneiden sich in R und S.
- Die Gerade RS schneidet $\overline{PQ}$ in ihrem Mittelpunkt M.

32. a)

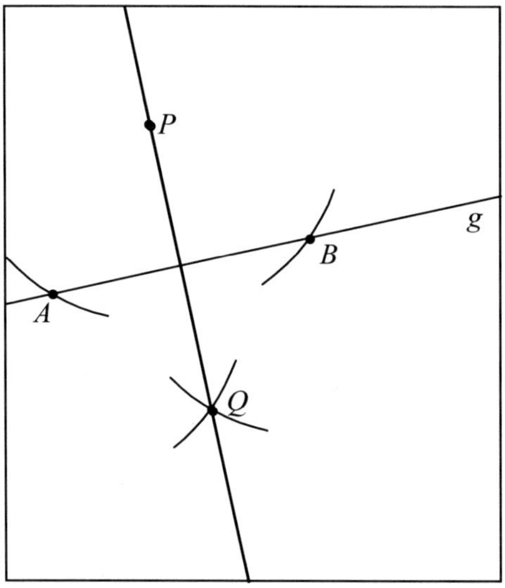

b) Konstruktionsbeschreibung:

- Ich zeichne um *P* einen Kreis, der *g* in *A* und *B* schneidet.
- Ich konstruiere die Mittelsenkrechte der Strecke $\overline{AB}$. Sie ist die gesuchte Senkrechte zu *g* durch *P*.

c) Ja.

33. a)

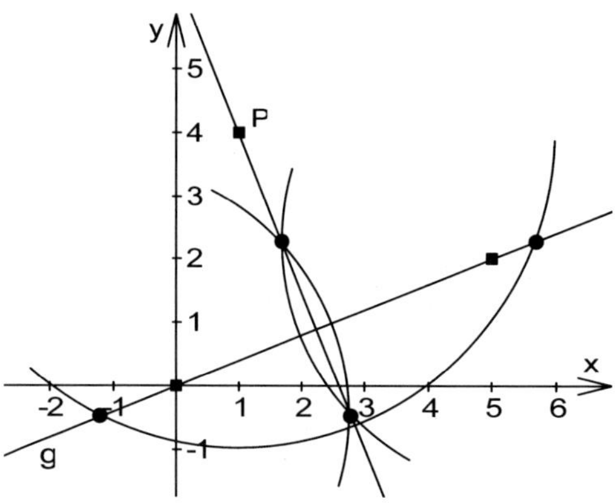

b)

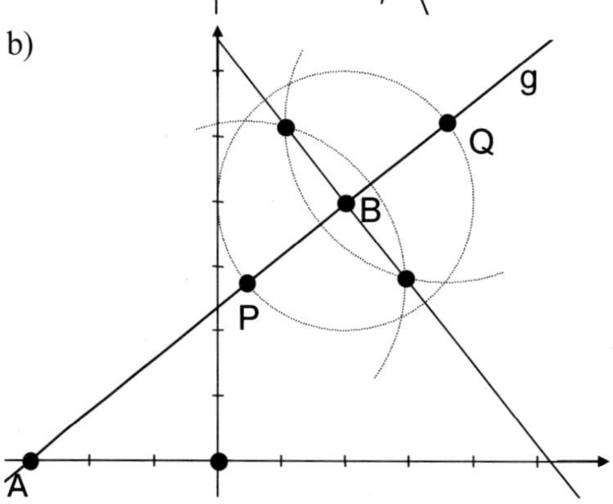

c)

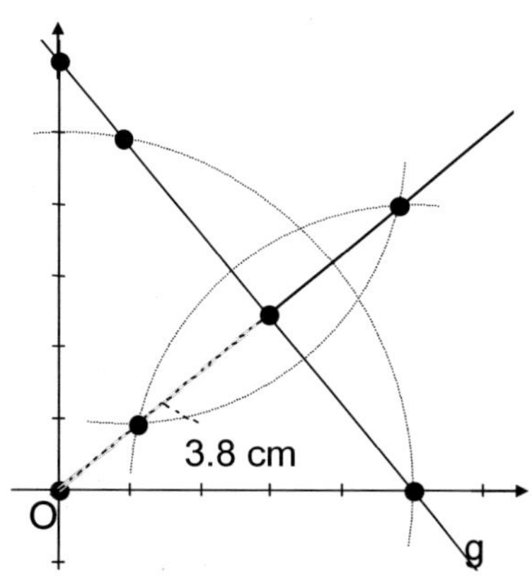

34. a) Das Dreieck *PQS* ist gleichschenklig mit Basis $\overline{PQ}$.

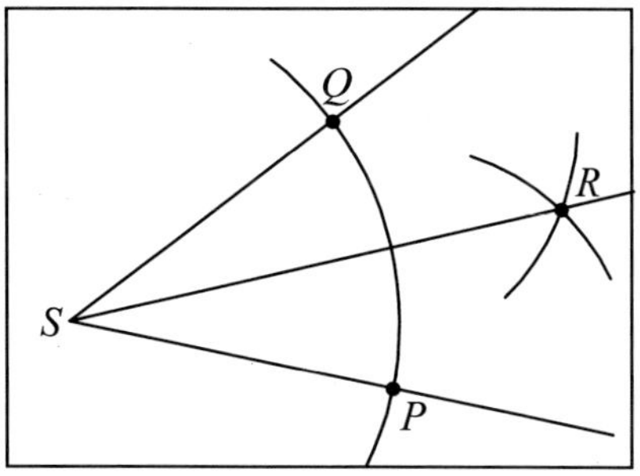

b) Konstruktionsbeschreibung:

- Ich zeichne einen Kreis um *S*, der die Schenkel in *P* und *Q* schneidet.
- Ich konstruiere die Mittelsenkrechte der Strecke $\overline{PQ}$.

c) ---

d) Ja.

35. Konstruktionsbeschreibung:

- Ich zeichne eine Kreis um *P*, der die Achse *a* in den Punkten S_1 und S_2 schneidet.
- Ich zeichne je einen Kries um S_1 und S_2 durch *P*; diese Kreise schneiden sich im Bildpunkt P'.

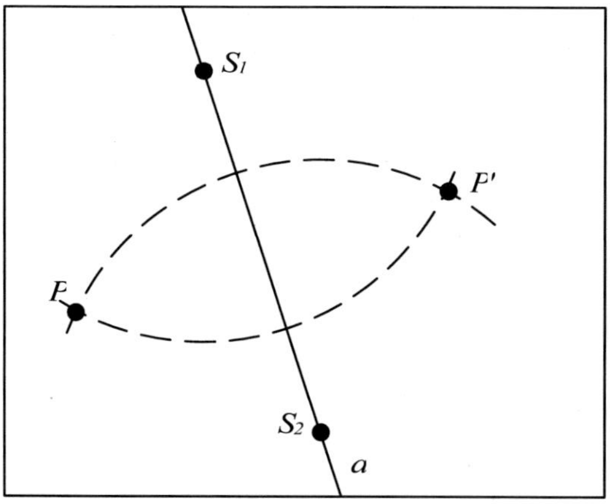

Drehungen

36.

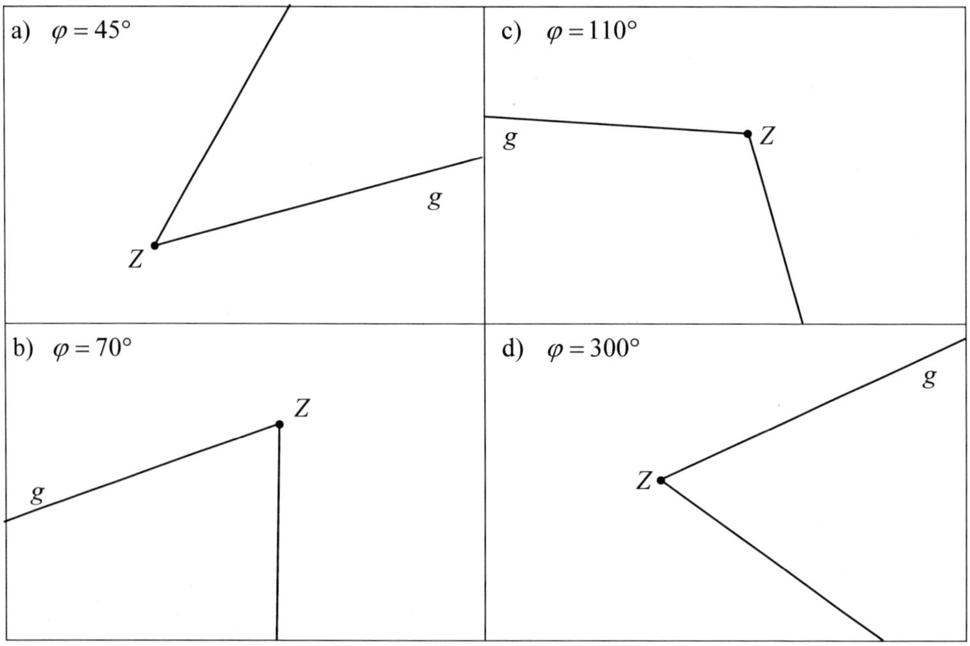

37.

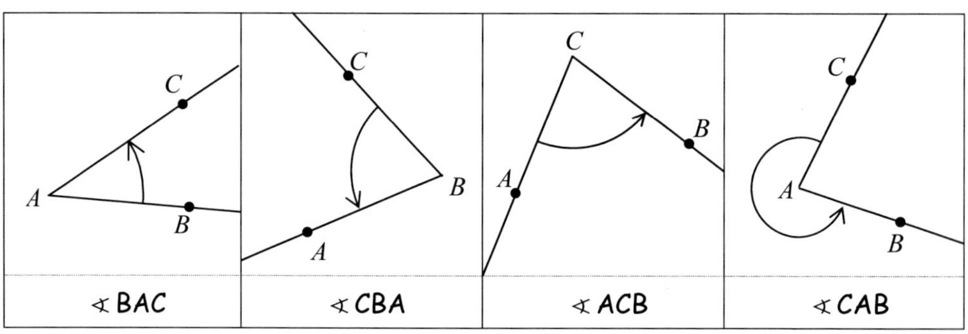

38. a)

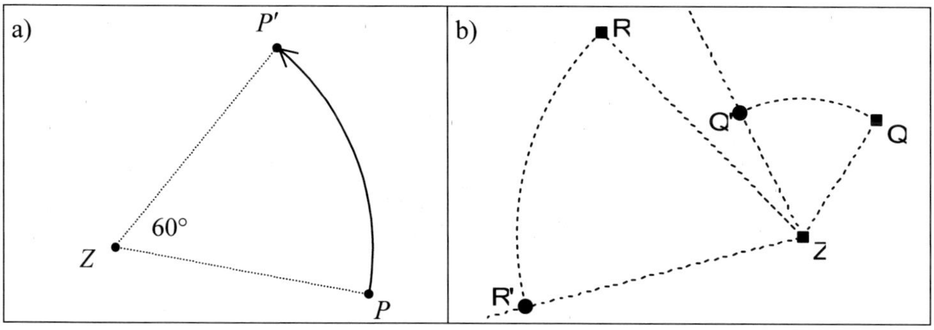

b) Drehe ebenso die Punkte Q und R (rechte Abbildung).

c) Z ist Fixpunkt und bleibt deshalb fest.

d) $Q' = Q$ bei Drehung um 360°.

Abbildungsvorschrift der Drehung

Die **Drehung um das Drehzentrum Z mit Drehmaß** φ ordnet jedem Punkt P nach folgender Vorschrift einen Bildpunkt P' zu:

- P' liegt auf dem Kreis um Z durch P.
- Der Winkel ∢PZP' hat das Maß φ.

39. a)

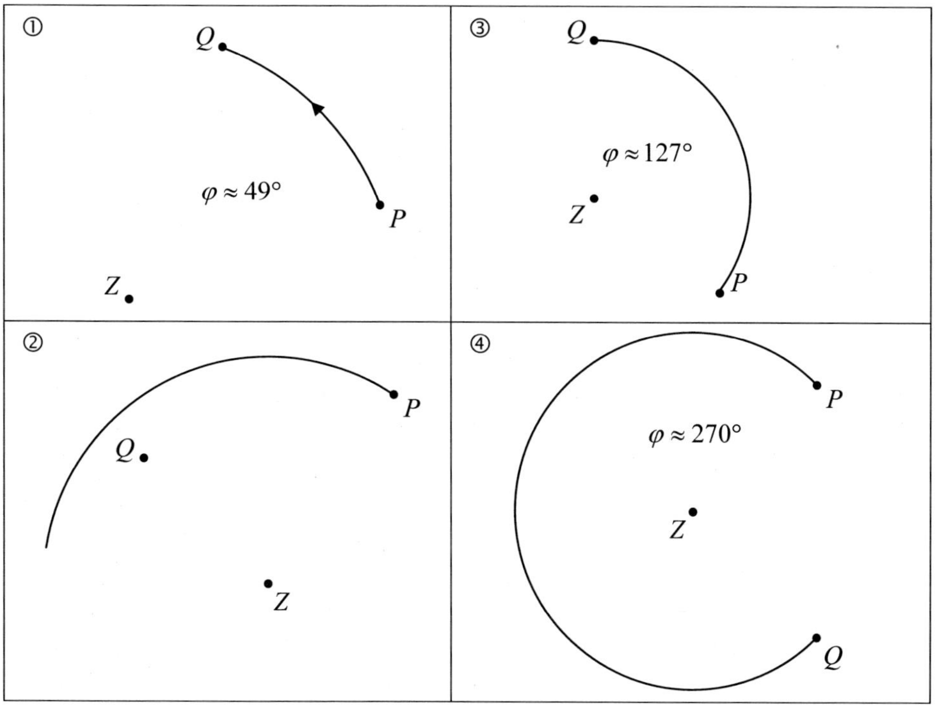

b) Beobachtung: Z liegt auf der Mittelsenkrechten zur Strecke $\overline{PQ}$.

Begründung: Da Q als Bildpunkt von P auf dem Kreis um Z durch P liegt, ist Z von P und von Q gleich weit entfernt. Nach dem Mittelsenkrechten-Satz muss Z auf der Mittelsenkrechten der Strecke $\overline{PQ}$ liegen.

c) Siehe rechts.

- Alle Punkte auf der Mittelsenkrechten der Strecke $\overline{AB}$.
- Ein Drehzentrum und der dazugehörige Kreisbogen sind eingezeichnet.

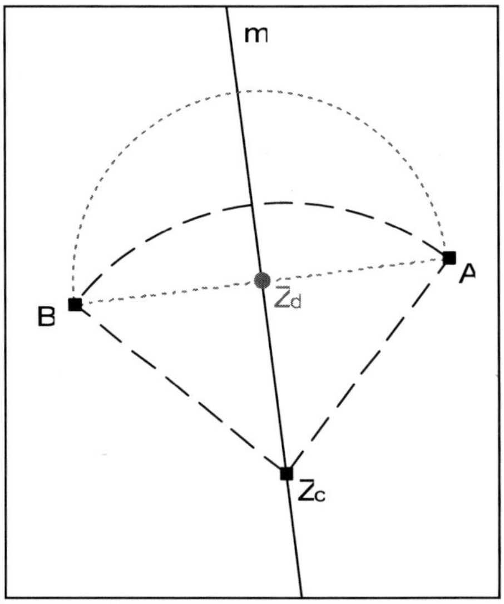

d) Ja, die Drehung um den Mittelpunkt der Strecke $\overline{AB}$.

40.

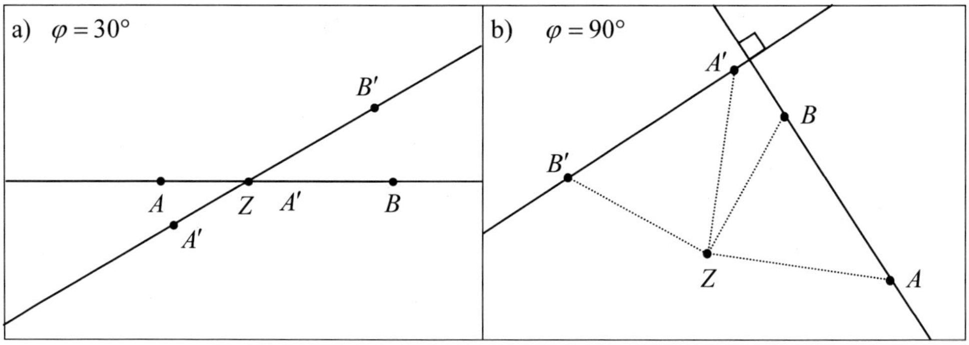

41.

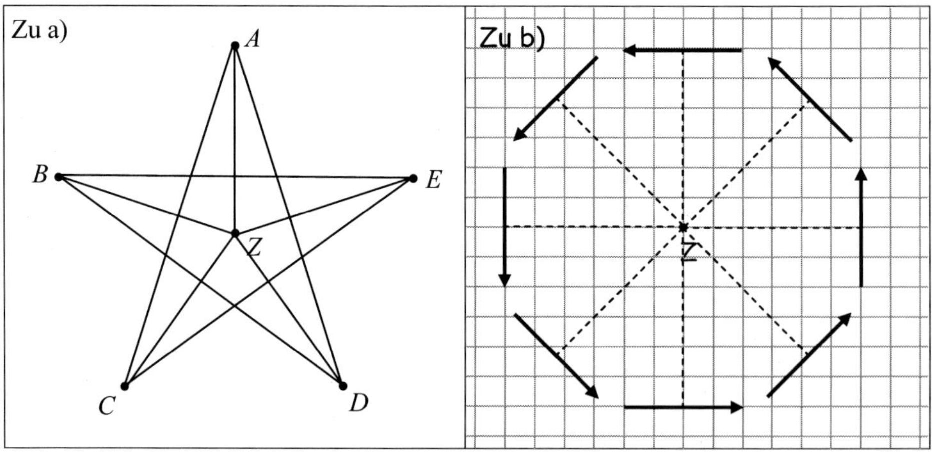

42. a) ---

b)

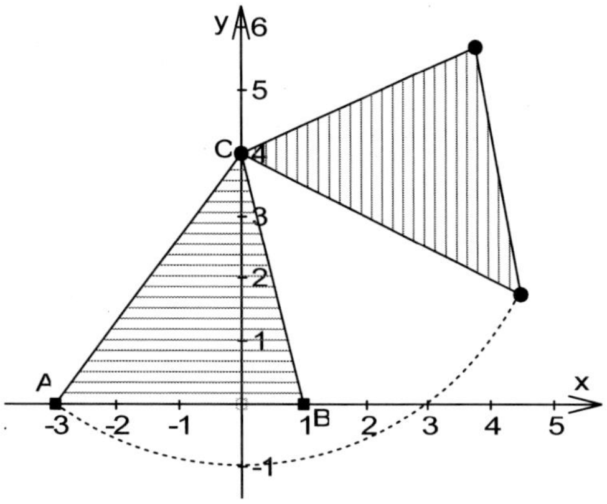

c) ①

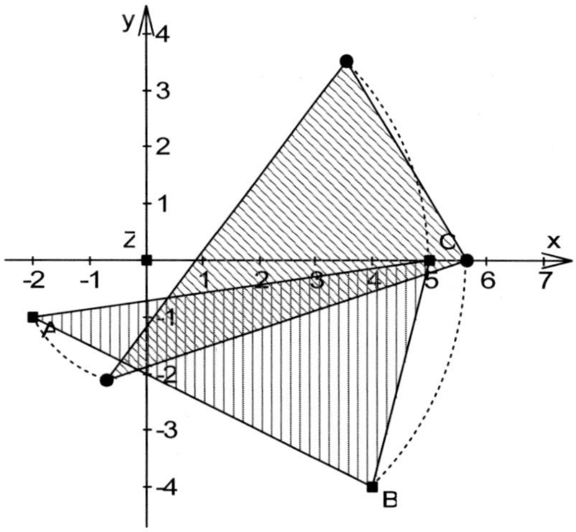

②

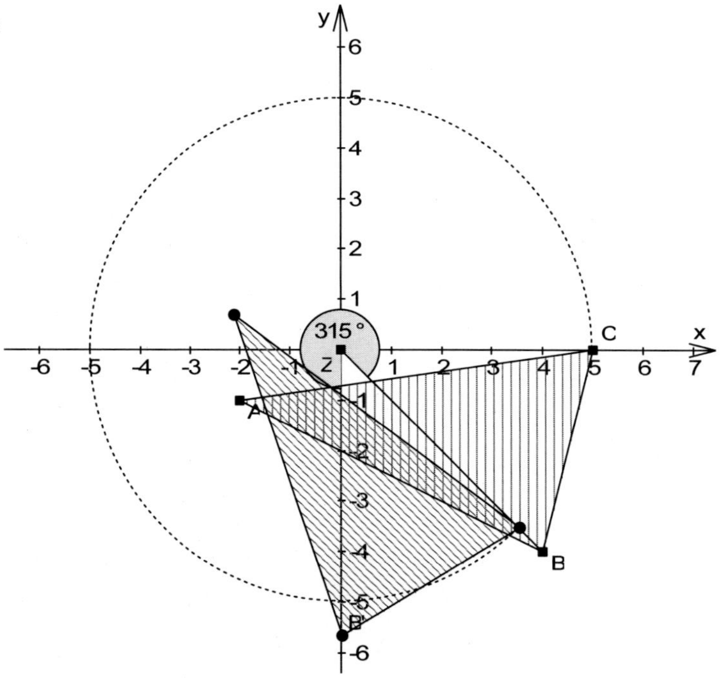

43. a)

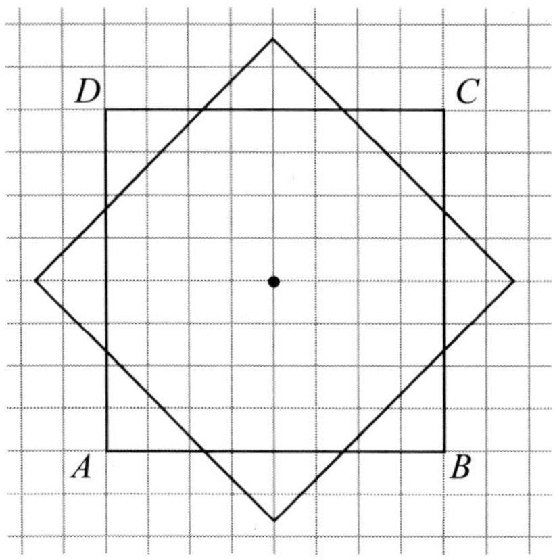

b) Das Quadrat wird auf sich selbst abgebildet, wenn man es um 90° um den Diagonalenschnittpunkt dreht.

44. a)

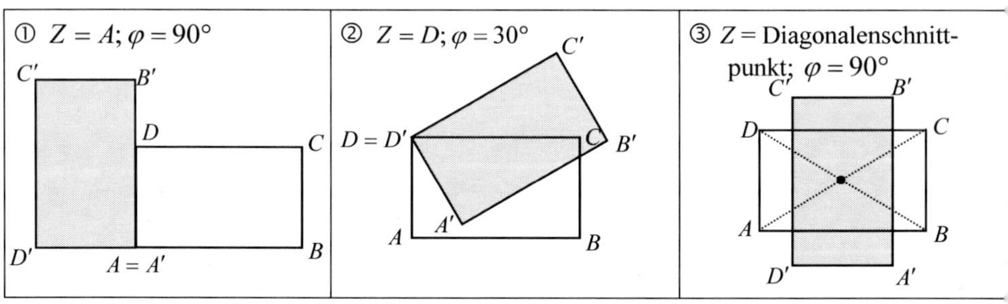

b)

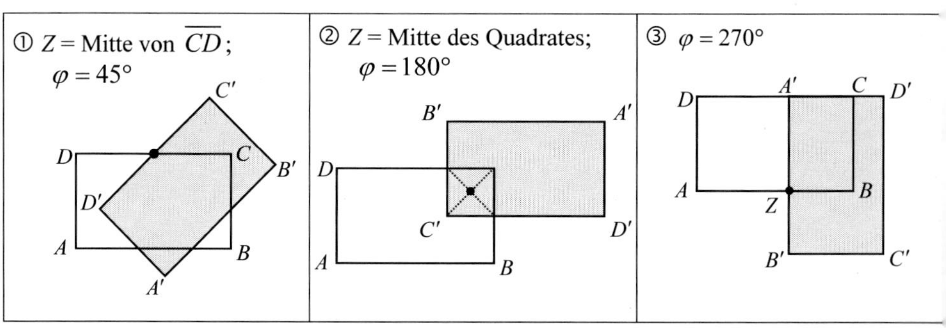

45. a) Die Drehung um den eingezeichneten Punkt Z um 120° bildet den Vogel ① auf Vogel ② ab.

b) Die Drehung um Z um 240° bildet den Vogel ① auf Vogel ③ ab.

c) Das Drehzentrum $Z_{c)}$ ist oben eingezeichnet. Man erhält es z. B. als Schnittpunkt zweier Verbindungsstrecken von einem Punkt aus Figur ③ und dem zugehörigen Bildpunkt in Figur ④.

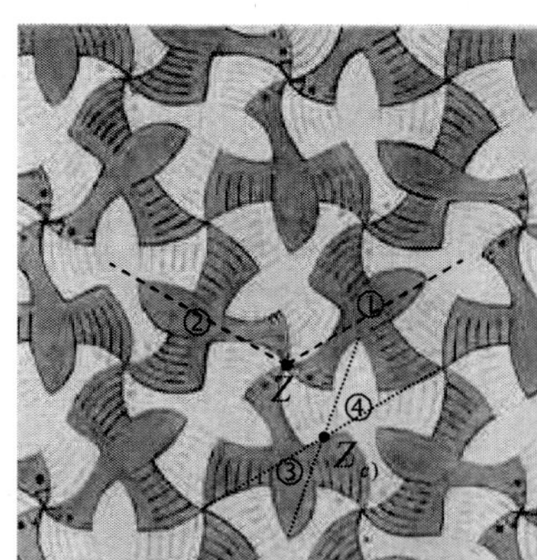

Punktspiegelung

46. a)

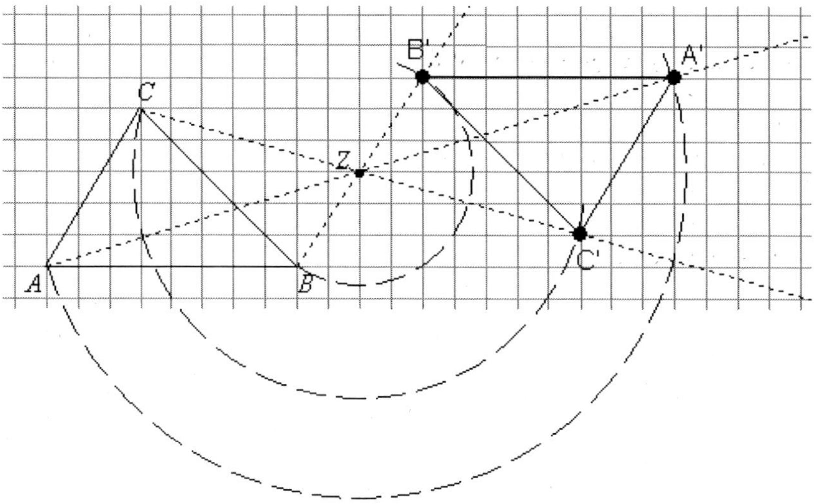

b) Wurzels Vorgehensweise:

- Sie zeichnet den Strahl von *A* ausgehend durch *Z*.
- Sie wählt *A'* so, dass *Z* der Mittelpunkt der Strecke $\overline{AA'}$ ist.

c)

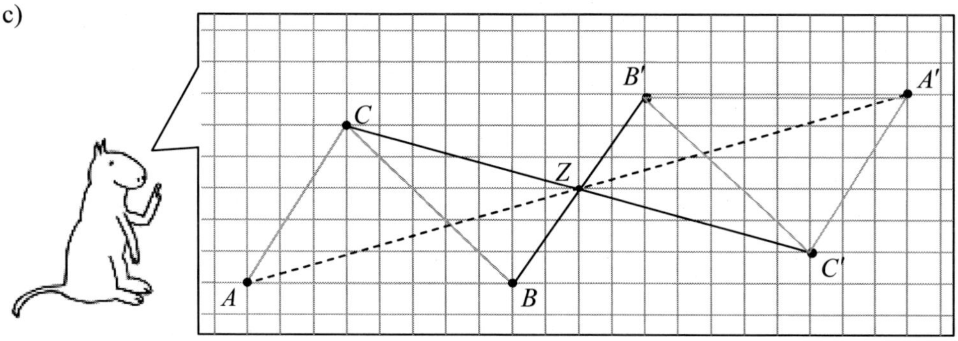

47. a)

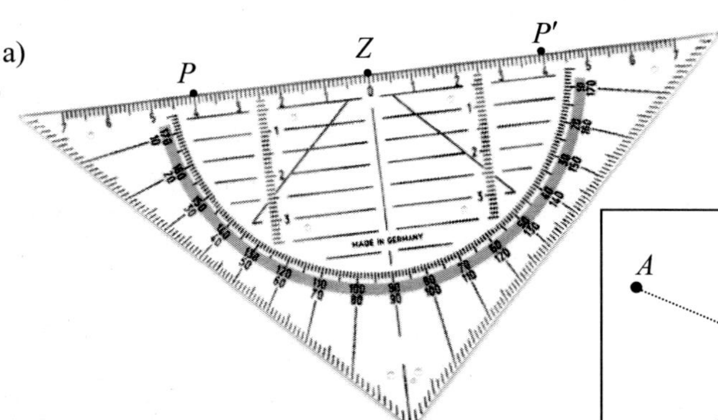

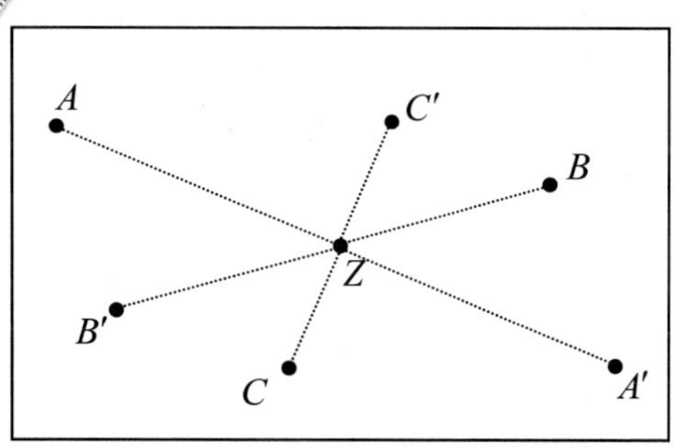

b) Wenn man die Bildpunkte *A'*, *B'*, *C'* wieder an *Z* spiegelt, erhält man die Urpunkte.

c) *Z* selbst ist der einzige Fixpunkt.

Abbildungsvorschrift für die Spiegelung am Zentrum Z

Die **Spiegelung am Zentrum Z** ordnet jedem Punkt P nach folgender Vorschrift den Bildpunkt P' zu:

- P' liegt auf der Geraden PZ und
- P' hat von Z dieselbe Entfernung wie P.

48. a) / b)

Punkt	Bildpunkt
(0|3)	(6|1)
(4|0)	(2|4)
(7|6)	(-1|-2)
(-2|4)	(8|0)
(3|2)	(3|2)
(3|-1)	(3|5)
(6|4)	(0|0)

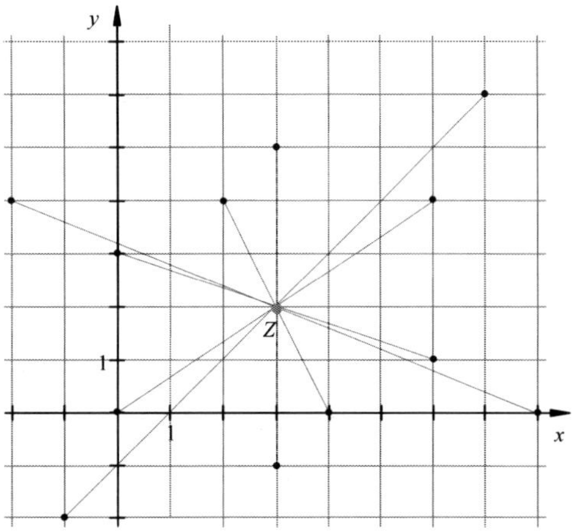

49.

a) Z = Mitte von $\overline{PQ}$

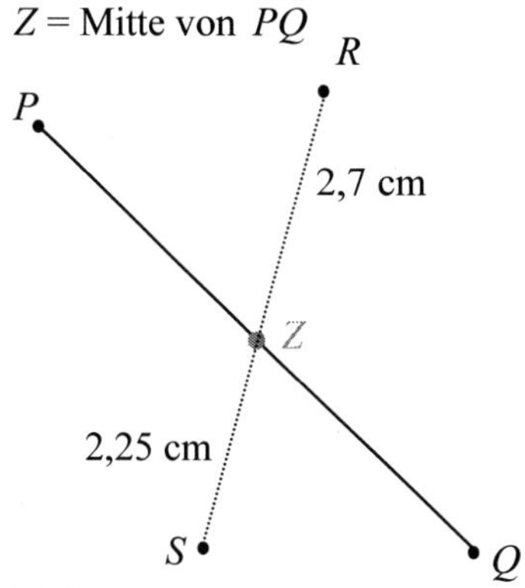

b) Nein.

c)

50. a) Ja, Wurzels Aussage stimmt. Da die Drehung um *Z* mit 180° diese Eigenschaften hat, hat auch die Punktspiegelung an *Z* diese Eigenschaften.

b)

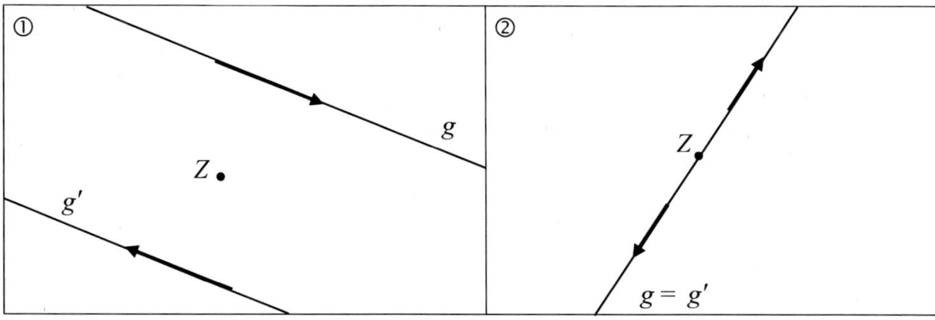

c)

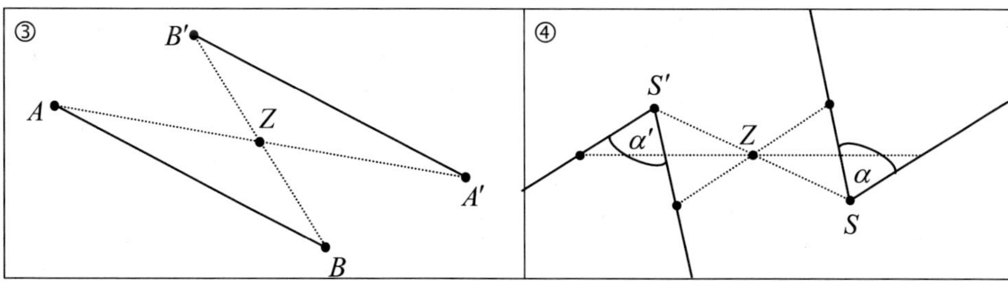

d) Gerade und Bildgerade bzw. Strecke und Bildstrecke sind zueinander parallel.

51. Abbildungen finden

a) Jeder Punkt der Mittelparallelen zu g und h ist ein mögliches Spiegelzentrum.

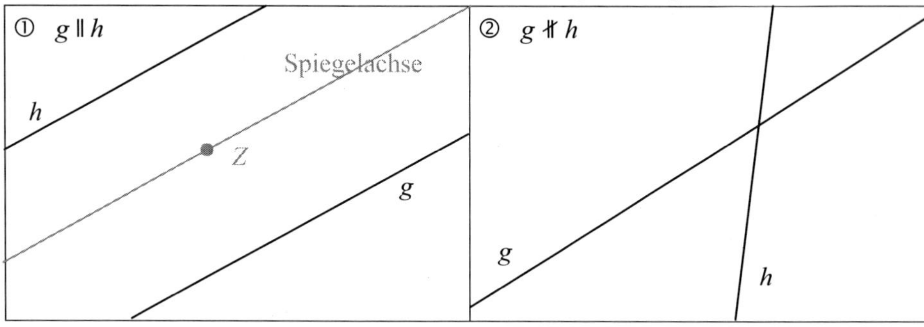

b) Jede Verschiebung $\overrightarrow{PQ}$ mit $P \in g$ und $Q \in h$ bildet g auf h ab.

c) Drehung der Geraden g um den Schnittpunkt von g und h mit Drehmaß 50° oder Achsenspiegelung an einer der Winkelhalbierenden.

d) $D = A'$, $C = B'$

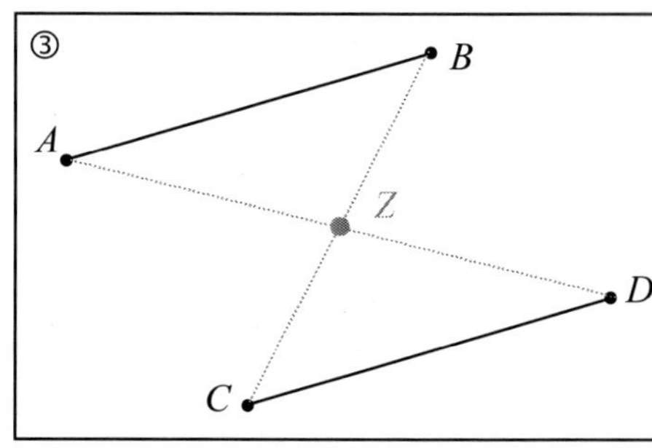

e) Silvesters Aussage ist falsch. Denn dann wäre das Parallelogramm achsensymmetrisch, im Widerspruch zu Aufgabe 28.

Symmetrien

52. a)

Logo der Universität des Saarlandes: Achsenspiegelung	Logo der VVS Saarbrücken: Punktspiegelung, Drehung um 180°
Recycling-Logo: Drehung	Sparkassen-Logo: keine Symmetrie

b) Eine Figur heißt

- **achsensymmetrisch**, wenn es eine Achsenspiegelung gibt, die die Figur auf sich selbst abbildet. Die Spiegelachse heißt **Symmetrieachse**.
- **punktsymmetrisch**, wenn es eine Punktspiegelung gibt, die die Figur auf sich selbst abbildet. Das Spiegelzentrum heißt **Symmetriezentrum**.
- **drehsymmetrisch**, wenn es eine Drehung mit einem Drehmaß $\varphi \in]0°;360°[$ gibt, die die Figur auf sich selbst abbildet.

c) Ja, denn die Punktspiegelung an *Z* stimmt mit der Drehung um *Z* mit Drehmaß 180° überein.

53. a) Der dreizackige Stern ist drehsymmetrisch, weil er sich durch Drehung um *M* mit Drehmaß 120° auf sich selbst abbilden lässt. Er ist achsensymmetrisch, weil z. B: *CM* Symmetrieachse ist.

b) / c)

Achsenspiegelungen	Drehungen
Spiegelung an CM	Drehung um M mit Drehmaß 120°
Spiegelung an BM	Drehung um M mit Drehmaß 240°
Spiegelung an AM	(Drehung um M mit Drehmaß 360°)

d)

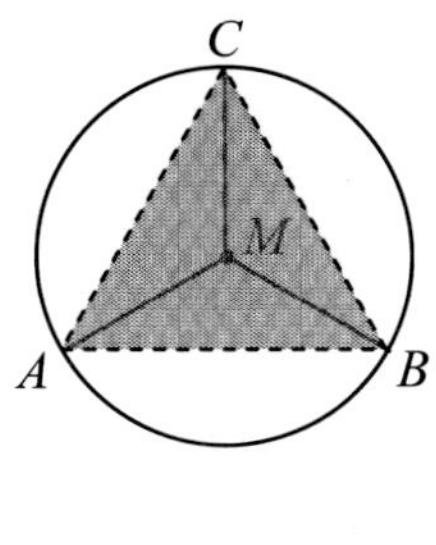

54. a)

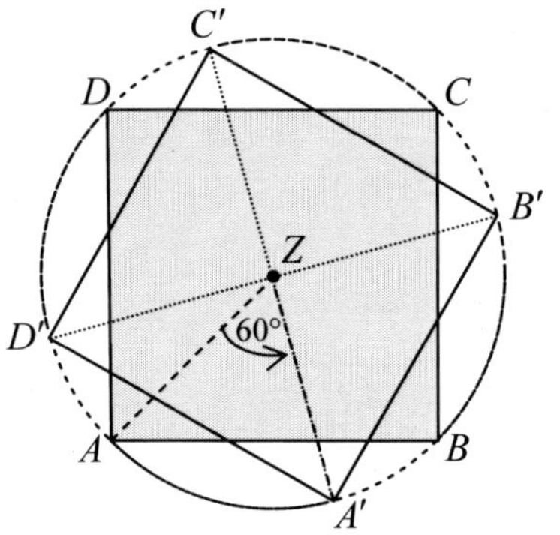

b) 90°, 180°, 270°

c)
- Drehungen, die ein Quadrat auf sich selbst abbilden:

  Drehzentrum: Diagonalenschnittpunkt

  Drehwinkel: 90°, 180°, 270°, (360°)
- Quadrate sind drehsymmetrisch.

55. a) Silvesters Behauptung ist richtig – das Symmetriezentrum ist der Diagonalenschnittpunkt.

b) Ja, das stimmt. Drehzentrum ist der Diagonalenschnittpunkt, das Drehmaß 180°.

c)

- Die beiden haben Recht. All diese Vierecke haben zwei Paare zueinander paralleler Seiten (sind also Parallelogramme) und sind punktsymmetrisch zum Diagonalenschnittpunkt.
- Weitere Symmetrien (außer der Punktsymmetrie bzw. Drehsymmetrie mit $\varphi = 180°$):
  - Rechteck: zweifach achsensymmetrisch zu den Mittelsenkrechten der Seiten.
  - Raute: zweifach achsensymmetrisch zu den Diagonalen.
  - Quadrat: vierfach achsensymmetrisch zu den Mittelsenkrechten der Seiten und den Diagonalen; drehsymmetrisch um den Diagonalenschnittpunkt mit $\varphi = 90°$)

56. a) Die **Symmetrie-Ebene** der Gartenbank verläuft senkrecht zur Sitzfläche durch die Mitte der Bank(länge).

b) Die **Drehachse** verläuft senkrecht zur Felgenaußen"fläche" durch den Mittelpunkt.
Drehwinkel: 72°, 144°, 216°, 288°, (360°)
Es gibt fünf Symmetrieachsen, siehe Zeichnung.

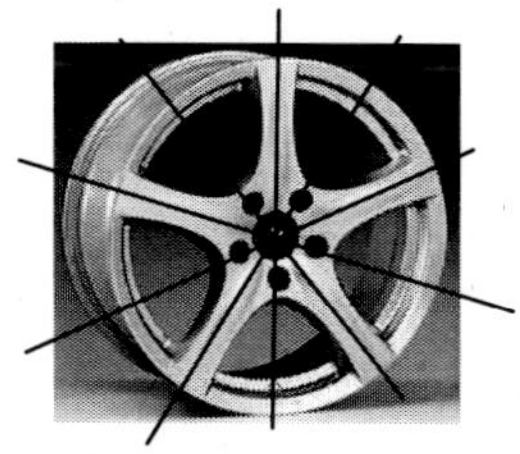

c)

120°, 240°	90°, 180°, 270°	nicht drehsymmetrisch	30°, 60°, …, 330°

57.

	a)	b)	c)	d)	e)	f)
achsensymmetrisch	3	5	0	0	6	7
drehsymmetrisch	120°	72°	90°	180°	60°	$51\frac{3}{7}$°
punktsymmetrisch	nein	nein	ja	ja	ja	nein

58. ① … die gesamte Flagge,

Einfach achsensymmetrisch

② … die Mitte der Flagge,

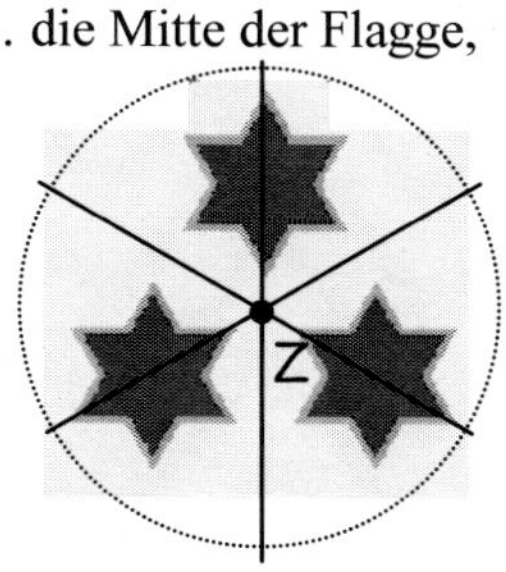

Dreif. achsensymmetrisch, drehsymmetrisch (120°)

③ … einen Stern der Flagge

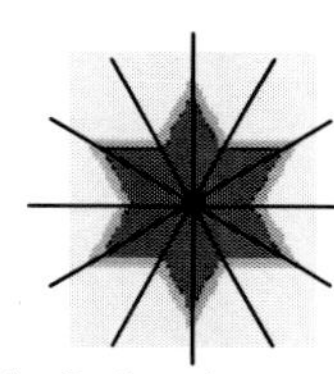

Sechsfach achsensymm., drehsymm. (60°), punktsymm.

59. Vermischte Symmetrieuntersuchungen

a) *Europa-Logo:* einfach achsensymmetrisch

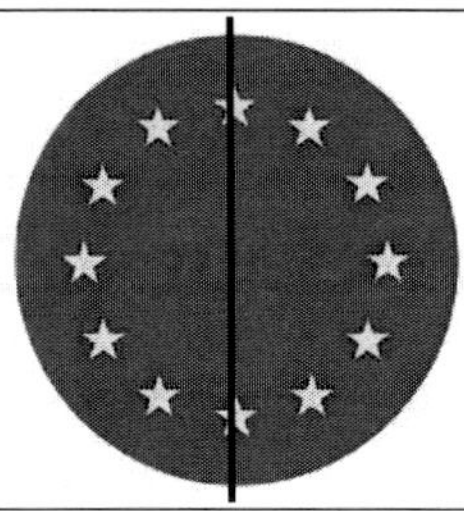

Symmetrie europäisch:

symmetry (en) symmetri (sv)
symétrie (fr) symmetria (fi)
simetria (es) symetria (pl)
simmetria (it) symetrie (cs)

und türkisch: simetri

b) *Buchstaben*

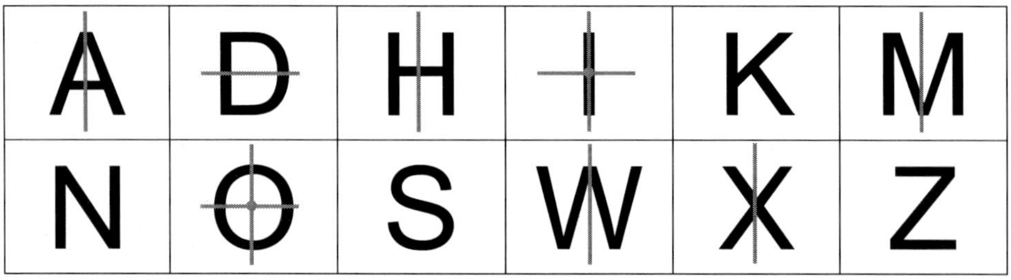

c) *Verkehrszeichen*

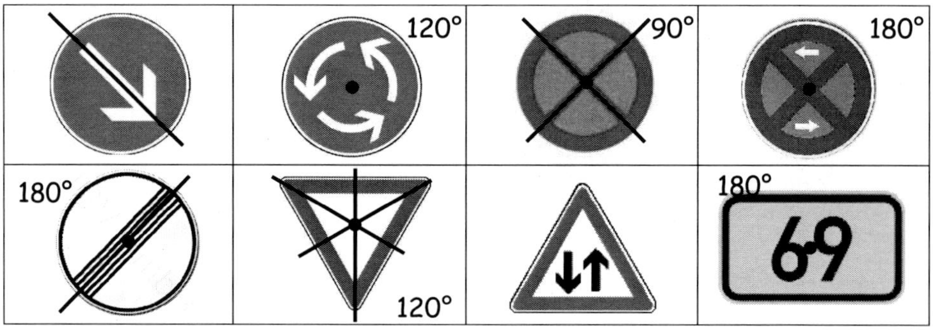

d) *Länderflaggen*

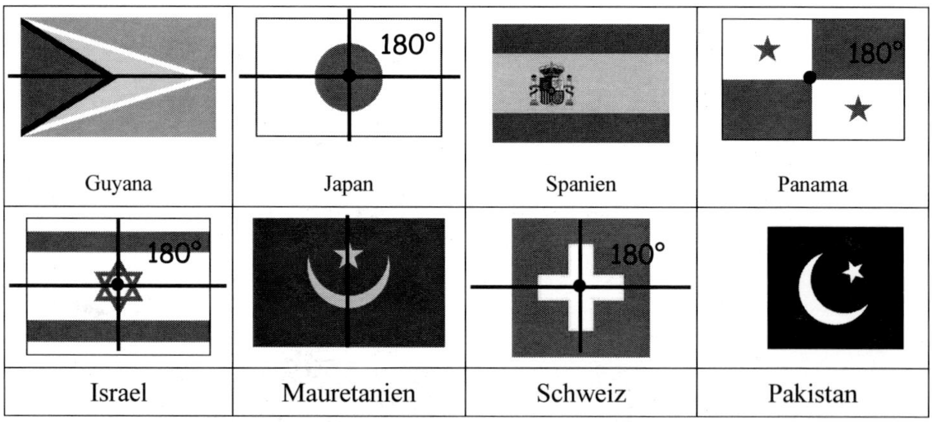

e) *Spielkarten*

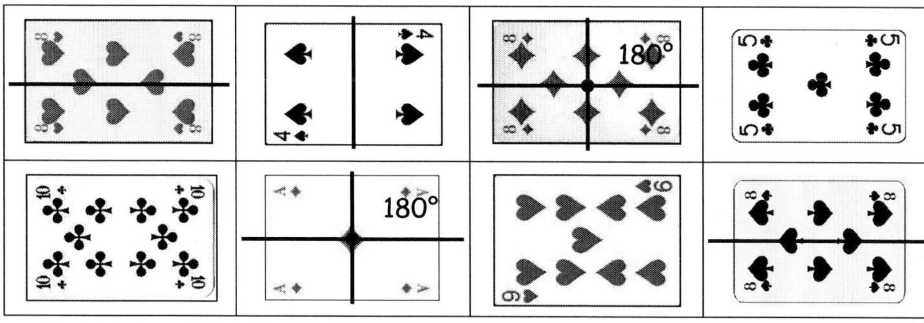

f) *Architektur*

Altes Holztor	Kathedrale San Giusto Triest	Ludwigskirche Saarbrücken
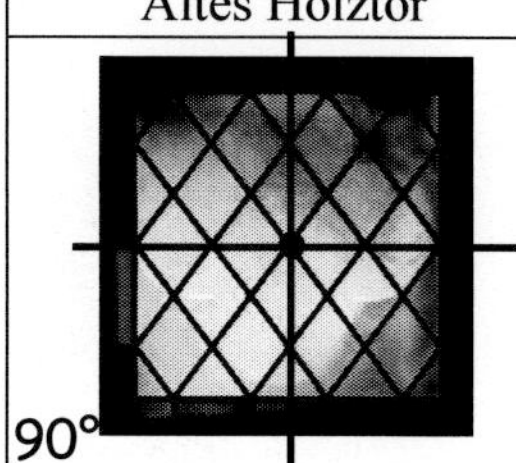		
Glasmalerei	Gateway Arch St. Louis	Rotonde de la Villette Paris

g) Der strengen mathematischen Definition halten diese Abbildungen nicht stand.

		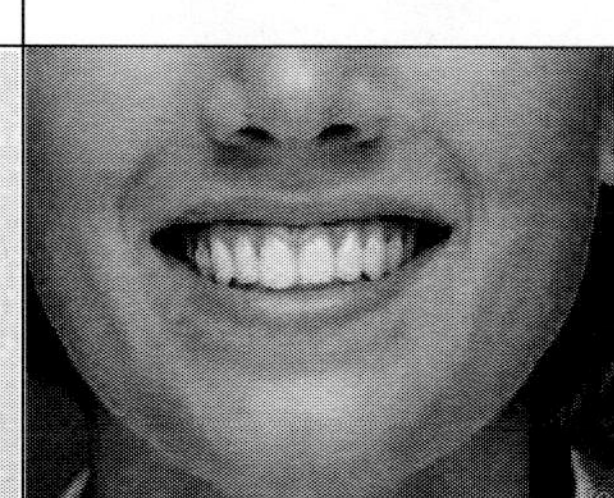

60. a)

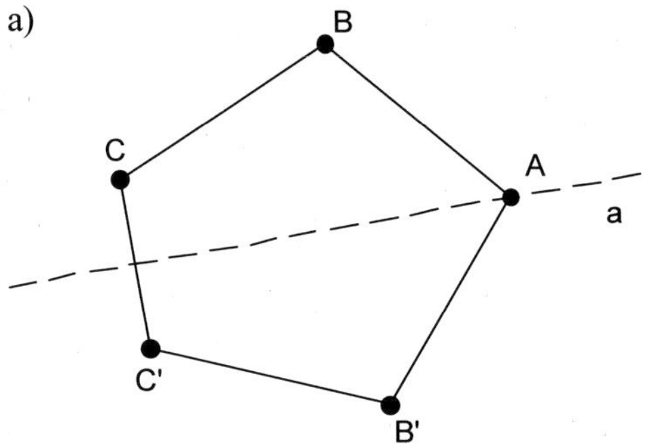

b) Sechseck

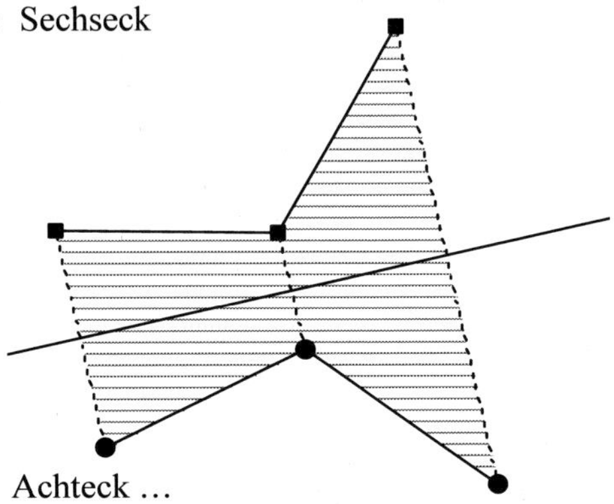

b) Siebeneck

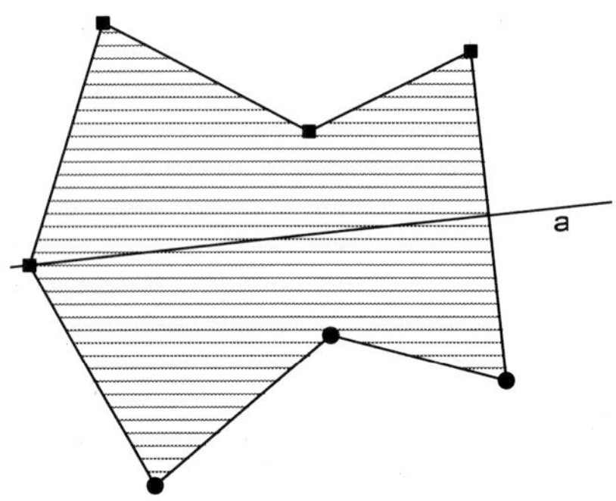

b) Achteck …

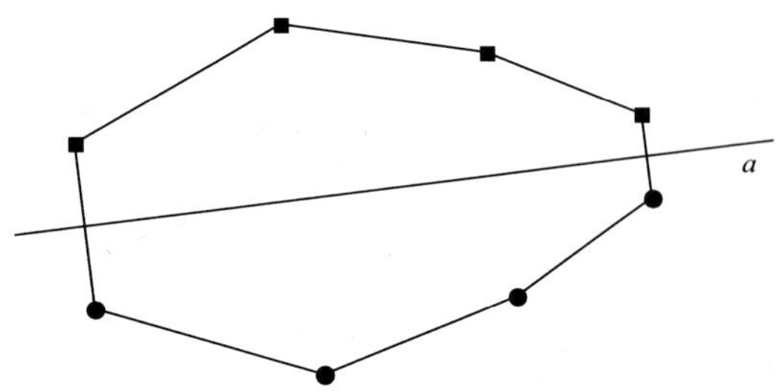

61. a) Siehe rechts.

b) vierzackiger Stern.

c) Siehe rechts, Achsen *a* bis *d*.

d) Drehsymmetrie um *Z* mit den Drehmaßen 90°, 180!, 270°; Punktsymmetrie zu *Z*.

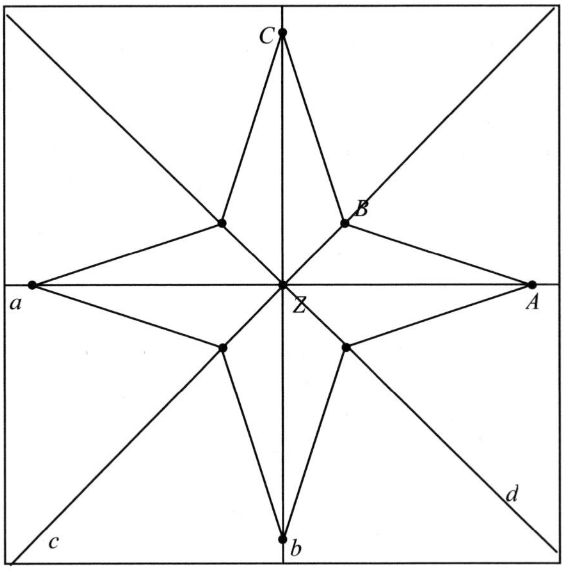

62. a) Es entsteht ein Parallelogramm.

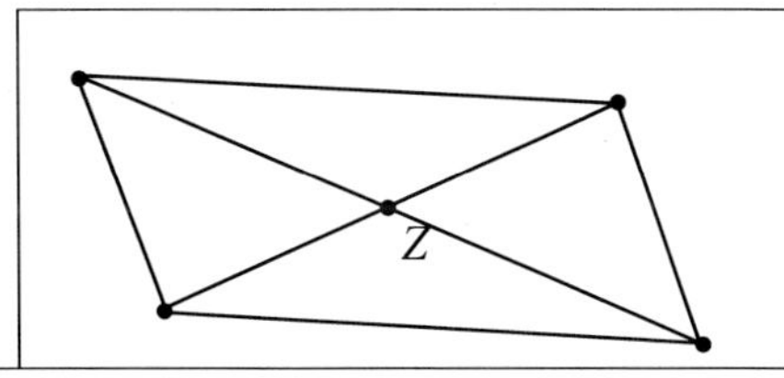

b) Eine mögliche Lösung:

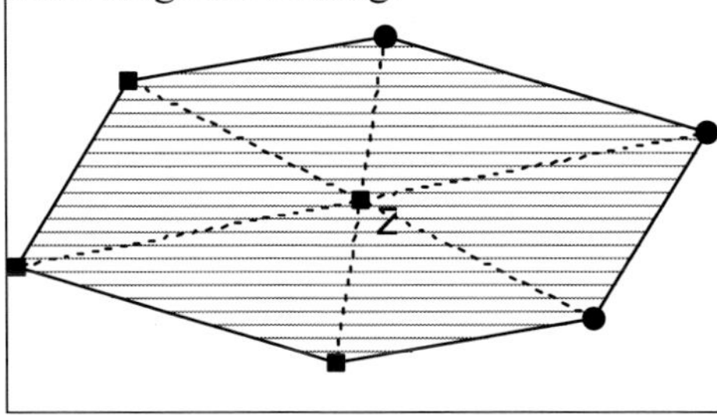

Eine mögliche Lösung:

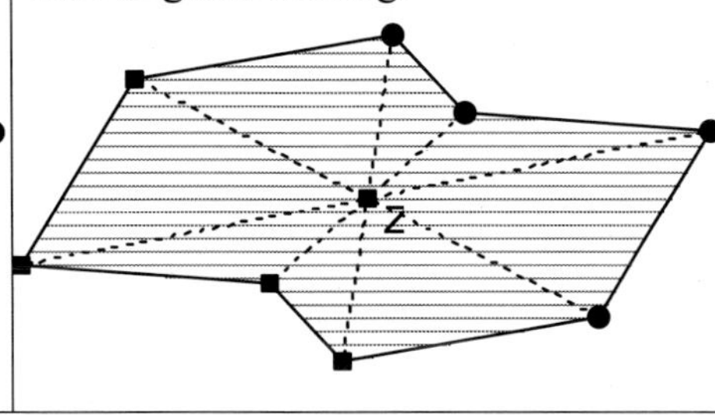

c) Das ist nicht möglich. Man hat stets eine gerade Anzahl von Eckpunkten bei einem punktsymmetrischen Vieleck.

63. a) **Regelmäßiges Fünfeck**

- Konstruktion:

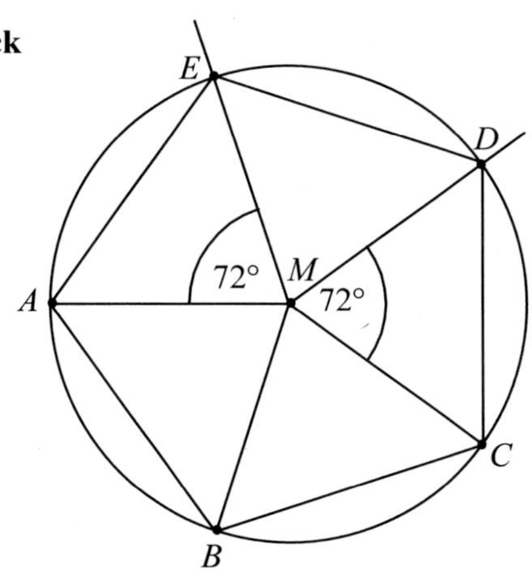

- Gemäß dieser Konstruktion ist das regelmäßige Fünfeck drehsymmetrisch um M mit dem kleinsten Drehmaß 72°.
- Das regelmäßige Fünfeck ist fünffach achsensymmetrisch, aber nicht punktsymmetrisch.

b)

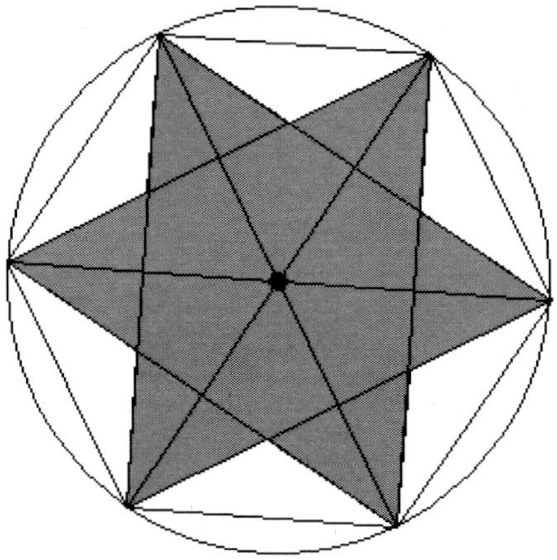

- Das regelmäßige Sechseck ist sechsfach achsen-, punkt- und drehsymmetrisch mit Drehmaß 60°.
- Das **Sternsechseck** weist die gleichen Symmetrieeigenschaften auf.

c) Ein regelmäßiges Achteck erfüllt die Bedingung.

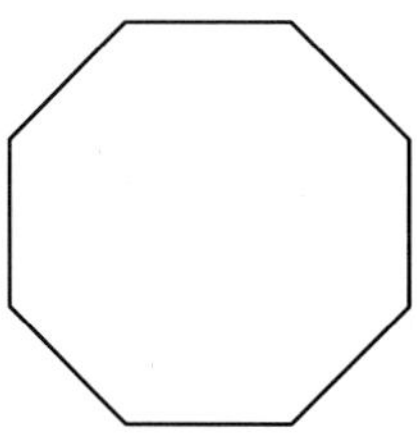

d) Ein gleichseitiges Dreieck erfüllt die Bedingung.

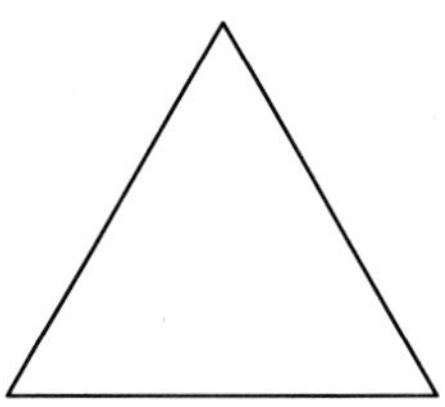

64. a) Die abgebildete Figur ist drehsymmetrisch um Z mit Drehmaß 90°.

b) – d) ---

65.

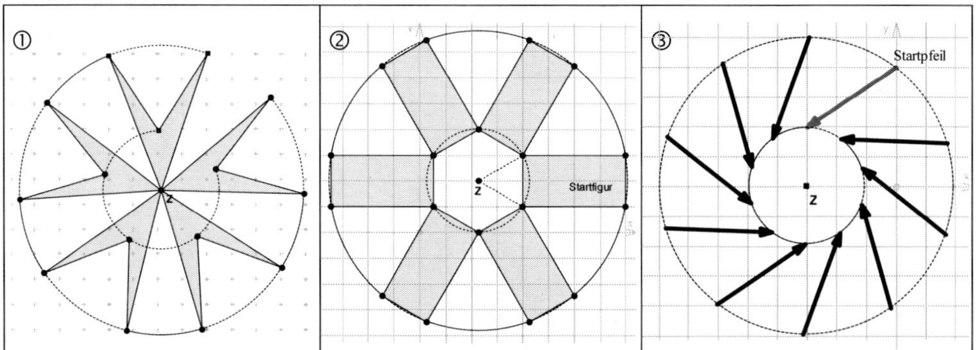

φ = 72°	φ = 60°	φ = 108°

66. a) / b)

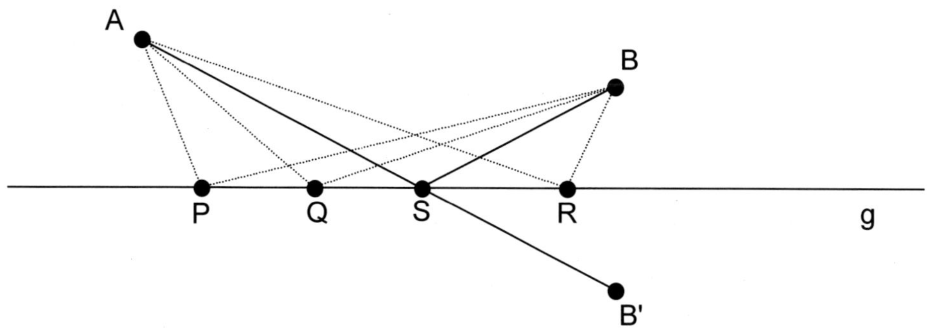

S ist der Schnittpunkt von $\overline{AB'}$ und g.

c) Sei P irgendein von S verschiedener Punkt auf g.

Behauptung: $\overline{ASB}$ ist kürzer als $\overline{APB}$.

Beweis: $|\overline{AP}| + |\overline{PB}| = |\overline{AP}| + |\overline{PB'}| \geq |\overline{AB'}| = |\overline{AS}| + |\overline{SB'}| = |\overline{AS}| + |\overline{SB}|$.

67. $\overline{AB}$ ist die gesuchte Strecke.

Vorgehensweise:

- Ich spiegele g an P und erhalte g'.
- g' schneidet h in A.
- Ich spiegele A an P und erhalte den Punkt $B \in g$.

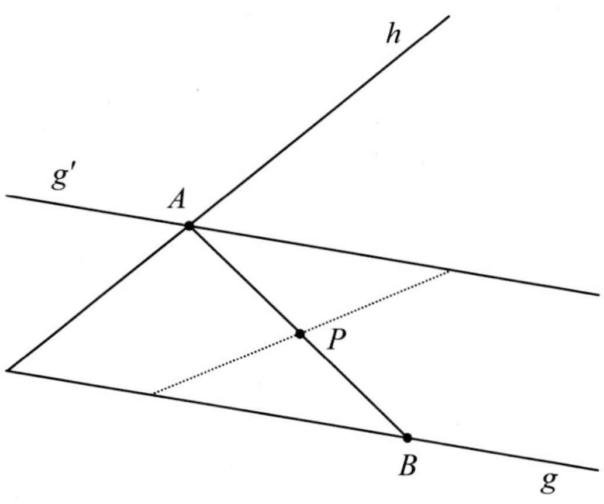

5

Die rationalen Zahlen

Erweiterung des Zahlbereichs

Ganze Zahlen kannst du uneingeschränkt addieren, subtrahieren und multiplizieren, ...

... aber nicht dividieren!

$5 + (-7) = -2$

$5 - (-7) = 12$

$5 \cdot (-7) = -35$

$35 : (-7) = -5$

$5 : (-7) = ???$

1. a) Divisionsaufgabe: 3 m : 4

Rechnung: 3m : 4 = 300cm : 4 = 75cm = $\frac{3}{4}$ m

b) Divisionsaufgabe: 2 ℓ : 3 = $\frac{2}{3}$ ℓ

c) Divisionsaufgabe: 3 Pizzen : 5 = $\frac{3}{5}$ Pizza

Du kannst Divisionsaufgaben wie 3 : 4, 2 : 3 und 3 : 5 lösen, wenn du zu den ganzen Zahlen die Brüche hinzufügst.

$3 : 4 = \frac{3}{4}$

$2 : 3 = \frac{2}{3}$

$3 : 5 = \frac{3}{5}$

2. a)

$1 : 4 = \frac{1}{4}$	$3 : 2 = \frac{3}{2}$	$5 : 8 = \frac{5}{8}$	$9 : 10 = \frac{9}{10}$	$11 : 6 = \frac{11}{6}$

b)

7 kg : 12 = $\frac{7}{12}$ kg	5 h : 4 = $\frac{5}{4}$ h	7 ℓ : 2 ℓ = $\frac{7}{2}$	5 m² : 6 m = $\frac{5}{6}$ m

3. a)

$(-3) : 5 = \frac{-3}{5}$	$2 : (-7) = \frac{2}{-7}$	$(-5) : (-8) = \frac{-5}{-8}$	$10 : (-3) = \frac{10}{-3}$

b) ---

c)

$-3 : 5 = -(3 : 5)$, $\frac{-3}{5} = -\frac{3}{5}$

$(-5) : (-8) = 5 : 8$, $\frac{-5}{-8} = \frac{5}{8}$

$10 : (-3) = -10 : 3$, $\frac{10}{-3} = -\frac{10}{3}$

d)

- $\frac{-a}{b} = \frac{a}{-b} = -\frac{a}{b}$
- $\frac{-a}{-b} = \frac{a}{b}$

4. a) Ja, denn die Zahl 5 kann durch einen Bruch dargestellt werden.

b) Sei $a \in \mathbb{Z}$.

Dann gilt $a = a : 1 = \frac{a}{1}$.

c)

- Für alle $a \in \mathbb{Z}$ gilt: $a = \frac{a}{1}$
- Jede ganze Zahl ist auch eine rationale Zahl.
- $\mathbb{Z}$ ist eine Teilmenge von $\mathbb{Q}$: $\mathbb{Z} \subset \mathbb{Q}$

5.

$\frac{15}{3} = 15 : 3 = 5$	$\frac{36}{3} = 36 : 3 = 12$	$\frac{-12}{4} = -12 : 4 = -3$
$\frac{28}{4} = 28 : 4 = 7$	$\frac{18}{18} = 18 : 18 = 1$	$\frac{16}{-8} = 16 : (-8) = -2$
$\frac{72}{12} = 72 : 12 = 6$	$\frac{121}{11} = 121 : 11 = 11$	$\frac{-6}{-2} = -6 : (-2) = 3$

6. a)

$3 \cdot x = 6 \quad | : 3$
$x = 2$
$L = \{2\}$

$3 \cdot x = 5 \quad | : 3$
$x = 5 : 3 = \frac{5}{3}$
$L = \{\frac{5}{3}\}$

$(-3) \cdot x = 2 \quad | : (-3)$
$x = \frac{2}{-3} = -\frac{2}{3}$
$L = \{-\frac{2}{3}\}$

b)

- $x = \frac{4}{7}$
- $x = -\frac{1}{8}$
- $x = \frac{9}{-5} = \frac{-9}{5}$
- $x = \frac{-3}{-4} = \frac{3}{4}$

c)

Lösung	$\frac{3}{5}$	$\frac{1}{4}$	$\frac{8}{3}$	$\frac{-4}{9}$	$-\frac{3}{5}$
Gleichung	$5 \cdot x = 3$	$4 \cdot x = 1$	$3 \cdot x = 8$	$9 \cdot x = -4$	$(-5) \cdot x = 3$

7. Zahlenrätsel

a) Finde die Zahl, deren Sechsfaches die Zahl 5 ist.

x ist die gesuchte Zahl.

Gleichung: $6 \cdot x = 5$

Lösung: $x = \frac{5}{6}$

b) $11x - 1 = 9$

$x = \frac{10}{11}$

c) $8x + 5 = 2$

$x = -\frac{3}{8}$

Zahlengerade und Anordnung

8. a) / b) / c)

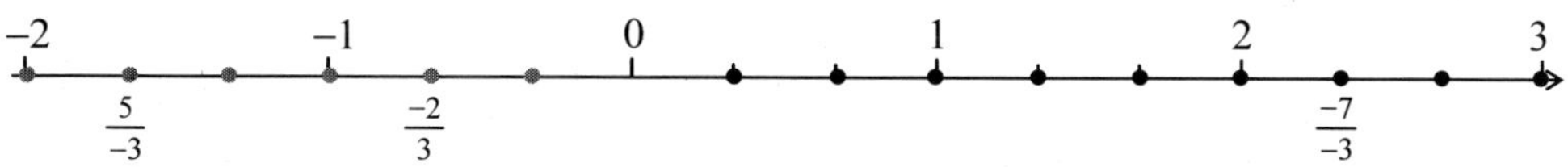

9. Von rechts: $\frac{11}{4}$; $\frac{10}{4}$; $\frac{9}{4}$; $\frac{7}{4}$; $\frac{6}{4}$; $\frac{5}{4}$; $\frac{3}{4}$; $\frac{2}{4}$; $\frac{1}{4}$; $\frac{-1}{4}$; $\frac{-2}{4}$; $\frac{-3}{4}$; $\frac{-5}{4}$; $\frac{-6}{4}$; $\frac{-7}{4}$

10.

	ⓐ	ⓑ	ⓒ	ⓓ	ⓔ	ⓕ
a)	$-\frac{7}{9}$	$-\frac{2}{9}$	$\frac{1}{9}$	$\frac{4}{9}$	$\frac{8}{9}$	$\frac{11}{9}$
b)	$-\frac{5}{12}$	$-\frac{1}{12}$	$\frac{3}{12}\ \left(\frac{1}{4}\right)$	$\frac{7}{12}$	$\frac{13}{12}$	$\frac{18}{12}\ \left(\frac{3}{2}\right)$

11. a) / b)

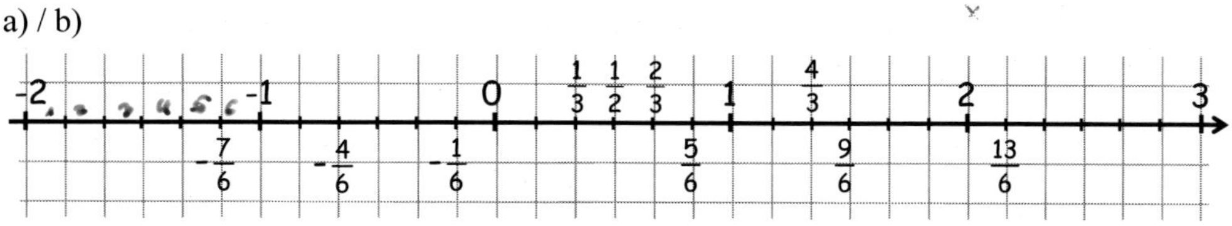

c) Ja: $\frac{1}{2} = \frac{3}{6}$, $\frac{1}{3} = \frac{2}{6}$, $\frac{2}{3} = \frac{4}{6}$, $\frac{4}{3} = \frac{8}{6}$.

12. a)

$\frac{-3}{5}$	$\frac{-4}{-9}$	$\frac{7}{-6}$	$\frac{8}{3}$	$\frac{-3}{2}$	$\frac{12}{-4}$	$\frac{-1}{-10}$

b)

- $\frac{a}{b}$ bezeichnet eine positive Zahl, wenn a und b das gleiche Vorzeichen haben.
- $\frac{a}{b}$ bezeichnet eine negative Zahl, wenn a und b verschiedene Vorzeichen haben.

13. a) Konstruktionsbeschreibung:

- Ich zeichne ein Koordinatensystem, Einheit auf beiden Achsen z. B. jeweils 1 cm.
- Ich zeichne die Verbindungsstrecke vom Zahlpunkt der 3 auf der y-Achse zum Zahlpunkt der 5 auf der x-Achse.
- Jetzt zeichne ich die Parallelen zu dieser Strecke durch die Zahlpunkte von 2 und 1 auf der y-Achse. Diese Parallelen teilen die Strecke von 0 bis 5 auf der x-Achse in drei gleich große Stücke.

b) $\frac{5}{3}$ und $\frac{10}{3}$

c) Hier wurde als Einheit 0,5 cm gewählt.

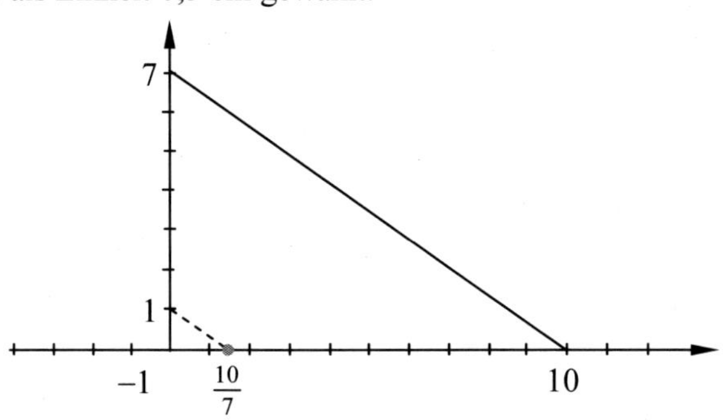

14. a) / b)

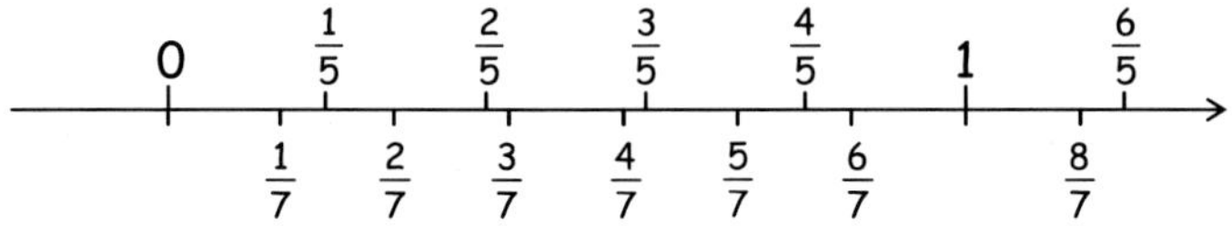

c)

$\frac{1}{5}$	<	$\frac{3}{5}$	$\frac{1}{5}$	>	$\frac{1}{7}$	$\frac{2}{5}$	<	$\frac{3}{7}$	$\frac{4}{5}$	>	$\frac{5}{7}$
$\frac{5}{7}$	>	$\frac{2}{7}$	$\frac{1}{5}$	<	$\frac{2}{7}$	$\frac{3}{5}$	>	$\frac{4}{7}$	$\frac{6}{7}$	<	1

28. a)

$\frac{3}{2} = \frac{150}{100}$	$\frac{1}{6}$ = ---	$\frac{17}{20} = \frac{85}{100}$
$\frac{4}{3}$ = ---	$\frac{5}{8}$ = ---	$\frac{7}{24}$ = ---
$\frac{3}{4} = \frac{75}{100}$	$\frac{9}{10} = \frac{90}{100}$	$\frac{19}{25} = \frac{76}{100}$
$\frac{2}{5} = \frac{40}{100}$	$\frac{10}{13}$ = ---	$\frac{37}{50} = \frac{74}{100}$

b) Ein vollständig gekürzter Bruch kann genau dann auf den Nenner 100 gebracht werden, wenn sein Nenner Teiler von 100 ist.

c) $\frac{9}{12} = \frac{3}{4} = \frac{75}{100}$, obwohl $12 \nmid 100$.

29. a)

Der gemeinsame Nenner muss ein Vielfaches von 8 **und** ein Vielfaches von 12 sein.

Gemeinsamer Nenner:

$p = \frac{5}{8} \overset{3}{=} \frac{15}{24}$

$q = \frac{7}{12} \overset{2}{=} \frac{14}{24}$

b)

$p = \frac{2}{3} \overset{5}{=} \frac{10}{15}$ $q = \frac{4}{5} \overset{3}{=} \frac{12}{15}$	$p = \frac{5}{7} \overset{5}{=} \frac{25}{35}$ $q = \frac{7}{5} \overset{7}{=} \frac{49}{35}$	$p = \frac{11}{25} \overset{4}{=} \frac{44}{100}$ $q = \frac{11}{-20} \overset{-5}{=} \frac{-55}{100}$
$p = \frac{3}{4} \overset{3}{=} \frac{9}{12}$ $q = \frac{1}{6} \overset{2}{=} \frac{2}{12}$	$p = \frac{-7}{12} \overset{3}{=} \frac{-21}{36}$ $q = \frac{2}{-9} \overset{-4}{=} \frac{-8}{36}$	$p = 2 = \frac{14}{7}$ $q = \frac{13}{7}$

c) $p = \frac{15}{60}$, $q = \frac{40}{60}$, $r = \frac{48}{60}$

d) $\frac{1260}{2520}, \frac{840}{2520}, \frac{630}{2520}, \frac{504}{2520}, \frac{420}{2520}, \frac{360}{2520}, \frac{315}{2520}, \frac{280}{2520}, \frac{252}{2520}$

30. a)

$\frac{3}{4} \overset{9}{=} \frac{27}{36}$

$\frac{7}{9} \overset{4}{=} \frac{28}{36}$

Ergebnis: $\frac{7}{9} > \frac{3}{4}$

b)

$\frac{3}{4} > \frac{5}{7}$	$\frac{9}{7} < \frac{4}{3}$	$\frac{-3}{5} < \frac{-7}{12}$	$\frac{-7}{11} < \frac{5}{8}$
$\frac{4}{5} < \frac{5}{6}$	$\frac{1}{5} < \frac{2}{9}$	$\frac{-7}{9} > \frac{5}{-6}$	$3\frac{4}{7} < 3\frac{3}{5}$

c)

Zahlen	Kleinerkette
$\frac{5}{7}$; $\frac{9}{7}$; $\frac{1}{7}$; 1	$\frac{1}{7} < \frac{5}{7} < 1 < \frac{9}{7}$
0 ; $\frac{1}{4}$; $\frac{1}{5}$; $\frac{1}{6}$	$0 < \frac{1}{6} < \frac{1}{5} < \frac{1}{4}$
1 ; $\frac{6}{5}$; $\frac{5}{6}$; $\frac{3}{2}$	$\frac{5}{6} < 1 < \frac{6}{5} < \frac{3}{2}$
$\frac{1}{2}$; $\frac{1}{7}$; $\frac{2}{3}$; $\frac{2}{5}$	$\frac{1}{7} < \frac{2}{5} < \frac{1}{2} < \frac{2}{3}$
$\frac{7}{11}$; $\frac{7}{15}$; $\frac{7}{9}$; $\frac{7}{13}$	$\frac{7}{15} < \frac{7}{13} < \frac{7}{11} < \frac{7}{9}$

d) ① $\frac{5}{6} < \frac{13}{15} < \frac{9}{10} < \frac{11}{12}$ ② $\frac{-5}{2} < \frac{9}{-4} < \frac{-15}{7} < \frac{29}{-14}$

31. a)

$\frac{99}{200} \approx \frac{100}{200} = \frac{1}{2}$	$\frac{89}{239} \approx \frac{90}{240} = \frac{3}{8}$
$\frac{60}{91} \approx \frac{60}{90} = \frac{2}{3}$	$\frac{55}{328} \approx \frac{55}{330} = \frac{1}{6}$

b) SB: $\frac{60}{178} \approx \frac{60}{180} = \frac{1}{3}$; IGB: $\frac{21}{102} \approx \frac{20}{100} = \frac{1}{5}$.

32. ① r ② r ③ f ④ r ⑤ r ⑥ f

Dezimalbrüche

33. a)

$\frac{1}{10} = 0,1$	$\frac{1}{1000} = 0,001$	$\frac{1}{10^5} = 0,00001$
$\frac{1}{100} = 0,01$	$\frac{1}{10^4} = 0,0001$	ein Millionstel = 0,000001

b)

$\frac{169}{10} = 16,9$	$\frac{7}{10} = 0,7$	$\frac{81}{1000} = 0,081$
$\frac{3141}{1000} = 3,141$	$\frac{9}{100} = 0,09$	$\frac{7071}{10000} = 0,7071$

c)

$87 : 100 = \frac{87}{100} = 0,87$	$667 : 1000 = \frac{667}{1000} = 0,667$
$23 : 10 = \frac{23}{10} = 2,3$	$725 : 1000000 = \frac{725}{10^6} = 0,000725$

34. Einen Dezimalbruch in einen Bruch verwandeln

①

$3,7 = \frac{37}{10}$	$0,89 = \frac{89}{100}$	$0,03 = \frac{3}{100}$	$0,441 = \frac{441}{1000}$

② a) $\frac{5}{2}$ f) $\frac{3}{8}$

b) $\frac{16}{5}$ g) $\frac{9}{200}$

c) $\frac{13}{20}$ h) $\frac{13}{125}$

d) $\frac{27}{25}$ i) $\frac{49}{40}$

e) $\frac{23}{50}$ j) $\frac{1}{16}$

35. a) $0{,}47 = \frac{47}{100}$: Das Intervall zwischen 0 und 1 wird in 100 gleich lange Teile zerlegt. Der 47. Teilpunkt ist der Zahlpunkt von 0,47.

b) / c)

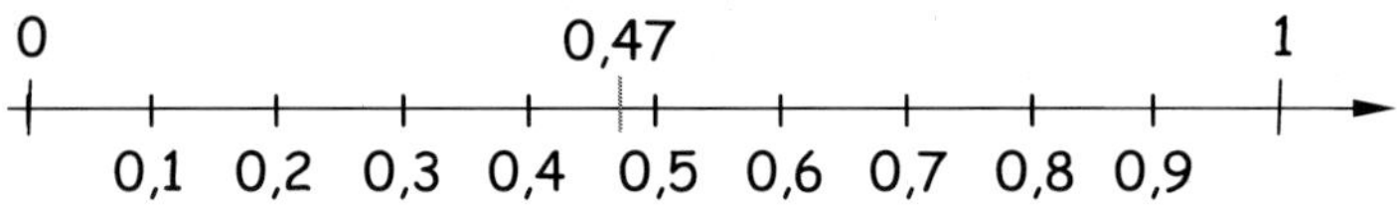

36. a)

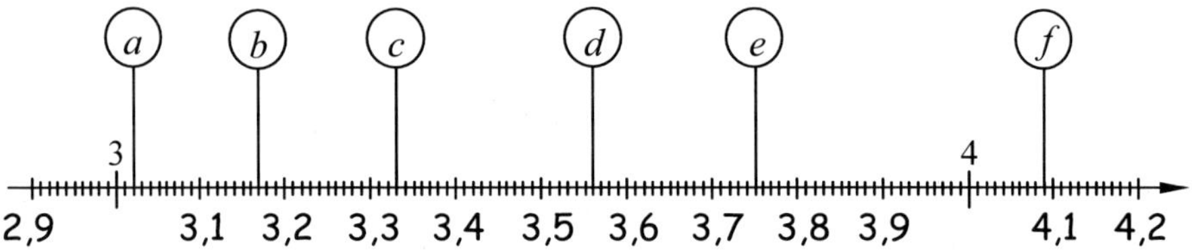

b)

Schild	*a*	*b*	*c*	*d*	*e*	*f*
Zahl	3,02	3,17	3,33	3,56	3,75	4,09

c) Nein, denn 3,005 liegt z. B auch zwischen 3 und 3,02.

d) 3,86

37. a) Ich unterteile das Intervall zwischen 4 und 5 in 1000 gleich lange Teile und nehme den 573. Teilpunkt.

b)

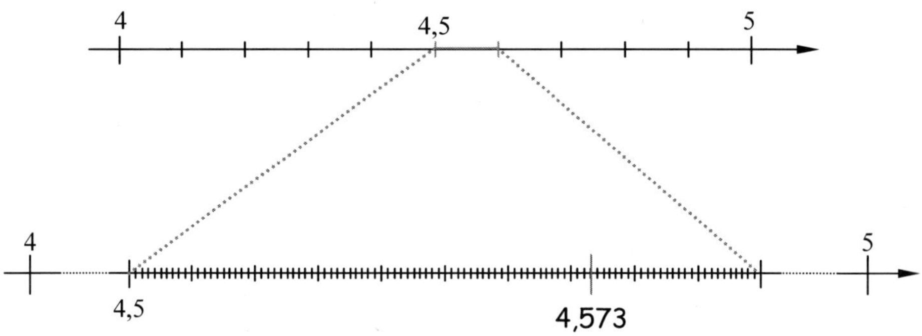

c) $4{,}573 = 4 + \frac{5}{10} + \frac{7}{100} + \frac{3}{1000}$

d)

	Zehner	Einer	Zehntel	Hundertstel	Tausendstel	...
4,573	0	4	5	7	3	
45,73	4	5	7	3	0	
4,073	0	4	0	7	3	
4,730	0	4	7	3	0	

38.

0,75 = 0,750		r	1,33 = 1,3		f
0,75 = 0,075		f	4,005 = 4,05		f
1,300 = 1,3		r	4,05 = 4,050 000		r

39. a)

4,7	<	4,8	0,856	<	0,865	0,7	>	0,59
1,12	>	1,09	0,33	>	0,3	1,45	<	1,5

b)

5,3	>	5,299	0,009	<	0,01	2,67	>	2,667

c) 0,032 < 0,203 < 0,23 < 0,3002 < 0,302 < 0,32

d) Nein. Gegenbeispiel: 0,29 < 0,301 < 0,31, obwohl 29 < 31 < 301.

40. a) Zahlenstrahl: -2, -1, 0 (oben); -1,8 -1,6 -1,4 -1,2 -0,8 -0,6 -0,4 -0,2 0,2 0,4 0,6 (unten)

b)

-0,4	>	-0,6	-1,8	>	-1,89	-0,11	<	-0,101
-0,2	<	-0,1	-0,5	>	-0,55	-3,498	>	-3,5
-2,1	<	-1,2	-1,43	<	-1,3	-7,7007	<	-7,07

41. Zahlenstrahl: -1, $\frac{-3}{4}$, $\frac{-1}{2}$, $\frac{-1}{4}$, 0, $\frac{1}{4}$, $\frac{1}{2}$, $\frac{3}{4}$, 1, $\frac{5}{4}$, $\frac{3}{2}$, $\frac{7}{4}$, 2 (oben); -0,75 -0,5 -0,25 0,25 0,5 0,75 1,25 1,5 1,75 (unten)

- $\frac{1}{2} = \frac{5}{10} = 0{,}5$
- $\frac{3}{4} = \frac{75}{100} = 0{,}75$
- $\frac{3}{2} = \frac{15}{10} = 1{,}5$
- $\frac{5}{4} = \frac{125}{100} = 1{,}25$
- $\frac{1}{4} = \frac{25}{100} = 0{,}25$
- $\frac{7}{4} = \frac{175}{100} = 1{,}75$

42. a)

Wandle den Bruch $\frac{26}{125}$ in einen Dezimalbruch um.

$\frac{26}{125} \overset{8}{=} \frac{208}{1000} = 0{,}208$

b)

$\frac{4}{5} = 0{,}8$	$\frac{13}{20} = 0{,}65$	$\frac{5}{8} = 0{,}625$
$\frac{11}{5} = 2{,}2$	$\frac{2}{25} = 0{,}08$	$\frac{11}{8} = 1\frac{3}{8} = 1{,}375$
$\frac{1}{20} = 0{,}05$	$\frac{12}{25} = 0{,}48$	$\frac{17}{125} = 0{,}136$

c) Nein. Silvester hat ein Problem, wenn sich der Nenner nicht auf eine Zehnerpotenz erweitern lässt.

d) $\frac{67}{40} \overset{25}{=} \frac{1675}{1000} = 1{,}675$

e)

```
67 : 40 = 1,675
40
 270
 240
  300
  280
   200
   200
     0
```

f) 7,625 ; 2,475 ; 0,1875 ; 1,2875 ; 0,53125 .

g) $\frac{26}{11}$ lässt sich nicht dezimal schreiben, weil unter den Vielfachen von 11 keine Zehnerpotenz ist. Wenn ich 26 schriftlich durch 11 dividiere, wiederholen sich die Reste. Die Rechnung bricht nie ab: $26:11 = 2{,}36363636...$.

43. a) 2346000 b) 6,3 km c) 11,3 s d) $3{,}14\,\text{m}^2$ e) $a \approx 0{,}437$; $b \approx 0{,}438$

44. a)

2,934 ≈ 2,93	3,0048 ≈ 3,00	4,44475 ≈ 4,44
6,886 ≈ 6,89	5,9927 ≈ 5,99	0,09713 ≈ 0,10
0,707 ≈ 0,71	5,9951 ≈ 6,00	9,99811 ≈ 10,00
1,795 ≈ 1,80	0,0064 ≈ 0,01	0,003795 ≈ 0,00

b) Runde auf ...

	2,352	2,391	2,395	2,3972	2,4048	2,405	2,449	2,451
... eine Dezimale	2,4	2,4	2,4	2,4	2,4	2,4	2,4	2,5
... zwei Dezimalen	2,35	2,39	2,40	2,40	2,40	2,41	2,45	2,45

45. a)

2,51 < 2,515 < 2,52	1,32 < 1,3205 < 1,321	0,7999 < 0,79999 < 0,8

b) 0,5671231...

c) Wurzel hängt hinter die Dezimalenfolge 567123 die ungeraden Zahlen als weitere Dezimalen an.

d) ---

e) Nein.

46. a)

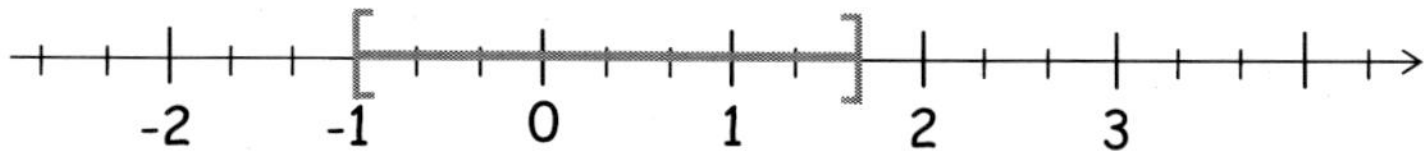

b)

c)

Menge aller Zahlen $x \in \mathbb{Q}$ mit $x > 1$

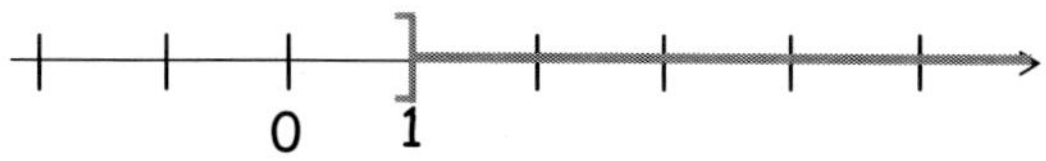

Bezeichnung: $]1;\infty[$

Menge aller Zahlen $x \in \mathbb{Q}$ mit $x \leq \frac{3}{5}$

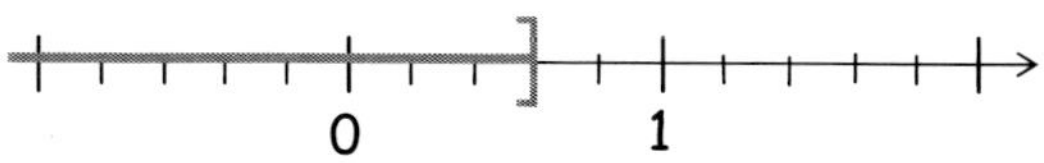

Bezeichnung: $]-\infty;\frac{3}{5}[$

d) $]-\infty;100] \cap [-10;\infty[= [-10;100]$.

Zeichnerisch bestimmt man die Schnittmenge folgendermaßen: Man zeichnet beide Intervalle in verschiedenen Farben. Die Schnittmenge ergibt sich als der Zahlenbereich, der mit beiden Farben markiert ist.

Vermischte Aufgaben

47. a) $-\frac{3}{10}$ c) $-\frac{3}{4}$ e) $\frac{5}{6}$

b) $\frac{2}{3}$ d) $-\frac{1}{5}$ f) $\frac{5}{2}$

48. a) Wurzel führt eine Division mit Rest aus (die 9 passt 4-mal in die 43, der Rest ist 7).

b)

$\frac{37}{4} = 9\frac{1}{4}$	$\frac{61}{8} = 7\frac{5}{8}$	$\frac{100}{3} = 33\frac{1}{3}$
$\frac{58}{5} = 11\frac{3}{5}$	$\frac{101}{2} = 50\frac{1}{2}$	$\frac{150}{7} = 21\frac{3}{7}$

c)

$7 < \frac{47}{6} < 8$	$15 < \frac{63}{4} < 16$	$-3 < -\frac{13}{5} < -2$
$11 < \frac{58}{5} < 12$	$104 < \frac{313}{3} < 105$	$-7 < -\frac{70}{11} < -6$

49. a)

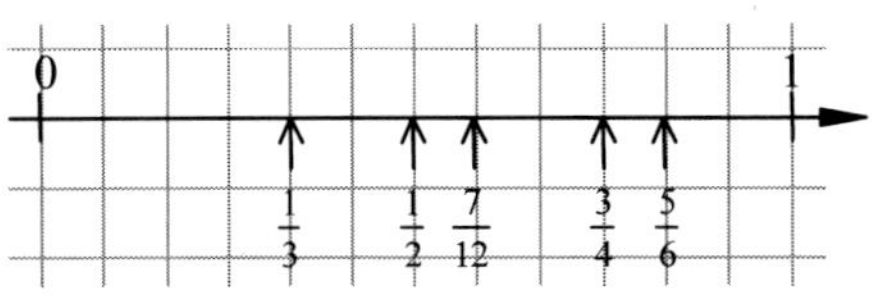

b)

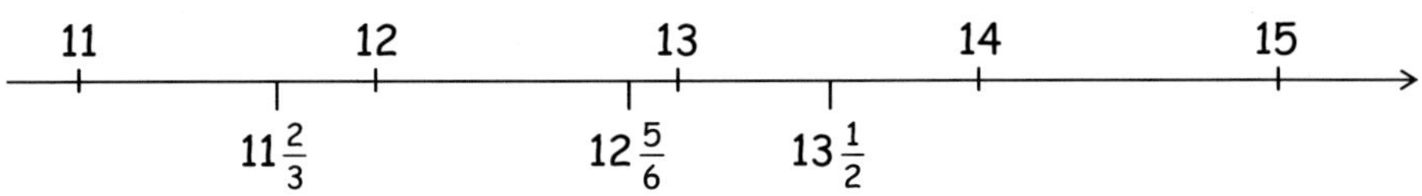

50. a) Silvester kürzt die beiden Brüche, bis er dieselbe Bruchdarstellung erhält. Wurzel überführt den einen Bruch in den anderen durch fortwährendes Kürzen bzw. Erweitern.

b)

$\frac{6}{7}$	$\frac{5}{9}$	$\frac{7}{12}$	$\frac{1}{13}$	$\frac{5}{3}$

51. a) $\frac{19}{60}$ c) $\frac{105}{60}$ e) $\frac{40}{60}$ g) --- i) $\frac{51}{60}$

b) $\frac{48}{60}$ d) --- f) $\frac{65}{60}$ h) $\frac{20}{60}$ j) $\frac{52}{60}$

52. a) $p = \frac{5}{20}$; $q = \frac{30}{20}$; $r = \frac{8}{20}$ c) $p = \frac{63}{84}$; $q = \frac{48}{84}$; $r = \frac{70}{84}$

b) $p = \frac{30}{36}$; $q = \frac{27}{36}$; $r = \frac{28}{36}$ d) $p = \frac{125}{100}$; $q = \frac{32}{100}$; $r = \frac{65}{100}$

53. a) • $\frac{4}{7} < \frac{3}{5}$ • $\frac{1}{3} > \frac{4}{13}$ • $\frac{39}{52} > \frac{42}{63}$ • $\frac{8}{11} > \frac{30}{42}$

b) • $\frac{8}{15} < \frac{11}{20} < \frac{17}{30} < \frac{7}{12}$ • $-\frac{28}{35} < -\frac{18}{25} < -\frac{21}{30} < -\frac{26}{40}$

54. a) • $\frac{4}{13} \overset{7}{=} \frac{28}{91}$; $\frac{2}{7} \overset{13}{=} \frac{26}{91}$, also $\frac{4}{13} > \frac{2}{7}$.

• $\frac{2}{7} \overset{2}{=} \frac{4}{14}$; $\frac{4}{13} > \frac{4}{14}$ (da $\frac{1}{13} > \frac{1}{14}$), also $\frac{4}{13} > \frac{2}{7}$.

b)

$\frac{2}{3} > \frac{2}{7}$	$\frac{3}{5} < \frac{3}{2}$	$\frac{4}{9} > \frac{4}{11}$	$\frac{10}{7} < \frac{10}{3}$

c) Seien $a, b, c \in \mathbb{Z}^*$.

Dann gilt: Wenn $b < c$, dann ist $\frac{a}{b} > \frac{a}{c}$.

d) • $\frac{2}{41} > \frac{4}{83}$ • $\frac{1}{37} < \frac{5}{183}$ • $\frac{16}{60} > \frac{20}{85}$ • $\frac{42}{54} > \frac{35}{47}$

55. a) Wurzel und Silvester zeigen dir, wie du leicht Zahlen finden kannst, die zwischen $\frac{3}{5}$ und $\frac{2}{3}$ liegen.

Ergebnis: $\frac{37}{60}$, $\frac{38}{60}$, $\frac{39}{60}$

b) $\frac{3}{5} = \frac{360}{600}$; $\frac{2}{3} = \frac{400}{600}$.

c) Z. B. auf den Nenner 6 Mio erweitern.

56. a) Silvester berechnet zunächst die Produkte und kürzt anschließend.
Wurzel kürzt je einen Faktor des Zählers mit einem geeigneten Faktor des Nenners.
Sie verwendet die Divisionsregel für Produkte: $(a \cdot b) : c = (a : c) \cdot b$.

b) • $\frac{32 \cdot 34}{51 \cdot 56} \underset{17}{=} \frac{32 \cdot 2}{3 \cdot 56} \underset{8}{=} \frac{4 \cdot 2}{3 \cdot 7} = \frac{8}{21}$

• $\frac{12 \cdot 35}{14 \cdot 48} \underset{12}{=} \frac{1 \cdot 35}{14 \cdot 4} \underset{7}{=} \frac{1 \cdot 5}{2 \cdot 4} = \frac{5}{8}$

c) ① $\frac{4}{9}$ ③ $\frac{2}{5}$ ⑤ $\frac{9}{4}$

② $\frac{7}{12}$ ④ $\frac{20}{7}$ ⑥ 210

d) $\frac{3 \cdot 16}{7 \cdot 16 + 8} = \frac{48}{120} = \frac{2}{5}$

57. a) Alle rechnen richtig, aber Sarahs Lösung ist geschickt.

b) ① 0,6 ; 0,625 ; 0,65 ② 0,75 ; 0,4 ; 3,5 ; 2,75 ; 1,24 ; 0,45

58. a) ①

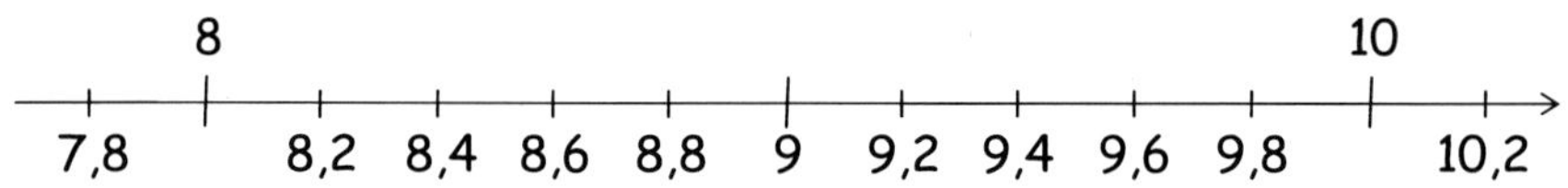

②

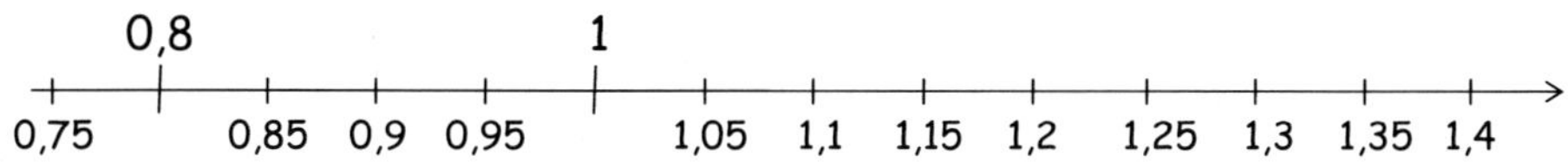

b)

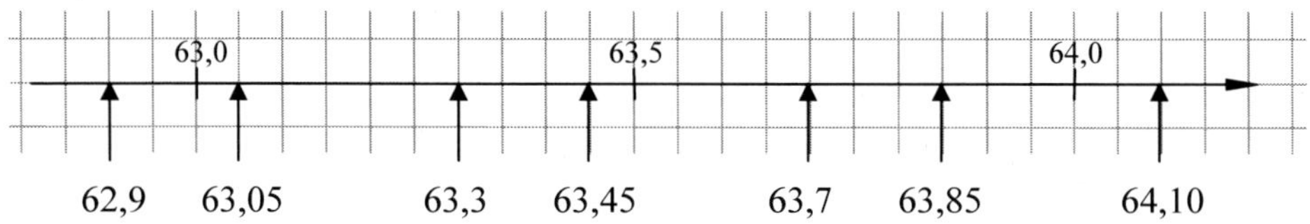

59.

	a	*b*	*c*	*d*	*e*	*f*
a)	3,62	3,66	3,69	3,71	3,75	3,78
b)	0,429	0,431	0,4325	0,435	0,437	0,4395
c)	2,11	2,122	2,146	2,158	2,174	2,198

60. a) Falsch! $0{,}3\,\ell = \frac{3}{10}\,\ell < \frac{1}{3}\,\ell$.

b)

$8\frac{1}{2}$	>	8,49
$\frac{2}{5}$	<	0,42
$\frac{9}{4}$	=	2,25

0,725	<	$\frac{3}{4}$
0,333	>	$\frac{3}{10}$
3,15	<	$3\frac{1}{5}$

$\frac{1}{5}$	<	0,5
$1\frac{7}{8}$	=	1,875
$\frac{1}{20}$	>	0,04

c) Ja, denn $0{,}44 = \frac{396}{900} < \frac{4}{9} = \frac{400}{900} < 0{,}45 = \frac{405}{900}$.

61. a)

1,7008	<	1,7011	0,49302	>	0,493015	3,151592	>	3,1415892
2,56666	<	2,5667	9,102011	>	9,10201	8,800808	<	8,808

b) ① 6,66 < 6,666 < 6,667 < 6,67 < 6,676 < 6,766

② 4,009 < 4,0099 < 4,01 < 4,011 < 4,09 < 4,091

62. a)

12,3 ≈ 12	166,66 ≈ 167	0,702 ≈ 1
31,5 ≈ 32	299,49 ≈ 299	0,369 ≈ 0
49,8 ≈ 50	299,71 ≈ 300	2099,6 ≈ 2100

b) ① 5,6 ; 8,1 ; 0,7 ; 1,2 ; 4,9 ; 0,1 ; 0,0 ; 5,0 ; 20,0

② 0,667 ; 3,576 ; 3,577 ; 1,480 ; 8,558 ; 4,100 ; 5,999 ; 6,000

c)

	0,4525	5,4466	4,7555	0,0353	0,0535	2,5567	8,3098	7,9554
... eine Dezimale	0,5	5,4	4,8	0,0	0,1	2,6	8,3	8,0
... 2 Dezimalen	0,45	5,45	4,76	0,04	0,05	2,56	8,31	7,96
... 3 Dezimalen	0,453	5,447	4,756	0,035	0,054	2,557	8,310	7,955

63. a)

① ... auf 6 gerundet werden:

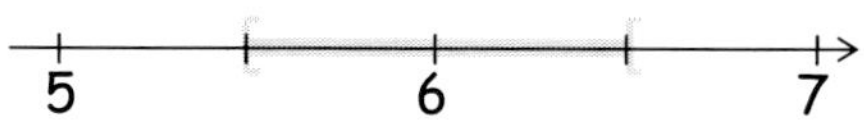

③ ... auf 3,21 gerundet werden:

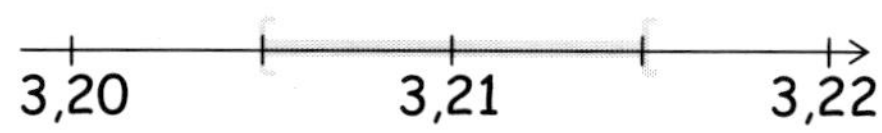

② ... auf 4,7 gerundet werden:

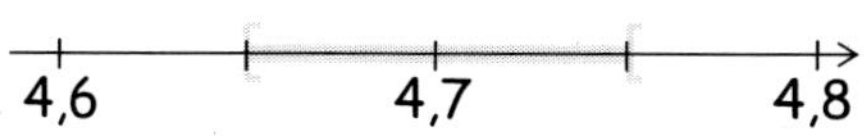

④ ... auf 1,80 gerundet werden:

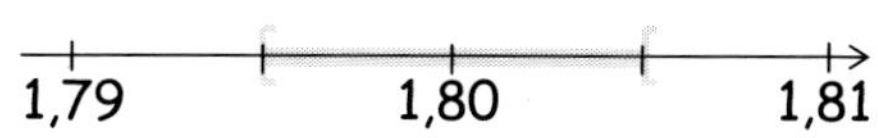

a)

$a \approx 1{,}605$: $1{,}6045 \le a < 1{,}6055$	$r \approx 0{,}675$: $0{,}6745 \le r < 0{,}6755$
$s \approx 84$: $83{,}5 \le s < 84{,}5$	$y \approx 8{,}00$: $7{,}995 \le y < 8{,}005$
$t \approx 12{,}3$: $12{,}25 \le t < 12{,}35$	$e \approx 2{,}718$: $2{,}7175 \le e < 2{,}7185$
$g \approx 9{,}81$: $9{,}805 \le g < 9{,}815$	$k \approx 1{,}7320$: $1{,}73195 \le k < 1{,}73205$

64. a) / b)

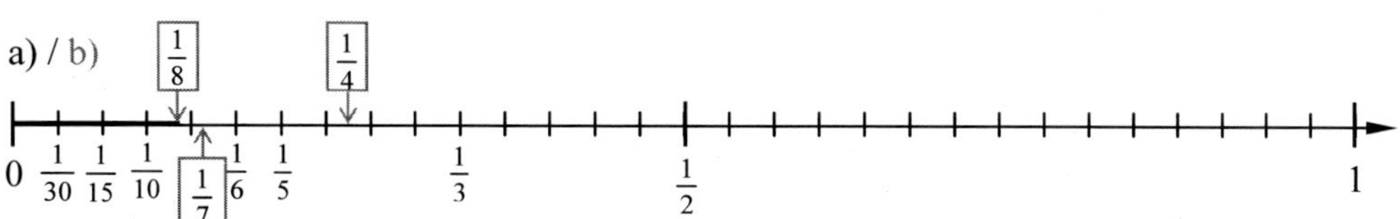

c) $1 > \frac{1}{2} > \frac{1}{3} > \frac{1}{4} > \ldots$. Es gibt keinen kleinsten Stammbruch.

d)

• $\frac{1}{2} = 0{,}5$	• $\frac{1}{4} = 0{,}25$	• $\frac{1}{5} = 0{,}2$	• $\frac{1}{8} = 0{,}125$
• $\frac{1}{10} = 0{,}1$	• $\frac{1}{16} = 0{,}0625$	• $\frac{1}{20} = 0{,}05$	• $\frac{1}{25} = 0{,}04$
• $\frac{1}{32} = 0{,}03125$	• $\frac{1}{40} = 0{,}025$	• $\frac{1}{50} = 0{,}02$	• $\frac{1}{64} = 0{,}015625$
• $\frac{1}{80} = 0{,}0125$	• $\frac{1}{100} = 0{,}01$		

e) $\frac{1}{3} = 0{,}333\ldots$; $\frac{1}{6} = 0{,}1666\ldots$; $\frac{1}{7} = 0{,}142857142857\ldots$; $\frac{1}{9} = 0{,}111\ldots$.

65. a) / b)

$\frac{0}{1}$	$\frac{0}{2}$	$\frac{0}{3}$	$\frac{0}{4}$	$\frac{0}{5}$	$\frac{0}{6}$	$\frac{0}{7}$	…
$\frac{1}{1}$	$\frac{1}{2}$	$\frac{1}{3}$	$\frac{1}{4}$	$\frac{1}{5}$	$\frac{1}{6}$	$\frac{1}{7}$	…
$\frac{-1}{1}$	$\frac{-1}{2}$	$\frac{-1}{3}$	$\frac{-1}{4}$	$\frac{-1}{5}$	$\frac{-1}{6}$	$\frac{-1}{7}$	…
$\frac{2}{1}$	$\frac{2}{2}$	$\frac{2}{3}$	$\frac{2}{4}$	$\frac{2}{5}$	$\frac{2}{6}$	$\frac{2}{7}$	…
$\frac{-2}{1}$	$\frac{-2}{2}$	$\frac{-2}{3}$	$\frac{-2}{4}$	$\frac{-2}{5}$	$\frac{-2}{6}$	$\frac{-2}{7}$	…
$\frac{3}{1}$	$\frac{3}{2}$	$\frac{3}{3}$	$\frac{3}{4}$	$\frac{3}{5}$	$\frac{3}{6}$	$\frac{3}{7}$	…
$\frac{-3}{1}$	$\frac{-3}{2}$	$\frac{-3}{3}$	$\frac{-3}{4}$	$\frac{-3}{5}$	$\frac{-3}{6}$	$\frac{-3}{7}$	…
$\frac{4}{1}$	$\frac{4}{2}$	$\frac{4}{3}$	$\frac{4}{4}$	$\frac{4}{5}$	$\frac{4}{6}$	$\frac{4}{7}$	…
$\frac{-4}{1}$	$\frac{-4}{2}$	$\frac{-4}{3}$	$\frac{-4}{4}$	$\frac{-4}{5}$	$\frac{-4}{6}$	$\frac{-4}{7}$	…
$\frac{5}{1}$	$\frac{5}{2}$	$\frac{5}{3}$	$\frac{5}{4}$	$\frac{5}{5}$	$\frac{5}{6}$	$\frac{5}{7}$	…
$\frac{-5}{1}$	$\frac{-5}{2}$	$\frac{-5}{3}$	$\frac{-5}{4}$	$\frac{-5}{5}$	$\frac{-5}{6}$	$\frac{-5}{7}$	…
⋮	⋮	⋮	⋮	⋮	⋮	⋮	⋱

c)

Zahl	$\frac{0}{1}$	$\frac{1}{1}$	$\frac{1}{2}$	$\frac{-1}{1}$	$\frac{2}{1}$	$\frac{-1}{2}$	$\frac{1}{3}$	$\frac{1}{4}$	$\frac{-1}{3}$	$\frac{-2}{1}$	$\frac{3}{1}$	$\frac{2}{3}$	$\frac{-1}{4}$	$\frac{1}{5}$
Nummer	0	1	2	3	4	5	6	7	8	9	10	11	12	13

Zahl	$\frac{1}{6}$	$\frac{-1}{5}$	$\frac{-2}{3}$	$\frac{3}{2}$	$\frac{-3}{1}$	$\frac{4}{1}$	$\frac{-3}{2}$	$\frac{2}{5}$	$\frac{-1}{6}$	$\frac{1}{7}$	$\frac{1}{8}$	$\frac{-1}{7}$	…
Nummer	14	15	16	17	18	19	20	21	22	23	24	25	…

6

Rechenoperationen für rationale Zahlen

Addition

1. a) ①

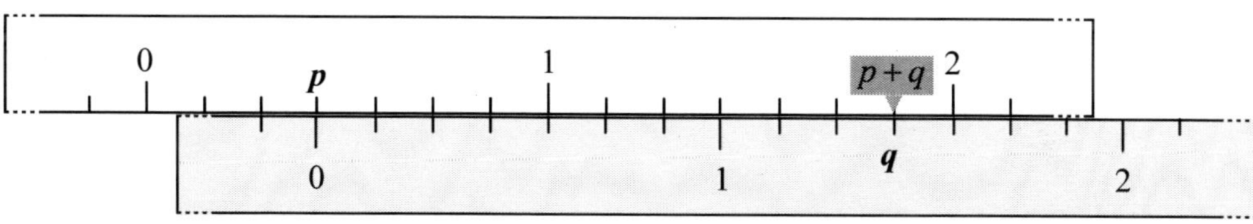

Ich verschiebe die zweite Zahlengerade so, dass ihre Nullmarkierung mit der Markierung von p auf der ersten Zahlengeraden übereinstimmt. Die Markierung von q auf der zweiten Zahlengeraden zeigt dann die Markierung von $p+q$ auf der ersten Zahlengeraden an.

② • $p = \frac{3}{7}$ • $q = \frac{10}{7}$ • $p + q = \frac{13}{7}$

Zusammenhang: $\frac{3}{7} + \frac{10}{7} = \frac{10+3}{7} = \frac{13}{7}$

b)

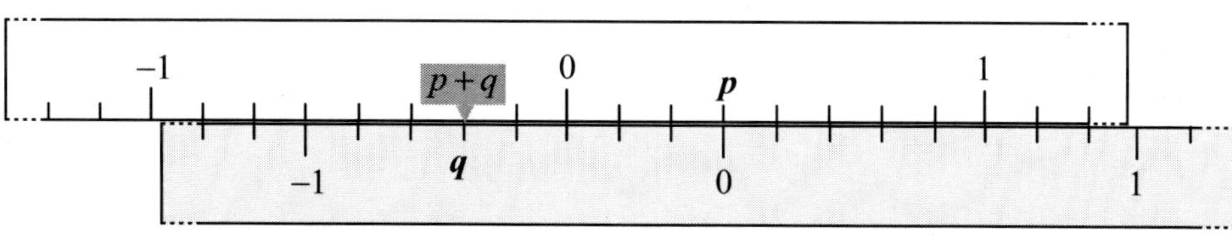

$p + q = \frac{3}{8} + \frac{-5}{8} = \frac{-2}{8} = -\frac{1}{4}$

c)

p	q	p + q
$\frac{5}{9}$	$\frac{2}{9}$	$\frac{7}{9}$
$\frac{-4}{5}$	$\frac{6}{5}$	$\frac{2}{5}$
$\frac{-1}{3}$	$\frac{-4}{3}$	$\frac{-5}{3}$

2. a)

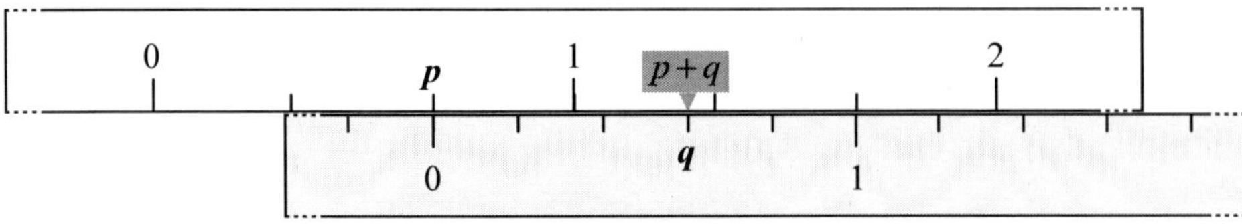

Beim Aufschreiben der rechnerischen Lösung hat er ein Problem. Welches?

$p + q = \frac{2}{3} + \frac{3}{5} = ?$

Er kann die ungleichnamigen Brüche nicht addieren.

b) Wurzel unterteilt beide Zahlengeraden feiner; sie teilt den Bereich zwischen zwei aufeinanderfolgenden ganzen Zahlen in 15 gleich große Stücke (15 = ggT(3,5)).

$p + q = \frac{2}{3} + \frac{3}{5} = \frac{10}{15} + \frac{9}{15} = \frac{19}{15}$

c)

Addition zweier rationaler Zahlen p und q:

- Stelle die Zahlen durch gleichnamige Brüche dar.
- Addiere die Brüche: Zähler addieren, Nenner beibehalten.
- Der neue Bruch stellt die Summe p + q dar.

d)

$$\begin{aligned} p + q &= 0{,}4 + \frac{5}{6} \\ &= \frac{2}{5} + \frac{5}{6} \\ &= \frac{12}{30} + \frac{25}{30} \\ &= \frac{37}{30} \end{aligned}$$

3. a) Während Silvester als gemeinsamen Nenner irgend ein gemeinsames Vielfaches von 4 und 5 nimmt, entscheidet sich Wurzel für das **kleinste** gemeinsame Vielfache.

b) Silvester muss kürzen!

c) $p + q = \frac{3}{4} + \frac{4}{5} = \frac{45}{60} + \frac{24}{60} = \frac{69}{60} \overset{}{\underset{3}{=}} \frac{23}{20}$

d) Das geht nicht, da 50 kein Vielfaches von 4 ist.

4. a)

$\frac{5}{8} + \frac{1}{8} = \frac{3}{4}$	$\frac{7}{11} + \frac{4}{11} = 1$	$\frac{13}{100} + \frac{7}{100} = \frac{1}{5}$
$\frac{5}{24} + \frac{11}{24} = \frac{2}{3}$	$\frac{10}{27} + \frac{20}{27} = \frac{10}{9}$	$\frac{19}{17} + \frac{32}{17} = 3$

b)

$\frac{8}{5} + \frac{2}{5} = \frac{6}{5}$	$\frac{-7}{10} + \frac{1}{10} = \frac{-3}{5}$	$\frac{-8}{9} + \frac{-4}{9} = \frac{-4}{3}$
$\frac{5}{12} + \frac{-9}{12} = \frac{-1}{3}$	$\frac{-8}{35} + \frac{18}{35} = \frac{2}{7}$	$\frac{-5}{6} + \frac{-7}{6} = -2$

c)

- $\frac{7}{3} + \left(-\frac{5}{3}\right) = \frac{7}{3} + \frac{-5}{3} = \frac{2}{3}$
- $\frac{3}{7} + \left(-\frac{4}{7}\right) = \frac{3}{7} + \frac{-4}{7} = \frac{-1}{7} = -\frac{1}{7}$
- $-\frac{7}{8} + \left(-\frac{3}{8}\right) = \frac{-7}{8} + \frac{-3}{8} = \frac{-10}{8} = -\frac{5}{4}$
- $\frac{5}{9} + \left(-\frac{5}{9}\right) = \frac{5}{9} + \frac{-5}{9} = \frac{0}{9} = 0$

d)

$\frac{5}{-4} + \frac{1}{-4} = \frac{6}{-4} = -\frac{3}{2}$	$\frac{11}{-5} + \frac{-8}{-5} = \frac{3}{-5} = -\frac{3}{5}$	$\frac{-11}{-8} + \frac{7}{-8} = \frac{-4}{-8} = \frac{1}{2}$

5.

a) $\frac{2}{3} + \frac{5}{9} = \frac{6}{9} + \frac{5}{9} = \frac{11}{9}$

b) $\frac{1}{5} + \frac{1}{7} = \frac{7}{35} + \frac{5}{35} = \frac{12}{35}$

c) $\frac{5}{6} + \frac{3}{8} = \frac{20}{24} + \frac{9}{24} = \frac{29}{24}$

d) $\frac{17}{20}$ f) $\frac{19}{12}$ h) $\frac{37}{21}$ j) $\frac{31}{36}$

e) $\frac{16}{15}$ g) $\frac{25}{18}$ i) $\frac{23}{10}$ k) $\frac{43}{60}$

6.

a) $\frac{1}{3} + \frac{-1}{8} = \frac{8}{24} + \frac{-3}{24} = \frac{5}{24}$

b) $\frac{-7}{5} + \frac{5}{4} = \frac{-28}{20} + \frac{25}{20} = \frac{-3}{20}$

c) $\frac{5}{7} + \left(-\frac{7}{8}\right) = \frac{5}{7} + \frac{-7}{8} = \frac{40}{56} + \frac{-49}{56} = \frac{-9}{56}$

d) $-\frac{3}{28}$ f) $\frac{1}{3}$ h) $\frac{31}{72}$ j) $-\frac{99}{80}$

e) $-\frac{14}{45}$ g) $-\frac{37}{45}$ i) $\frac{11}{16}$ k) 0

7. a) Wurzel schreibt die ganze Zahl als Bruch mit dem Nenner 6 und addiert dann.

b) ① $\frac{8}{3}$ ③ $\frac{3}{5}$ ⑤ $-\frac{1}{7}$

② $\frac{25}{6}$ ④ $-\frac{5}{8}$ ⑥ $-\frac{13}{9}$

$\frac{a}{b} + 0 = \frac{a}{b} + \frac{0}{b} = \frac{a}{b}$

8. a)

+	$\frac{-1}{4}$	$\frac{3}{10}$	$\frac{5}{9}$	$\frac{4}{7}$
$\frac{-2}{3}$	$\frac{-11}{12}$	$\frac{-11}{30}$	$\frac{-1}{9}$	$\frac{-2}{21}$
$\frac{-7}{6}$	$\frac{-17}{12}$	$\frac{-13}{15}$	$\frac{-11}{18}$	$\frac{-25}{42}$
$\frac{5}{8}$	$\frac{3}{8}$	$\frac{37}{40}$	$\frac{85}{72}$	$\frac{67}{56}$
$\frac{5}{12}$	$\frac{1}{6}$	$\frac{43}{60}$	$\frac{35}{36}$	$\frac{83}{84}$

b)

+	$\frac{1}{4}$	$\frac{1}{3}$	$\frac{1}{6}$	$\frac{-1}{2}$
$\frac{1}{2}$	$\frac{3}{4}$	$\frac{5}{6}$	$\frac{2}{3}$	0
$\frac{2}{3}$	$\frac{11}{12}$	1	$\frac{5}{6}$	$\frac{1}{6}$
$\frac{1}{3}$	$\frac{7}{12}$	$\frac{2}{3}$	$\frac{1}{2}$	$\frac{-1}{6}$
1	$\frac{5}{4}$	$\frac{4}{3}$	$\frac{7}{6}$	$\frac{1}{2}$

9. a) Silvester bestimmt den Hauptnenner, indem er $18 \cdot 28$ rechnet. Wurzel dagegen kürzt zuerst und addiert dann - mit viel kleinerem Nenner!

Falls möglich zunächst kürzen!

b)

$\frac{9}{7}$	$\frac{24}{42}+\frac{25}{35}$	$\frac{4}{5}$	$\frac{33}{75}+\frac{36}{100}$	$-\frac{3}{35}$	$-\frac{80}{100}+\frac{80}{112}$
$\frac{3}{7}$	$\frac{45}{75}+\frac{-6}{35}$	$\frac{9}{4}$	$\frac{-63}{84}+\frac{135}{45}$	$-\frac{58}{21}$	$\frac{-24}{56}+\frac{56}{-24}$
$\frac{10}{9}$	$\frac{5}{18}+\frac{20}{24}$	$-\frac{49}{80}$	$\frac{-9}{30}+\frac{-20}{64}$	$\frac{1}{6}$	$\frac{165}{270}+\left(-\frac{96}{216}\right)$

10. a)

$\frac{4}{70}$	$\frac{1}{5}$	$\frac{15}{70}$	$\frac{1}{70}$
$\frac{9}{70}$	$\frac{1}{10}$	$\frac{6}{70}$	$\frac{12}{70}$
$\frac{5}{70}$	$\frac{11}{70}$	$\frac{1}{7}$	$\frac{8}{70}$
$\frac{8}{35}$	$\frac{2}{70}$	$\frac{3}{70}$	$\frac{13}{70}$
Summe: $\frac{34}{70}$			

b)

$\frac{5}{32}$	$\frac{15}{32}$	$\frac{1}{2}$	$\frac{1}{16}$
$\frac{5}{16}$	$\frac{1}{4}$	$\frac{7}{32}$	$\frac{13}{32}$
$\frac{3}{16}$	$\frac{3}{8}$	$\frac{11}{32}$	$\frac{9}{32}$
$\frac{17}{32}$	$\frac{3}{32}$	$\frac{1}{8}$	$\frac{7}{16}$
Summe: $\frac{19}{16}$			

Subtraktion

11. a)

Wie in $\mathbb{Z}$ definieren wir:

$p - q := p + (-q)$

Eine Zahl subtrahieren heißt ihre Gegenzahl addieren.

b)

- $\frac{7}{4} - \frac{5}{4} = \frac{7}{4} + \left(-\frac{5}{4}\right) = \frac{2}{4} = \frac{1}{2}$
- $\frac{4}{7} - \frac{10}{7} = \frac{4}{7} + \left(-\frac{10}{7}\right) = \frac{-6}{7} = -\frac{6}{7}$

c)

$\frac{a}{c} - \frac{b}{c} = \frac{a}{c} + \left(-\frac{b}{c}\right)$	Definition der Subtraktion
$= \frac{a}{c} + \frac{-b}{c}$	Gegenzahlregel
$= \frac{a + (-b)}{c}$	Additionsregel
$= \frac{a - b}{c}$	Subtraktion in $\mathbb{Z}$

$\frac{a}{c} + \frac{b}{c} = \frac{a+b}{c}$

$\frac{a}{c} - \frac{b}{c} = \frac{a-b}{c}$

d)

- $\frac{13}{18} - \frac{7}{18} = \frac{13-7}{18} = \frac{6}{18} = \frac{1}{3}$
- $\frac{2}{11} - \frac{13}{11} = \frac{2-13}{11} = \frac{-11}{11} = -1$

e)

$p - q = \frac{2}{3} - 1{,}2$

$= \frac{2}{3} - \frac{6}{5}$

$= \frac{10}{15} - \frac{18}{15}$

$= -\frac{8}{15}$

f) Beschreibe, wie man die Differenz zweier rationaler Zahlen berechnet.

Subtraktion der Zahl q von der Zahl p:

- Stelle die Zahlen durch gleichnamige Brüche dar.
- Subtrahiere die Brüche: Zähler subtrahieren, Nenner beibehalten.
- Der neue Bruch stellt die Differenz p - q dar.

12. a)

$\frac{13}{8} - \frac{7}{8} = \frac{3}{4}$	$\frac{4}{9} - \frac{16}{9} = -\frac{4}{3}$	$\frac{8}{15} - \frac{11}{15} = -\frac{1}{5}$
$\frac{11}{5} - \frac{6}{5} = 1$	$\frac{1}{7} - \frac{15}{7} = -2$	$\frac{37}{60} - \frac{29}{60} = \frac{2}{15}$

b) Beide verwenden die Definition der Subtraktion, wobei Silvester diese Definition nur auf die Zähler anwendet, Wurzel dagegen auf die Subtraktion über $\mathbb{Q}$.

c)

$\frac{3}{7} - \frac{-2}{7} = \frac{5}{7}$	$\frac{7}{3} - \frac{-8}{3} = 5$	$\frac{-9}{5} - \frac{-6}{5} = -\frac{3}{5}$
$\frac{9}{20} - \frac{-7}{20} = \frac{4}{5}$	$\frac{-7}{3} - \frac{-8}{3} = \frac{1}{3}$	$\frac{-11}{8} - \frac{-3}{8} = -1$

d) $-\frac{3}{4} - \frac{7}{4} = \frac{-3}{4} - \frac{7}{4} = \frac{-3-7}{4} = \frac{-10}{4} = -\frac{5}{2}$

$-\frac{8}{7} - \frac{6}{7} = \frac{-8}{7} - \frac{6}{7} = \frac{-8-6}{7} = -2.$

e)
- $\frac{11}{8} - \left(-\frac{7}{8}\right) = \frac{11}{8} + \frac{7}{8} = \frac{18}{8} = \frac{9}{4}$
- $\frac{11}{12} - \left(-\frac{13}{12}\right) = \frac{11}{12} + \frac{13}{12} = \frac{24}{12} = 2$
- $-\frac{17}{20} - \left(-\frac{7}{20}\right) = \frac{-17}{20} + \frac{7}{20} = -\frac{1}{2}$

13. a) $\frac{11}{12} - \frac{2}{3} = \frac{11}{12} - \frac{8}{12} = \frac{3}{12} = \frac{1}{4}$

b) $\frac{3}{4} - \frac{7}{9} = \frac{27}{36} - \frac{28}{36} = -\frac{1}{36}$

c) $-\frac{2}{15} - \frac{7}{10} = \frac{-4}{30} - \frac{21}{30} = \frac{-25}{30} = -\frac{5}{6}$

d) $-\frac{2}{21}$ f) $-\frac{16}{15}$ h) $-\frac{7}{24}$ j) $\frac{5}{7}$

e) $\frac{11}{40}$ g) $\frac{1}{36}$ i) $-\frac{21}{20}$ k) $-\frac{2}{5}$

14. a) $\frac{1}{2}$ c) $-\frac{5}{9}$ e) $-\frac{7}{6}$

b) $\frac{5}{6}$ d) $-\frac{28}{45}$ f) -1

15. a)

-	$\frac{3}{2}$	$\frac{2}{3}$	$-\frac{3}{4}$	-1
2	$\frac{1}{2}$	$\frac{4}{3}$	$\frac{11}{4}$	3
$\frac{3}{4}$	$-\frac{3}{4}$	$\frac{1}{12}$	$\frac{3}{2}$	$\frac{7}{4}$
$\frac{1}{2}$	-1	$-\frac{1}{6}$	$\frac{5}{4}$	$\frac{3}{2}$
$-\frac{2}{3}$	$-\frac{13}{6}$	$-\frac{4}{3}$	$\frac{1}{12}$	$\frac{1}{3}$

b)

-	$\frac{1}{2}$	$-\frac{5}{8}$	$\frac{5}{6}$	$-\frac{3}{8}$
$\frac{7}{5}$	$\frac{9}{10}$	$\frac{81}{40}$	$\frac{17}{30}$	$\frac{71}{40}$
$\frac{5}{6}$	$\frac{1}{3}$	$\frac{35}{24}$	0	$\frac{29}{24}$
$\frac{3}{8}$	$-\frac{1}{8}$	1	$-\frac{11}{24}$	$\frac{3}{4}$
$\frac{7}{6}$	$\frac{2}{3}$	$\frac{43}{24}$	$\frac{1}{3}$	$\frac{37}{24}$

16. a) $-\frac{49}{36}$ d) $\frac{1}{20}$ g) $\frac{17}{14}$

b) $-\frac{7}{36}$ e) $-\frac{16}{21}$ h) $\frac{31}{35}$

c) $-\frac{23}{5}$ f) $\frac{53}{60}$ i) $-\frac{1}{18}$

17.

$\frac{7}{10} + \frac{1}{10} = \frac{4}{5}$ $-\frac{1}{4} + \frac{2}{5} = \frac{3}{20}$ $2 + \frac{4}{7} = \frac{18}{7}$

$\frac{4}{5} - \frac{1}{10} = \frac{7}{10}$ $\frac{3}{20} - \frac{2}{5} = -\frac{1}{4}$ $\frac{18}{7} - \frac{4}{7} = 2$

$\frac{1}{6} + \frac{1}{3} = \frac{1}{2}$ $-\frac{4}{3} + \frac{5}{6} = -\frac{1}{2}$ $\frac{8}{5} + \frac{-3}{5} = 1$

$\frac{1}{2} - \frac{1}{3} = \frac{1}{6}$ $-\frac{1}{2} - \frac{5}{6} = -\frac{4}{3}$ $1 - \frac{-3}{5} = 1 + \frac{3}{5} = \frac{8}{5}$

18. a)

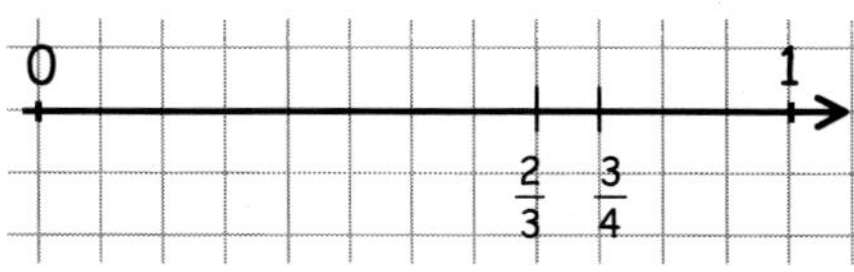

Abstand: $\frac{3}{4} - \frac{2}{3} = \frac{9}{12} - \frac{8}{12} = \frac{1}{12}$

b) $\frac{2}{5} - \frac{5}{13} = \frac{26}{65} - \frac{25}{65} = \frac{1}{65}$

$\frac{5}{13} - \frac{2}{5} = \frac{25}{65} - \frac{26}{65} = \frac{-1}{65}$

Die Ergebnisse unterscheiden sich durch das Vorzeichen. Ein Abstand kann allerdings nie negativ sein.

c) Bilde die Beträge der Differenzen.

- $\left|\frac{5}{13} - \frac{2}{5}\right| = \left|\frac{25}{65} - \frac{26}{65}\right| = \left|\frac{-1}{65}\right| = \frac{1}{65}$
- $\left|\frac{2}{5} - \frac{5}{13}\right| = \left|\frac{26}{65} - \frac{25}{65}\right| = \left|\frac{1}{65}\right| = \frac{1}{65}$

19. a) Berechne den Abstand der Zahlen *p* und *q*.

p	$\frac{1}{5}$	$\frac{2}{5}$	$-\frac{2}{7}$	$\frac{1}{8}$	$-\frac{3}{4}$
q	$\frac{1}{6}$	$\frac{2}{3}$	$\frac{2}{7}$	$-\frac{5}{8}$	$-\frac{5}{12}$
Abstand	$\frac{1}{30}$	$\frac{4}{15}$	$\frac{4}{7}$	$\frac{3}{4}$	$\frac{1}{3}$

Abstand von p und q = $|p - q|$

b) $\frac{17}{12}$ c) $\frac{2}{3} - \frac{1}{2} = \frac{1}{6}$; $\frac{2}{3} + \frac{1}{2} = \frac{7}{6}$.

d) $\frac{3}{2}$

20. a)

$$x + \frac{2}{5} \geq 1 \quad \left| -\frac{2}{5}\right.$$
$$x \geq \frac{3}{5}$$
$$L = \left[\frac{3}{5}; \infty\right[$$

b)

$$x - \frac{5}{8} < \frac{7}{8} \quad \left| +\frac{5}{8}\right.$$
$$x < \frac{12}{8} = \frac{3}{2}$$
$$L = \left]-\infty; \frac{3}{2}\right[$$

c)

$$\frac{5}{3} + x > -\frac{1}{3} \quad \left| -\frac{5}{3}\right.$$
$$x > -2$$
$$L = \left]-2; \infty\right[$$

Rechengesetze

21. a)

$$\frac{7}{15} + \frac{3}{4} - \frac{2}{15} = \frac{28}{60} + \frac{45}{60} - \frac{8}{60} = \frac{73}{60} - \frac{8}{60} = \frac{65}{60} = \frac{13}{12}$$

$$-\frac{3}{7} - \frac{9}{20} + \frac{6}{5} = -\frac{60}{140} - \frac{63}{140} + \frac{168}{140} = -\frac{123}{140} + \frac{168}{140} = \frac{45}{140} = \frac{9}{28}$$

b) Ja.

$$\frac{7}{15} - \frac{2}{15} + \frac{3}{4} = \frac{1}{3} + \frac{3}{4} = \frac{4}{12} + \frac{9}{12} = \frac{13}{12}$$

$$\frac{6}{5} - \frac{9}{20} - \frac{3}{7} = \frac{24}{20} - \frac{9}{20} - \frac{3}{7} = \frac{3}{4} - \frac{3}{7} = \frac{9}{28}$$

22. a)

$$\frac{5}{7} + \left(\frac{2}{7} - \frac{3}{5}\right) = \frac{5}{7} + \left(\frac{10}{35} - \frac{21}{35}\right) = \frac{5}{7} + \left(-\frac{11}{35}\right) = \frac{25}{35} - \frac{11}{35} = \frac{14}{35} = \frac{2}{5}$$

$$\frac{13}{8} - \left(\frac{7}{8} + \frac{3}{5}\right) = \frac{13}{8} - \left(\frac{35}{40} + \frac{24}{40}\right) = \frac{13}{8} - \frac{59}{40} = \frac{65}{40} - \frac{59}{40} = \frac{6}{40} = \frac{3}{20}$$

b) Ja.

$$\frac{5}{7} + \frac{2}{7} - \frac{3}{5} = 1 - \frac{3}{5} = \frac{2}{5}$$

$$\frac{13}{8} - \frac{7}{8} - \frac{3}{5} = \frac{3}{4} - \frac{3}{5} = \frac{15}{20} - \frac{12}{20} = \frac{3}{20}$$

23.

a) $\frac{23}{15} - \frac{5}{4} + \frac{7}{15}$
$= 2 - \frac{5}{4}$
$= \frac{3}{4}$

b) $\frac{25}{28} + \frac{13}{35} - \frac{5}{28} + \frac{32}{35}$
$= \frac{5}{7} + \frac{9}{7}$
$= 2$

c) $-\frac{9}{8} + \frac{9}{7} + \frac{19}{12} - \frac{5}{8} - \frac{5}{6}$
$= -\frac{7}{4} + \frac{3}{4} + \frac{9}{7}$
$= -1 + \frac{9}{7} = \frac{2}{7}$

d) -1

e) 0

f) $\frac{7}{3}$

g) $-\frac{4}{5}$

h) $\frac{1}{4}$

i) $-\frac{5}{18}$

24.

a) $\frac{9}{7} - \left(\frac{3}{5} + \frac{2}{7}\right)$
$= \frac{9}{7} - \frac{3}{5} - \frac{2}{7}$
$= 1 - \frac{3}{5} = \frac{2}{5}$

b) $\left(\frac{4}{9} - \frac{9}{4}\right) - \left(\frac{4}{9} - 1\right)$
$= \frac{4}{9} - \frac{9}{4} - \frac{4}{9} + 1$
$= -\frac{9}{4} + 1 = -\frac{5}{4}$

c) $3 - \left(\frac{3}{4} + \frac{1}{3}\right) + \left(\frac{1}{4} - \frac{1}{6}\right)$
$= 3 - \frac{3}{4} - \frac{1}{3} + \frac{1}{4} - \frac{1}{6}$
$= 3 - \frac{1}{2} - \frac{1}{2} = 2$

d) $\frac{16}{7}$

e) $-\frac{4}{3}$

f) $-\frac{5}{4}$

g) $-\frac{11}{18}$

h) $\frac{3}{4}$

i) $-\frac{4}{7}$

25. a) Rechnung: $\frac{2}{15} + \frac{1}{5} + \frac{1}{6} + \frac{1}{6} = \frac{4}{30} + \frac{6}{30} + \frac{5}{30} + \frac{5}{30} = \frac{20}{30} = \frac{2}{3}$

$1 - \frac{2}{3} = \frac{1}{3}$

Antwort: Der Schüleranteil von Bruchstadt beträgt $\frac{1}{3}$.

b) Rechnung: $\frac{1}{2} + \frac{1}{3} + \frac{1}{4} = \frac{6}{12} + \frac{4}{12} + \frac{3}{12} = \frac{13}{12} > 1$

Antwort: Kann nicht sein, denn die Summe aller Anteile ist größer als das Ganze.

26. a) $\frac{4}{9} + \frac{1}{4} + \frac{3}{20} = \frac{38}{45}$; $1 - \frac{38}{45} = \frac{7}{45}$

Fabian hat am vierten Tag $\frac{7}{45}$ seines Taschengeldes ausgegeben.

b) $\frac{7}{45} = \frac{28}{180}$; $\frac{3}{20} = \frac{27}{180}$; also: $\underbrace{\frac{3}{20}}_{\text{3. Tag}} < \frac{7}{45} < \frac{1}{4} < \underbrace{\frac{4}{9}}_{\text{1. Tag}}$

Fabian hat am dritten Tag am wenigsten, am ersten Tag am meisten ausgegeben.

27. a)

b)

c) ① $\frac{5}{12}\,\text{m}$ ② $\frac{7}{10}\,\text{t}$ ③ $2\frac{3}{5}\,\text{min}$ ④ $10\frac{1}{4}\,\text{m}^3$ ⑤ $\frac{7}{20}\,\text{kg}$ ⑥ $1\,\text{h}$

28. $\frac{1}{2}\,\text{km} + \left(\frac{3}{2}\,\text{km} - \frac{2}{5}\,\text{km}\right) = \frac{1}{2}\,\text{km} + \frac{3}{2}\,\text{km} - \frac{2}{5}\,\text{km} = 2\,\text{km} - \frac{2}{5}\,\text{km} = \frac{8}{5}\,\text{km}$

29. Silvester ist Erster.

Vorsprung: $\frac{5}{4}\text{h} - \frac{4}{3}\text{h} = \frac{1}{12}\text{h}$.

30. $U = 5\frac{1}{4}\,\text{m}$

31. a) $\frac{1}{2}\,\ell$, $\frac{7}{12}\,\ell$, $\frac{3}{4}\,\ell$, $\frac{2}{3}\,\ell$, $\frac{5}{6}\,\ell$, $1\,\ell$

b) $\frac{11}{12}\,\ell = \frac{1}{3}\,\ell + \frac{1}{3}\,\ell + \frac{1}{4}\,\ell$; $\frac{13}{12}\,\ell = \frac{1}{2}\,\ell + \frac{1}{3}\,\ell + \frac{1}{4}\,\ell$

c) $\frac{1}{6}\,\ell = \frac{1}{2}\,\ell - \frac{1}{3}\,\ell$: Fülle den Becher bis zur Marke $\frac{1}{2}\,\ell$. Fülle dann bis zur Marke $\frac{1}{3}\,\ell$ in ein zweites Gefäß um.

$\frac{1}{12}\,\ell = \frac{1}{3}\,\ell - \frac{1}{4}\,\ell$

32. Eine solche Verteilung ist nicht möglich, weil $\frac{1}{3} + \frac{1}{4} + \frac{1}{5} + \frac{1}{6} + \frac{1}{7} = \frac{153}{140} > 1$.

Addition und Subtraktion in dezimaler Schreibweise

33. a)

- 2,3 + 0,6 = 2,9
- 4,5 − 0,8 = 3,7
- 5,8 + 1,7 = 7,5
- 6,1 − 2,3 = 3,8
- 0,32 + 0,24 = 0,56
- $0{,}2 + \frac{1}{2} = 0{,}7$

b)

0,85 + 1,9 $= \frac{85}{100} + \frac{19}{10} = \frac{275}{100} = 2{,}75$

1,2 − 1,06 $= \frac{12}{10} - \frac{106}{100} = \frac{120}{100} - \frac{106}{100} = \frac{14}{100} = 0{,}14$

0,243 + 0,3 $= \frac{243}{1000} + \frac{3}{10} = \frac{243}{1000} + \frac{300}{1000} = \frac{543}{1000} = 0{,}543$

c) Silvesters Rechenrezept funktioniert nicht.

d)

Addition und Subtraktion von Dezimalbrüchen

- Schreibe die Summanden mit gleich vielen Dezimalen.
- Addiere (subtrahiere) ohne auf das Komma zu achten.
- Streiche im Ergebnis so viele Dezimalen ab wie die Summanden haben.

34.

6,3 + 5,4 = 11,7	4,2 + 0,73 = 4,93	1 − 2,6 = −1,6
9,6 − 3,7 = 5,9	6,75 − 1,5 = 5,25	−8,2 + 9,6 = 1,4
0,17 + 0,08 = 0,25	1,82 + 6,2 = 8,02	2,4 − 6,6 = −4,2
2,47 − 1,37 = 1,1	0,81 − 0,773 = 0,037	0,12 − 0,8 = −0,68

35.

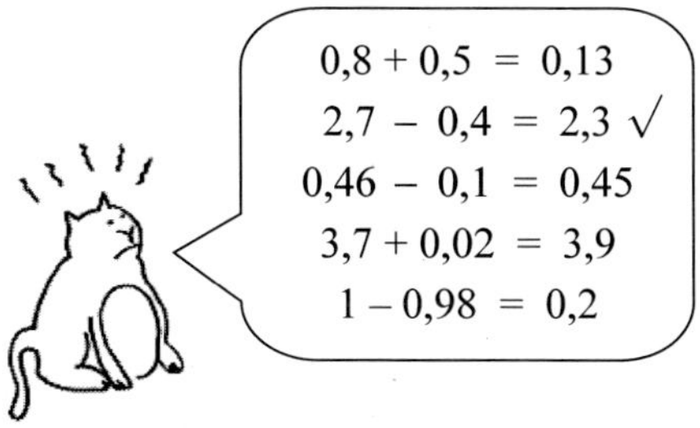

Berichtigung:

0,8 + 0,5 = 1,3

0,46 − 0,1 = 0,36

3,7 + 0,02 = 3,72

1 − 0,98 = 0,02

36. a) 2,6 b) 15,8 c) 0,1 d) −7,89 e) −2,1 f) 10,3

37. a)
$$\begin{array}{r} 3{,}58 \\ +\;9{,}627 \\ {\scriptstyle 1\;1\;\;1} \\ \hline 13{,}207 \end{array}$$

b)
$$\begin{array}{r} 31{,}075 \\ +\;9{,}89 \\ {\scriptstyle 1\;\;\;1} \\ \hline 40{,}965 \end{array}$$

c)
$$\begin{array}{r} 15{,}755 \\ -\;6{,}76 \\ {\scriptstyle 1\;\;1\;1} \\ \hline 8{,}995 \end{array}$$

d)
$$\begin{array}{r} 74{,}45 \\ -\;28{,}772 \\ {\scriptstyle 1\;1\;1\;1} \\ \hline 45{,}678 \end{array}$$

e) 321,123 f) 518,67 g) –84,35

38.

Zahl	0,64	0,91	0,05	0,999	0,333	0,006
Ergänzungszahl	0,36	0,09	0,95	0,001	0,667	0,994

39. a) Gedachte Zahl: x

$x - 3{,}65 = 2{,}8 \quad | + 3{,}65$

$x = 6{,}45$

b) ① $x = 1{,}1$ ② $x = 3{,}8$ ③ $x = 3{,}2$

Multiplikation

40. a) / b)

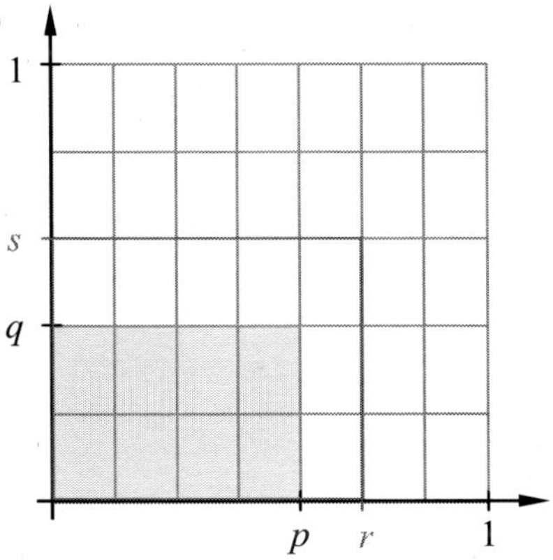

b) • $r \cdot s =$ 15 von 35 Rechtecken $= \frac{15}{35} = \frac{3}{7}$; Silvester hat Recht.

• Siehe oben.

c) Multiplikation der Zahlen p und q

- Stelle die Zahlen durch Brüche dar.
- Multipliziere die Brüche: Zähler mal Zähler, Nenner mal Nenner.
- Der neue Bruch stellt das Produkt p · q dar.

41. a)

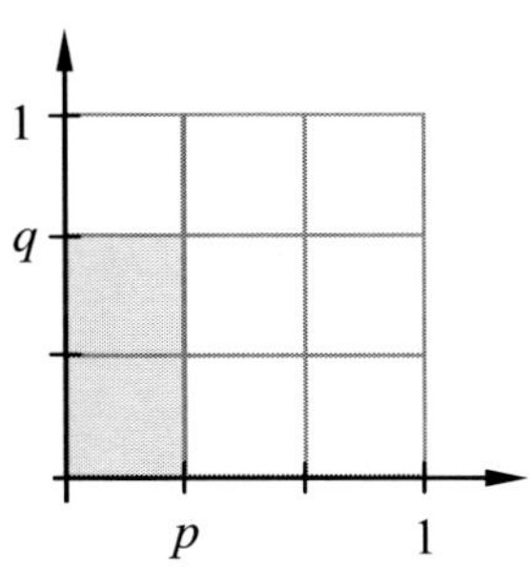

$p \cdot q = \frac{1}{3} \cdot \frac{2}{3} = \frac{2}{9}$

c)

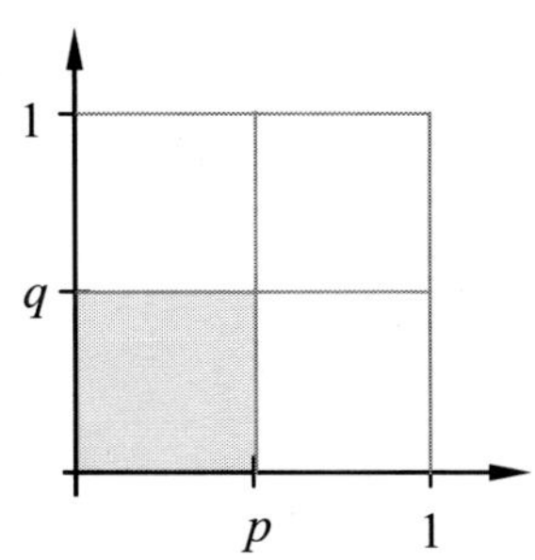

$p \cdot q = \frac{1}{2} \cdot \frac{1}{2} = \frac{1}{4}$

b)

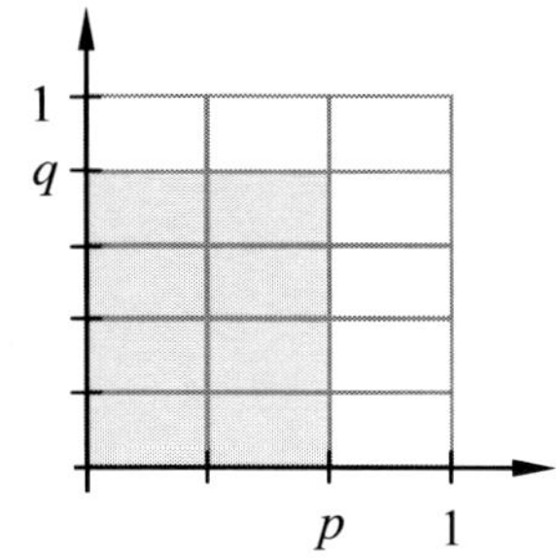

$p \cdot q = \frac{2}{3} \cdot \frac{4}{5} = \frac{8}{15}$

d)

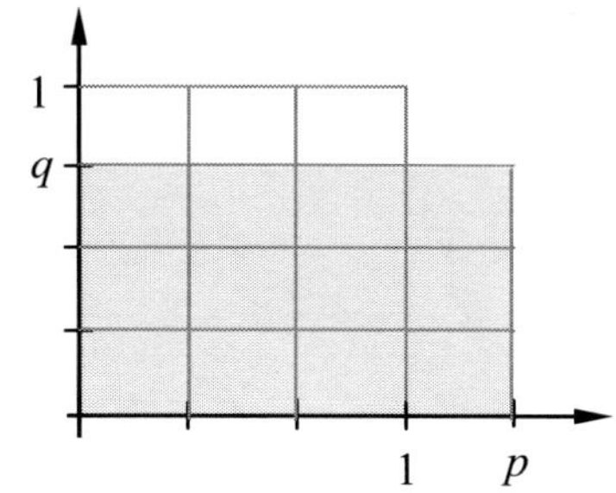

$p \cdot q = \frac{4}{3} \cdot \frac{3}{4} = 1$

42. a)

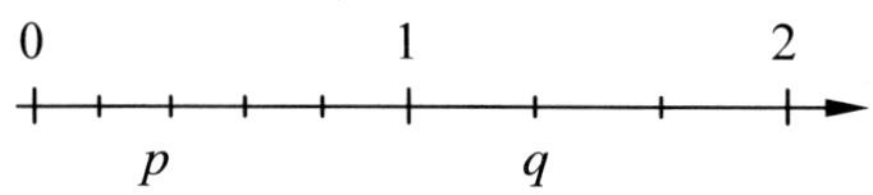

$p \cdot q = \frac{2}{5} \cdot \frac{4}{3} = \frac{8}{15}$

b) Unabhängig von der Bruchdarstellung erhält man stets das gleiche Produkt.

c) $p \cdot q = \frac{6}{15} \cdot \frac{20}{15} = \frac{120}{225} = \frac{8}{15}$

Diese Vorsichtsmaßnahme ist unnötig!

43.

a) $\frac{1}{2} \cdot \frac{3}{4} = \frac{3}{8}$	d) $\frac{5}{4} \cdot \frac{7}{12} = \frac{35}{48}$	g) $\frac{-3}{4} \cdot \frac{5}{7} = -\frac{15}{28}$
b) $\frac{1}{3} \cdot \frac{5}{3} = \frac{5}{9}$	e) $\frac{9}{20} \cdot \frac{3}{5} = \frac{27}{100}$	h) $\frac{-9}{5} \cdot \frac{-1}{8} = \frac{9}{40}$
c) $\frac{7}{10} \cdot \frac{3}{8} = \frac{21}{80}$	f) $\frac{7}{4} \cdot \frac{13}{15} = \frac{91}{60}$	i) $\frac{-6}{5} \cdot \frac{6}{-7} = \frac{36}{35}$

44. a) Silvester multipliziert zuerst und kürzt dann, während Wurzel zuerst kürzt und dann multipliziert.

Lehre: Vor dem Multiplizieren zunächst kürzen!

b)

$\frac{8}{14} \cdot \frac{15}{9} = \frac{4}{7} \cdot \frac{5}{3} = \frac{20}{21}$	$\frac{36}{48} \cdot \frac{11}{25} = \frac{3}{4} \cdot \frac{11}{25} = \frac{33}{100}$
$\frac{35}{15} \cdot \frac{8}{32} = \frac{7}{3} \cdot \frac{1}{4} = \frac{7}{12}$	$\frac{-39}{26} \cdot \frac{24}{40} = \left(-\frac{3}{2}\right) \cdot \frac{3}{5} = -\frac{9}{10}$
$\frac{14}{21} \cdot \frac{44}{33} = \frac{2}{3} \cdot \frac{4}{3} = \frac{8}{9}$	$\frac{-85}{34} \cdot \frac{70}{-84} = \left(-\frac{5}{2}\right) \cdot \left(-\frac{5}{6}\right) = \frac{25}{12}$

45. Wurzel sucht nach Kürzungsmöglichkeiten zwischen irgendeinem Faktor im Zähler mit irgendeinem Faktor im Nenner.

a) $\frac{5}{14}$ c) $\frac{4}{3}$ e) $\frac{1}{9}$ g) $\frac{21}{40}$

b) $\frac{14}{27}$ d) $\frac{8}{35}$ f) $\frac{21}{32}$ h) $\frac{9}{25}$

46. a) $5 \cdot \frac{3}{8}$ Kuchen $= \frac{15}{8}$ Kuchen

b)
- $5 \cdot \frac{3}{8} = \frac{5}{1} \cdot \frac{3}{8} = \frac{15}{8}$
- $a \cdot \frac{b}{c} = \frac{a}{1} \cdot \frac{b}{c} = \frac{a \cdot b}{c}$

c) Wir multiplizieren einen Bruch mit einer ganzen Zahl, indem wir den Zähler mit der Zahl multiplizieren.

47. a)

$4 \cdot \frac{2}{5} = \frac{8}{5}$	$\frac{1}{2} \cdot 14 = 7$	$6 \cdot \frac{-3}{8} = -\frac{9}{4}$
$2 \cdot \frac{3}{7} = \frac{6}{7}$	$\frac{2}{9} \cdot 15 = \frac{10}{3}$	$(-12) \cdot \frac{7}{4} = -21$
$3 \cdot \frac{1}{6} = \frac{1}{2}$	$\frac{3}{2} \cdot 50 = 75$	$\frac{-7}{12} \cdot (-8) = \frac{14}{3}$
$3 \cdot \frac{2}{3} = 2$	$\frac{3}{5} \cdot 180 = 108$	$\frac{3}{-8} \cdot 1000 = -375$

b) $9\,\ell$ / $8\frac{2}{5}\,\ell$

c) Die Aussage ist falsch, denn $5 \cdot \frac{2}{3} = \frac{10}{3} = 3\frac{1}{3} \neq 5\frac{2}{3}$.

48. a)
- $\frac{3}{4} \cdot 3\frac{1}{3} = \frac{3}{4} \cdot \frac{10}{3} = \frac{5}{2}$
- $1\frac{3}{4} \cdot 1\frac{3}{5} = \frac{7}{4} \cdot \frac{8}{5} = \frac{14}{5} = 2\frac{4}{5}$

b) Silvester multipliziert zunächst die ganzen Zahlen und dann die Brüche; das ist falsch.

$3\frac{1}{2} \cdot 2\frac{3}{5} = \frac{7}{2} \cdot \frac{13}{5} = \frac{91}{10} = 9\frac{1}{10}$

c) ① $2\frac{4}{5}$ ④ $6\frac{1}{4}$

② 100 ⑤ $9\frac{3}{5}$

③ $7\frac{1}{2}$ ⑥ 15

49. a)

$\left(-\frac{3}{4}\right) \cdot \left(-\frac{1}{2}\right) = \frac{3}{8}$

$\frac{3}{4} \cdot \frac{1}{2} = \frac{3}{8}$

$\left(-\frac{2}{3}\right) \cdot \frac{4}{5} = -\frac{8}{15}$

$\frac{2}{3} \cdot \left(-\frac{4}{5}\right) = -\frac{8}{15}$

$-\frac{2}{3} \cdot \frac{4}{5} = -\frac{8}{15}$

b)

Multiplikationsregeln für Gegenzahlen

(1) $(-p)\cdot(-q) = p\cdot q$, (2) $(-p)\cdot q = p\cdot(-q) = -p\cdot q$.

c)

$\left(-\frac{3}{8}\right)\cdot\left(-\frac{3}{2}\right) = \frac{9}{16}$	$(-8)\cdot\left(-\frac{5}{12}\right) = \frac{10}{3}$
$\left(-\frac{3}{4}\right)\cdot\frac{5}{7} = -\frac{15}{28}$	$\left(-\frac{4}{15}\right)\cdot\frac{9}{10} = -\frac{6}{25}$
$\frac{7}{8}\cdot(-3) = -\frac{21}{8}$	$\left(-\frac{24}{9}\right)\cdot\left(-\frac{21}{28}\right) = 2$

d)

·	+	-
+	+	-
-	-	+

50. a)

·	$-\frac{4}{3}$	$-\frac{2}{5}$	$\frac{1}{2}$	$\frac{5}{4}$
-3	4	$\frac{6}{5}$	$-\frac{3}{2}$	$-\frac{15}{4}$
$-\frac{2}{3}$	$\frac{8}{9}$	$\frac{4}{15}$	$-\frac{1}{3}$	$-\frac{5}{6}$
$\frac{3}{4}$	-1	$-\frac{3}{10}$	$\frac{3}{8}$	$\frac{15}{16}$
$\frac{4}{5}$	$-\frac{16}{15}$	$-\frac{8}{25}$	$\frac{2}{5}$	1

b)

$\frac{3}{500}$

$-\frac{1}{20}$ | $-\frac{3}{25}$

$-\frac{1}{6}$ | $\frac{3}{10}$ | $-\frac{2}{5}$

$\frac{1}{3}$ | $-\frac{1}{2}$ | $-\frac{3}{5}$ | $\frac{2}{3}$

$\frac{1}{2}$ | $\frac{2}{3}$ | $-\frac{3}{4}$ | $\frac{4}{5}$ | $\frac{5}{6}$

Bruchteile

51. a)

$\frac{1}{7}$ von 63 = 9	$\frac{3}{5}$ von 100 € = 60 €	$\frac{4}{9}$ von 54 kg = 24 kg

b) Silvester berechnet zunächst den dritten Teil von 5 und verdoppelt dann.

c) $\frac{2}{3}$ von 5 $= \frac{2}{3} \cdot 5 = \frac{10}{3}$

d) $\frac{2}{3}$ des Flächeninhalts des großen Rechtecks

= Flächeninhalt des dunkel unterlegten Rechtecks

= Breite · Länge

$= \frac{2}{3} \cdot 5$

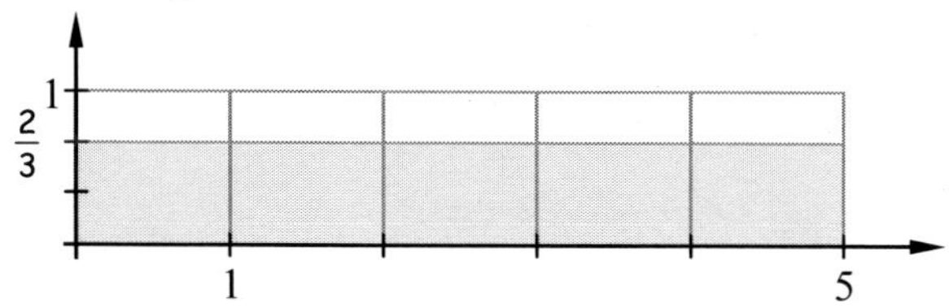

52.

$\frac{3}{4}$ von 6 kg $= \frac{3}{4} \cdot 6$ kg $= \frac{9}{2}$ kg	$\frac{5}{6}$ von 4 h $= \frac{10}{3}$ h
$\frac{5}{12}$ von 3 ℓ $= \frac{5}{12} \cdot 3$ ℓ $= \frac{5}{4}$ ℓ	$\frac{2}{15}$ von 6 $= \frac{4}{5}$
$\frac{7}{10}$ von 12 m $= \frac{7}{10} \cdot 12$ m $= \frac{42}{5}$ m	$\frac{5}{4}$ von 800 = 1000

53. Ja, denn $\frac{5}{7} \cdot 8 = \frac{40}{7} = \frac{8}{7} \cdot 5$.

54. a)

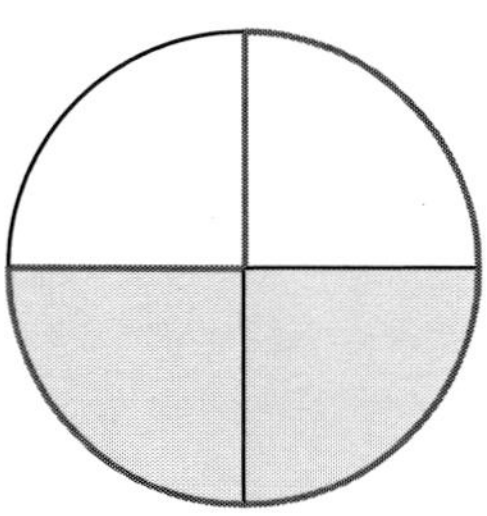

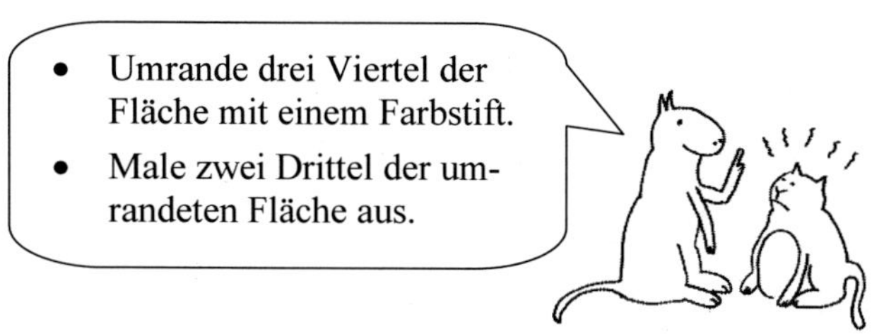

$\frac{2}{3}$ von $\frac{3}{4}$ der Kreisfläche $= \frac{1}{2}$ der Fläche

b) $\frac{2}{3}$ von $\frac{3}{4} = \frac{2}{3} \cdot \frac{3}{4} = \frac{1}{2}$ Ja!

c) $\frac{3}{8}$ von $\frac{4}{5}$ ℓ $= \frac{3}{8} \cdot \frac{4}{5}$ ℓ $= \frac{3}{10}$ ℓ

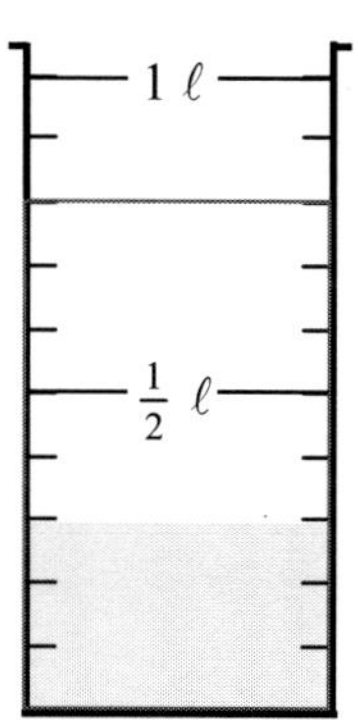

d)

Wir berechnen den Bruchteil $\frac{a}{b}$ **von einer Zahl (Größe),** indem wir die Zahl (Größe) mit dem Bruch $\frac{a}{b}$ multiplizieren.

$\frac{5}{6}$ von $\frac{4}{5} = \frac{5}{6} \cdot \frac{4}{5} = \frac{2}{3}$

$\frac{4}{9}$ von $\frac{3}{8}$ kg $= \frac{4}{9} \cdot \frac{3}{8}$ kg $= \frac{1}{6}$ kg

55. a)

$\frac{1}{3}$ von $\frac{9}{10} = \frac{1}{3} \cdot \frac{9}{10} = \frac{3}{10}$	$\frac{1}{4}$ von $\frac{3}{2}$ m $= \frac{1}{4} \cdot \frac{3}{2}$ m $= \frac{3}{8}$ m
$\frac{2}{5}$ von $\frac{5}{4} = \frac{2}{5} \cdot \frac{5}{4} = \frac{1}{2}$	$\frac{4}{7}$ von $\frac{7}{6}$ h $= \frac{4}{7} \cdot \frac{7}{6}$ h $= \frac{2}{3}$ h
$\frac{5}{6}$ von $\frac{3}{2} = \frac{5}{6} \cdot \frac{3}{2} = \frac{5}{4}$	$\frac{3}{4}$ von $\frac{8}{5}$ m^2 $= \frac{3}{4} \cdot \frac{8}{5}$ m^2 $= \frac{6}{5}$ m^2

b) Ja.

Der Bruchteil $\frac{3}{4}$ **von** $\frac{4}{9}$ ist das $\frac{3}{4}$**-fache von** $\frac{4}{9}$.

$\frac{3}{4}$ von $\frac{4}{9} = \frac{3}{4} \cdot \frac{4}{9} = \frac{1}{3}$

c) Siehe rechts.

$\frac{5}{2}$ von $\frac{3}{10} = \frac{5}{2} \cdot \frac{3}{10} = \frac{3}{4}$

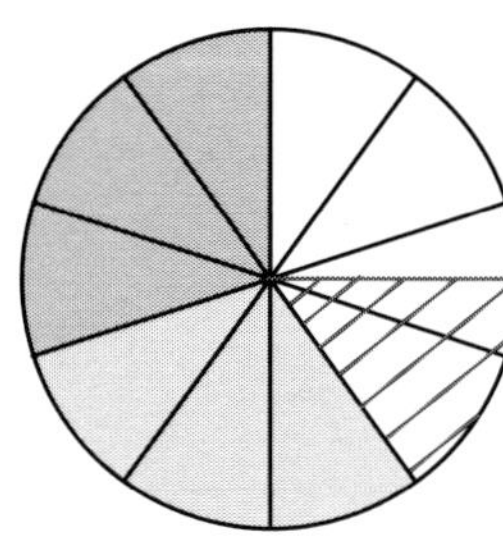

56. a)
- $3\frac{1}{5}$
- 5
- $3\frac{1}{4}$ ℓ
- $5\frac{1}{2}$ min

b)
- $\frac{3}{10}$
- $\frac{1}{15}$
- $\frac{9}{8}$
- $\frac{3}{4}$ kg
- 1 €
- $\frac{1}{10}$ d

57. a) 18 min b) 72 min

58. a) 12 b) $\frac{2}{5}$ der Klasse

59. $\frac{2}{3}$

Rechengesetze

60. Mehrgliedrige Produkte

a)

$\frac{10}{7}\cdot\frac{8}{9}\cdot\frac{7}{5}\cdot\frac{3}{4}$	$\frac{7}{5}\cdot\frac{10}{7}\cdot\frac{3}{4}\cdot\frac{8}{9}$	$\frac{10}{7}\cdot\left(\frac{8}{9}\cdot\left(\frac{7}{5}\cdot\frac{3}{4}\right)\right)$	$\left(\frac{10}{7}\cdot\frac{7}{5}\right)\cdot\left(\frac{8}{9}\cdot\frac{3}{4}\right)$
$=\frac{80}{63}\cdot\frac{7}{5}\cdot\frac{3}{4}$	$=2\cdot\frac{3}{4}\cdot\frac{8}{9}$	$=\frac{10}{7}\cdot\left(\frac{8}{9}\cdot\frac{21}{20}\right)$	$=2\cdot\frac{2}{3}$
$=\frac{16}{9}\cdot\frac{3}{4}$	$=\frac{3}{2}\cdot\frac{8}{9}$	$=\frac{10}{7}\cdot\frac{14}{15}$	$=\frac{4}{3}$
$=\frac{4}{3}$	$=\frac{4}{3}$	$=\frac{4}{3}$	

b) In Produkten dürfen wir Faktoren beliebig vertauschen und zu Teilprodukten zusammenfassen.

61. Silvesters Rechnung ist richtig.

a) $\frac{1}{10}\cdot 5a = \frac{1}{2}a$	d) $\frac{3}{8}u\cdot\frac{2}{9} = \frac{1}{12}u$
b) $3\cdot\frac{2}{9}b = \frac{2}{3}b$	e) $\frac{4}{7}x\cdot\frac{7}{4} = x$
c) $\frac{2}{3}\cdot\frac{6}{5}r = \frac{4}{5}r$	f) $\frac{3}{2}y\cdot\frac{4}{3}y = \frac{3}{2}\cdot\frac{4}{3}\cdot y\cdot y = 2y^2$

62. a) $\frac{6}{5}$ d) $\frac{1}{2}$

b) $\frac{25}{12}$ e) $\frac{3}{5}$

c) $\frac{45}{28}$ f) 1

63. a) $-\frac{1}{24}$ d) $\frac{1}{4}$

b) $-\frac{2}{5}$ e) -210

c) $\frac{5}{16}$ f) $\frac{10}{9}$

64. a) $V = \frac{2}{3}\text{m}\cdot\frac{3}{4}\text{m}\cdot\frac{6}{5}\text{m} = \frac{3}{5}\text{m}^3$

b) $\left(\frac{3}{4}\text{m}\right)^3 = \left(\frac{3}{4}\right)^3\text{m}^3 = \frac{27}{64}\text{m}^3 < \frac{32}{64}\text{m}^3 = \frac{1}{2}\text{m}^3$. Nein.

c) $V = 30\cdot\left(\frac{2}{5}\text{m}\right)^3 = 30\cdot\frac{8}{125}\text{m}^3 = \frac{48}{25}\text{m}^3$

65. a) $\frac{11}{24}$ e) $\frac{1}{4}$

b) $-\frac{2}{3}$ f) $\frac{7}{10}$

c) $\frac{3}{40}$ g) $-\frac{5}{21}$

d) $\frac{5}{14}$ h) $\frac{16}{15}$

66. a) $\frac{2}{5}\cdot\left(\frac{15}{2}+\frac{5}{3}\right) = \frac{2}{5}\cdot\frac{55}{6} = \frac{11}{3}$ $\frac{7}{4}\cdot\left(\frac{6}{7}-\frac{8}{21}\right) = \frac{7}{4}\cdot\frac{10}{21} = \frac{5}{6}$

b) Das Anwenden des Distributivgesetzes ist erlaubt.

$\frac{2}{5}\cdot\frac{15}{2}+\frac{2}{3}\cdot\frac{5}{3} = 3+\frac{2}{3} = \frac{11}{3}$ $\frac{7}{4}\cdot\frac{6}{7}-\frac{7}{4}\cdot\frac{8}{21} = \frac{3}{2}-\frac{2}{3} = \frac{5}{6}$

c) Für alle p, q, r $\in \mathbb{Q}$ gilt: $p\cdot(q\pm r) = p\cdot q \pm p\cdot r$.

d) Beweis: $p\cdot(q+r) = \frac{a}{b}\cdot\left(\frac{c}{d}+\frac{e}{f}\right) = \frac{a}{b}\cdot\frac{cf+de}{d\cdot f} = \frac{a\cdot(cf+de)}{b\cdot d\cdot f} = \frac{acf+ade}{b\cdot d\cdot f}$

$= \frac{acf}{bdf}+\frac{ade}{bdf} = \frac{ac}{bd}+\frac{ae}{bf} = \frac{a}{b}\cdot\frac{c}{d}+\frac{a}{b}\cdot\frac{e}{f} = p\cdot q+p\cdot r.$

67. a) $\frac{9}{7}\cdot\left(\frac{7}{15}+\frac{7}{27}\right) = \frac{9}{7}\cdot\frac{7}{15}+\frac{9}{7}\cdot\frac{7}{27} = \frac{9}{15}+\frac{1}{3} = \frac{14}{15}$

b) $\frac{13}{8}\cdot\left(\frac{8}{13}-\frac{16}{17}\right) = \frac{13}{8}\cdot\frac{8}{13}-\frac{13}{8}\cdot\frac{16}{17} = 1-\frac{26}{17} = -\frac{9}{17}$

c) $10\cdot\left(\frac{3}{20}+\frac{1}{25}\right) = 10\cdot\frac{3}{20}+10\cdot\frac{1}{25} = \frac{3}{2}+\frac{2}{5} = \frac{19}{10}$

d) $\frac{5}{4}$ e) $\frac{37}{24}$ f) -1

68. a) $\frac{4}{7}\cdot\frac{2}{5}+\frac{4}{7}\cdot\frac{3}{5} = \frac{4}{7}\cdot\left(\frac{2}{5}+\frac{3}{5}\right) = \frac{4}{7}\cdot 1 = \frac{4}{7}$

b) $\frac{5}{8}\cdot\frac{13}{9}-\frac{5}{8}\cdot\frac{5}{9} = \frac{5}{8}\cdot\left(\frac{13}{9}-\frac{5}{9}\right) = \frac{5}{8}\cdot\frac{8}{9} = \frac{5}{9}$

c) $\frac{2}{9}\cdot 13+\frac{2}{9}\cdot 14 = \frac{2}{9}\cdot(13+14) = \frac{2}{9}\cdot 27 = 6$

d) $\frac{5}{22}$ e) $\frac{13}{42}$ f) $-\frac{10}{39}$

69. a)

- $\frac{5}{8}a + \frac{1}{8}a = \left(\frac{5}{8} + \frac{1}{8}\right) \cdot a = \frac{6}{8}a = \frac{3}{4}a$
- $\frac{5}{6}x - \frac{1}{3}x = \left(\frac{5}{6} - \frac{1}{3}\right) \cdot x = \frac{1}{2}x$

b)

$\frac{7}{4}b + \frac{5}{4}b = 3b$	$\frac{1}{2}x + \frac{1}{6}x = \frac{2}{3}x$	$\frac{2}{3}u + u = \frac{5}{3}u$
$\frac{2}{3}c - \frac{5}{3}c = -c$	$\frac{4}{5}h - \frac{1}{2}h = \frac{3}{10}h$	$y - \frac{3}{4}y = \frac{1}{4}y$

70. $12 \cdot \frac{7}{10}\text{kg} + 12 \cdot \frac{3}{5}\text{kg} + 1\frac{1}{4}\text{kg} = 16\frac{17}{20}\text{kg}$.

Multiplikation in dezimaler Schreibweise

71. a)

- $3 \cdot 1{,}5 = 4{,}5$
- $6 \cdot 0{,}3 = 1{,}8$
- $0{,}9 \cdot 7 = 6{,}3$
- $2 \cdot 1{,}38 = 2{,}76$
- $4 \cdot 0{,}75 = 3$
- $10 \cdot 0{,}52 = 5{,}2$

b)

$1{,}3 \cdot 0{,}7 = \frac{13}{10} \cdot \frac{7}{10} = \frac{91}{100} = 0{,}91$

$0{,}9 \cdot 0{,}21 = \frac{9}{10} \cdot \frac{21}{100} = \frac{189}{1000} = 0{,}189$

$7 \cdot 0{,}403 = 7 \cdot \frac{403}{1000} = \frac{2821}{1000} = 2{,}821$

c)

Multiplikation von Dezimalbrüchen

- Multipliziere ohne auf das Komma zu achten.
- Streiche im Ergebnis so viele Stellen ab wie die Faktoren zusammen haben.

72. a)

$0{,}8 \cdot 6 = 4{,}8$	$0{,}5 \cdot 0{,}9 = 0{,}45$	$0{,}06 \cdot 0{,}7 = 0{,}042$
$7 \cdot 1{,}2 = 8{,}4$	$0{,}3 \cdot 0{,}2 = 0{,}06$	$0{,}18 \cdot 0{,}6 = 0{,}108$
$0{,}2 \cdot 36 = 7{,}2$	$1{,}1 \cdot 1{,}2 = 1{,}32$	$40 \cdot 0{,}07 = 2{,}8$
$25 \cdot 1{,}6 = 40$	$1{,}5^2 = 2{,}25$	$0{,}8 \cdot 1{,}25 = 1$

b)

$0{,}6 \cdot (-7) = -4{,}2$	$(-0{,}3) \cdot 25 = -7{,}5$	$(-0{,}8) \cdot (-0{,}04) = 0{,}032$
$(-1{,}5) \cdot (-0{,}9) = 1{,}35$	$10{,}5 \cdot (-3) = -31{,}5$	$(-0{,}09)^2 = 0{,}0081$

73.

$4{,}23 \cdot 10 = 42{,}30$	$2{,}6 \cdot 100 = 260$	$0{,}00007 \cdot 10^4 = 0{,}7$
$0{,}078 \cdot 100 = 7{,}8$	$0{,}1234 \cdot 1000 = 1234$	$0{,}38 \cdot 10^6 = 380000$

- Wir multiplizieren einen Dezimalbruch mit 10 (100, 1000, ...), indem wir das Komma um eine (zwei, drei, ...) Stelle(n) nach rechts verschieben.

$5{,}76 \cdot 10 = 57{,}6$	$0{,}032 \cdot 10^4 = 320$
$0{,}825 \cdot 100 = 82{,}5$	$0{,}033022 \cdot 10^5 = 3302{,}2$
$2{,}538 \cdot 1000 = 2538$	$6{,}75 \cdot 10^6 = 6750000$

- Statt die Maßzahl mit 10 (100, 1000, ...) zu multiplizieren können wir auch das Komma um ein (zwei, drei, ...) Stelle(n) nach rechts verschieben.

74.

•	1000	100	10	0,1	0,01	0,001
1,08	1080	108	10,8	0,108	0,0108	0,00108
54,32	54320	5432	543,2	5,432	0,5432	0,05432

75.

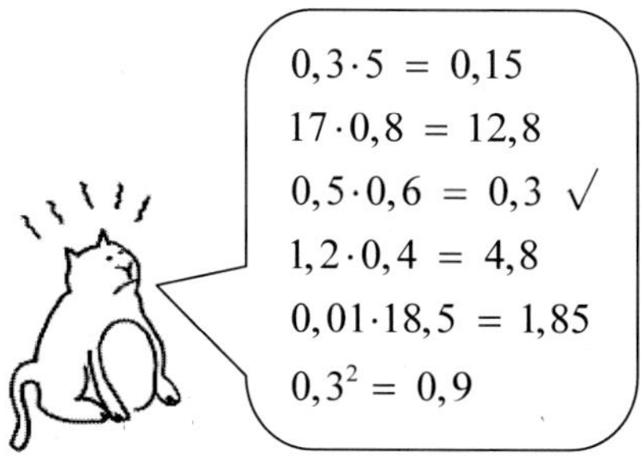

Berichtigung:

$0{,}3 \cdot 5 = 1{,}5$

$17 \cdot 0{,}8 = 13{,}6$

$1{,}2 \cdot 0{,}4 = 0{,}48$

$0{,}01 \cdot 18{,}5 = 0{,}185$

$0{,}3^2 = 0{,}09$

76.

```
a) 7 3,4 · 0,8 7
   ------------
       5 8 7 2
         5 1 3 8
       1
   ------------
       6 3,8 5 8
```

```
b) 1 7,8 5 · 3,0 8
   --------------
         5 3 5 5
           1 4 2 8 0
   --------------
         5 4,9 7 8 0
```

```
c) 1,4 1 4 · 1,4 1 5
   ----------------
      1 4 1 4
        5 6 5 6
          1 4 1 4
            7 0 7 0
      1 1 2   1
   ----------------
      2,0 0 0 8 1 0
```

d) 81,18 e) 57,27 f) 0,7788

77.

a) $7{,}83 \cdot 0{,}842 \approx 8 \cdot 0{,}8 = 6{,}4$

b) $67{,}06 \cdot 0{,}037 \approx 70 \cdot 0{,}04 = 2{,}8$

c) $0{,}474 \cdot 0{,}06 \approx 0{,}5 \cdot 0{,}06 = 0{,}03$

d) $0{,}965 \cdot 4{,}39 \approx 1 \cdot 4 = 4$

e) 160 f) 3 g) 10

78. $5{,}6 \cdot 6{,}5 \cdot 1{,}45\ € = 52{,}78\ €$

79. $V = (1{,}5\,\text{dm})^3 = 3{,}375\,\text{dm}^3$

$m = 3{,}375 \cdot 2{,}7\,\text{kg} = 9{,}1125\,\text{kg} \approx 9\,\text{kg}\ 113\,\text{g}$

Kehrzahl

80.

- $\frac{2}{7} \cdot \frac{7}{2} = 1$
- $\left(-\frac{5}{3}\right) \cdot \left(-\frac{3}{5}\right) = 1$
- $0 \cdot$ / $= 1$
- $4 \cdot \frac{1}{4} = 1$
- $0{,}2 \cdot 5 = 1$
- $\frac{a}{b} \cdot \frac{b}{a} = 1$

Die Zahl, die mit p multipliziert 1 ergibt, heißt **Kehrzahl von p.**

Hat jede rationale Zahl eine Kehrzahl?

Jede rationale Zahl außer der 0 hat eine Kehrzahl.

81. Die Kehrzahl von 2,5 ist 0,4.

Stimmt, denn: $2{,}5 \cdot 0{,}4 = 1$

a)

Zahl	Kehrzahl	Begründung
$\frac{4}{9}$	$\frac{9}{4}$	$\frac{4}{9} \cdot \frac{9}{4} = 1$
$-\frac{8}{3}$	$-\frac{3}{8}$	$\left(-\frac{8}{3}\right) \cdot \left(-\frac{3}{8}\right) = 1$
$2\frac{3}{5}$	$\frac{5}{13}$	$\frac{13}{5} \cdot \frac{5}{13} = 1$

Zahl	Kehrzahl	Begründung
0,5	2	$0{,}5 \cdot 2 = 1$
0,01	100	$0{,}01 \cdot 100 = 1$
1,5	$\frac{2}{3}$	$\frac{3}{2} \cdot \frac{2}{3} = 1$

b) 1 und −1 stimmen mit ihrer Kehrzahl überein.

c) $1, \frac{1}{2}, \frac{1}{3}, \frac{1}{4}, \frac{1}{5}, \ldots$

82.

a) $\frac{1}{\frac{1}{9}} = 9$	b) $\frac{1}{\frac{8}{3}} = \frac{3}{8}$	c) $\frac{1}{\frac{1}{3}+\frac{1}{6}} = \frac{1}{\frac{1}{2}} = 2$

d) $\frac{7}{5}$ f) $-\frac{5}{6}$

e) $-\frac{4}{3}$ g) $\frac{4}{5}$

83. a) Silvester verwandelt 0,6 in einen Bruch. Wurzel erweitert so, dass kein Komma mehr vorkommt und kürzt anschließend.

b)

$\frac{1}{0{,}3} = \frac{10}{3}$	$\frac{1}{0{,}36} = \frac{25}{9}$
$\frac{1}{1{,}2} = \frac{5}{6}$	$\frac{1}{1{,}75} = \frac{4}{7}$
$\frac{1}{0{,}1} = 10$	$\frac{1}{0{,}375} = \frac{8}{3}$

84. a)

p	0,02	0,4	0,8	1	1,6	10	20
$\frac{1}{p}$	50	2,5	1,25	1	0,625	0,1	0,05

b)

- Je größer die Zahl, desto kleiner die Kehrzahl und umgekehrt.
- Wenn $0 < p < 1$, dann ist $\frac{1}{p} > 1$.
- Wenn $p > 1$, dann ist $0 < \frac{1}{p} < 1$.

c) $]0;\frac{1}{2}[$

85. Gleichungen

- Löse die Gleichung.

$$\frac{3}{4} \cdot x = \frac{9}{8} \quad \Big| \cdot \frac{4}{3}$$

$$\frac{3}{4} \cdot \frac{4}{3} \cdot x = \frac{9}{8} \cdot \frac{4}{3}$$

$$x = \frac{3}{2}$$

Wir müssen die Gleichung nach x auflösen. Auf der linken Seite soll nur noch x bzw. $1 \cdot x$ stehen.

Dazu müssen wir beide Seiten mit der Kehrzahl des Faktors vor dem x multiplizieren.

- a) $x = \frac{7}{4}$ c) $r = \frac{2}{9}$ e) $u = -\frac{3}{2}$

  b) $y = \frac{5}{12}$ d) $t = -22$ f) $p = -\frac{4}{3}$

86. a)

Lösung zu a)	Lösung zu b)
x = ursprünglicher Preis	x = ursprünglicher Preis
$\frac{2}{3}$ von x = 48 €	$\frac{10}{9}$ von x = 110 €
$\frac{2}{3} \cdot x = 48$ € $\big\vert \cdot \frac{3}{2}$	$\frac{10}{9} \cdot x = 110$ € $\big\vert \cdot \frac{9}{10}$
$x = \frac{3}{2} \cdot 48$ € $= 72$ €	$x = \frac{9}{10} \cdot 110$ € $= 99$ €

b) Siehe oben.

c) 33,75 €

d) 735 Schüler

87. a) $\dfrac{1}{\frac{2}{3}} = \frac{3}{2}$

b) $\frac{1}{1{,}5} + \frac{1}{0{,}3} = \frac{2}{3} + \frac{10}{3} = 4$

c) $\dfrac{1}{2 - \frac{3}{4}} = \dfrac{1}{\frac{5}{4}} = \frac{4}{5}$

d) $\dfrac{1}{\frac{1}{p}} = p$ mit $p \in \mathbb{Q}^*$

e) Ja, denn $-\frac{1}{p} = \frac{1}{-p}$.

Division

88.

Die Division ist die Umkehrung der Multiplikation.

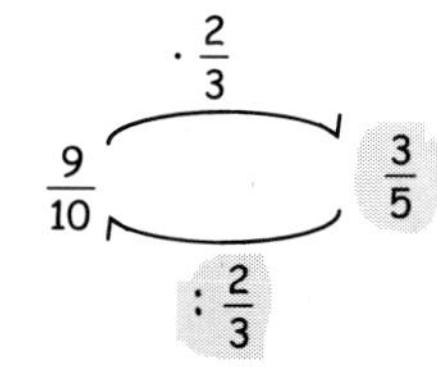

a) / b)

Multiplikationsaufgabe	Umkehraufgabe	Umkehraufgabe als Multiplikationsaufgabe geschrieben
$\frac{9}{10} \cdot \frac{2}{3} = \frac{3}{5}$	$\frac{3}{5} : \frac{2}{3} = \frac{9}{10}$	$\frac{3}{5} \cdot \frac{3}{2} = \frac{9}{10}$
$\frac{15}{8} \cdot \frac{2}{5} = \frac{3}{4}$	$\frac{3}{4} : \frac{2}{5} = \frac{15}{8}$	$\frac{3}{4} \cdot \frac{5}{2} = \frac{15}{8}$
$\frac{3}{2} \cdot \frac{10}{21} = \frac{5}{7}$	$\frac{5}{7} : \frac{10}{21} = \frac{3}{2}$	$\frac{5}{7} \cdot \frac{21}{10} = \frac{3}{2}$
$4 \cdot \frac{7}{8} = \frac{7}{2}$	$\frac{7}{2} : \frac{7}{8} = 4$	$\frac{7}{2} \cdot \frac{8}{7} = 4$
$\frac{3}{5} \cdot \frac{a}{b} = \frac{3 \cdot a}{5 \cdot b}$	$\frac{3 \cdot a}{5 \cdot b} : \frac{a}{b} = \frac{3}{5}$	$\frac{3 \cdot a}{5 \cdot b} \cdot \frac{b}{a} = \frac{3}{5}$

c)

Definition der Division

Wir dividieren durch eine Zahl ungleich 0, indem wir mit ihrer Kehrzahl multiplizieren.

Als Formel:

$$p : q = p \cdot \frac{1}{q}$$

d)

- $12 : 4 = 12 \cdot \frac{1}{4} = 3$
- $1 : (-7) = 1 \cdot \left(-\frac{1}{7}\right) = -\frac{1}{7}$
- $3 : 5 = 3 \cdot \frac{1}{5} = \frac{3}{5}$
- $(-6) : (-9) = (-6) \cdot \left(-\frac{1}{9}\right) = \frac{2}{3}$

89. a)

- $\frac{3}{4} : \frac{2}{3} = \frac{3}{4} \cdot \frac{3}{2} = \frac{9}{8}$
- $2 : \frac{5}{4} = 2 \cdot \frac{4}{5} = \frac{8}{5}$
- $\frac{3}{5} : \frac{6}{7} = \frac{3}{5} \cdot \frac{7}{6} = \frac{7}{10}$
- $\frac{6}{7} : 3 = \frac{6}{7} \cdot \frac{1}{3} = \frac{2}{7}$
- $\frac{5}{12} : \frac{1}{2} = \frac{5}{12} \cdot 2 = \frac{5}{6}$
- $\frac{1}{6} : 10 = \frac{1}{6} \cdot \frac{1}{10} = \frac{1}{60}$

b)

- $\left(-\frac{6}{7}\right) : \frac{2}{7} = \left(-\frac{6}{7}\right) \cdot \frac{7}{2} = -3$
- $(-100) : \frac{5}{3} = (-100) \cdot \frac{3}{5} = -60$
- $\frac{3}{2} : \left(-\frac{9}{4}\right) = \frac{3}{2} \cdot \left(-\frac{4}{9}\right) = -\frac{2}{3}$
- $\frac{16}{9} : (-8) = \frac{16}{9} \cdot \left(-\frac{1}{8}\right) = -\frac{2}{9}$
- $\left(-\frac{9}{14}\right) : \left(-\frac{6}{7}\right) = \frac{9}{14} \cdot \frac{7}{6} = \frac{3}{4}$
- $\left(-\frac{11}{2}\right) : (-5) = \left(-\frac{11}{2}\right) \cdot \left(-\frac{1}{5}\right) = \frac{11}{10}$

c)

- $\frac{a}{b} : c = \frac{a}{b} \cdot \frac{1}{c} = \frac{a}{b \cdot c}$
- $a : \frac{b}{c} = a \cdot \frac{c}{b} = \frac{a \cdot c}{b}$

90. a)

$\frac{1}{2} : 5 = \frac{1}{2} \cdot \frac{1}{5} = \frac{1}{10}$

$\frac{3}{4} : 2 = \frac{3}{4} \cdot \frac{1}{2} = \frac{1}{8}$

$\frac{2}{3} : 4 = \frac{2}{3} \cdot \frac{1}{4} = \frac{1}{6}$

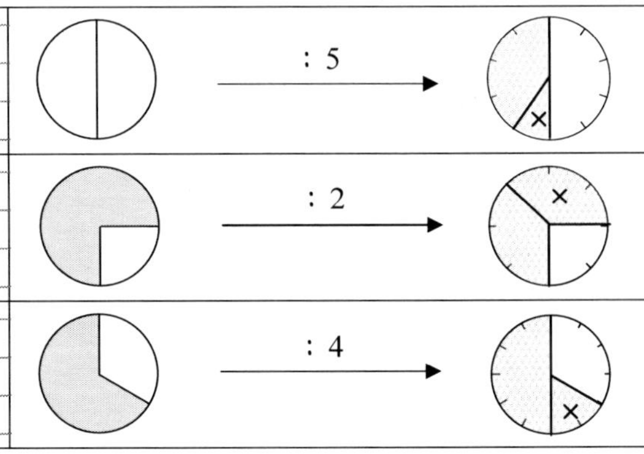

b) Wievielmal ist die Zahl q in der Zahl p enthalten?

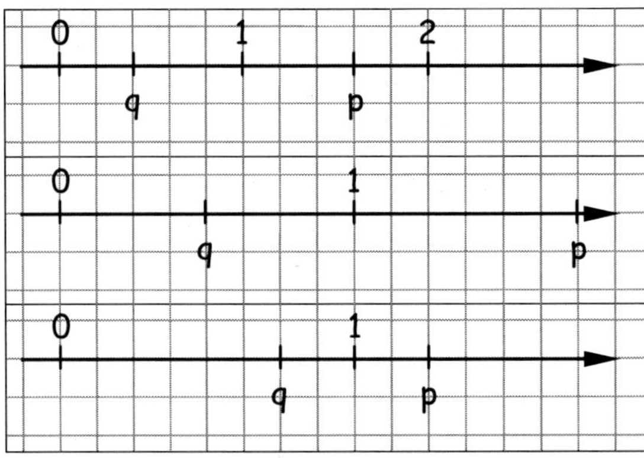

$\frac{8}{5} : \frac{2}{5} = \frac{8}{5} \cdot \frac{5}{2} =$ 4-mal

$\frac{7}{4} : \frac{1}{2} = \frac{7}{4} \cdot 2 = \frac{7}{2} = 3\frac{1}{2}$-mal

$\frac{5}{4} : \frac{3}{4} = \frac{5}{4} \cdot \frac{4}{3} = \frac{5}{3} = 1\frac{2}{3}$-mal

91. a)

$\frac{13}{26} : \frac{21}{14} = \frac{1}{2} : \frac{3}{2} = \frac{1}{3}$ ✓

$\frac{5}{12} : \frac{4}{15} = \frac{1}{3} : \frac{1}{3} = 1$

Berichtigung:

$\frac{5}{12} : \frac{4}{15} = \frac{5}{12} \cdot \frac{15}{4} = \frac{25}{16}$

b)

- $\frac{9}{10}$
- $\frac{32}{15}$
- $-\frac{3}{5}$
- $\frac{4}{9}$
- $\frac{3}{4}$
- $\frac{5}{6}$

92.

$\frac{4}{5} : \frac{7}{3} = \frac{\frac{4}{5}}{\frac{7}{3}}$	$5 : \frac{3}{8} = \frac{5}{\frac{3}{8}}$	$\left(-\frac{2}{3}\right) : \left(-\frac{3}{4}\right) = \frac{-\frac{2}{3}}{-\frac{3}{4}}$
$\left(-\frac{2}{9}\right) : \frac{1}{4} = \frac{-\frac{2}{9}}{\frac{1}{4}}$	$\frac{4}{7} : 6 = \frac{\frac{4}{7}}{6}$	$1\frac{2}{3} : 2\frac{3}{4} = \frac{1\frac{2}{3}}{2\frac{3}{4}}$

93.

a) $\frac{\frac{2}{5}}{\frac{3}{5}} = \frac{2}{5} \cdot \frac{5}{3} = \frac{2}{3}$

b) $\frac{\frac{7}{4}}{\frac{7}{8}} = \frac{7}{4} \cdot \frac{8}{7} = 2$

c) $\frac{\frac{2}{3}}{\frac{3}{4}} = \frac{2}{3} \cdot \frac{4}{3} = \frac{8}{9}$

d) $\frac{\frac{2}{7}}{\frac{10}{7}} = \frac{2}{7} \cdot \frac{7}{10} = \frac{1}{5}$

e) $\frac{\frac{3}{8}}{\frac{3}{8}} = \frac{3}{8} \cdot \frac{8}{3} = 1$

f) $\frac{\frac{3}{2}}{\frac{2}{3}} = \frac{3}{2} \cdot \frac{3}{2} = \frac{9}{4}$

94.

Die gemischte Schreibweise in die Bruchschreibweise umwandeln.

$\frac{4\frac{1}{6}}{1\frac{7}{8}} = \frac{\frac{25}{6}}{\frac{15}{8}} = \frac{25}{6} \cdot \frac{8}{15} = \frac{20}{9} = 2\frac{2}{9}$

a) $\frac{1}{4}$ b) $\frac{2}{3}$ c) $2\frac{1}{2}$ d) $3\frac{1}{3}$ e) $\frac{3}{4}$ f) $1\frac{5}{7}$

95. a) Wurzel verwendet die Formel $A = a \cdot b$. Sie setzt die gegebene Länge und den gegebenen Flächeninhalt ein. Es entsteht eine Gleichung, die sie nach der verbleibenden Variablen auflöst.

b) ① $a = \frac{3}{10}$ m ② $b = 2\frac{1}{4}$ m

96. a)

Wievielmal sind $\frac{3}{4}$ kg in 4 kg enthalten? 	 Welcher Bruchteil von 4 kg sind $\frac{3}{4}$ kg?
$\frac{4\,\text{kg}}{\frac{3}{4}\,\text{kg}} = 4 \cdot \frac{4}{3} = \frac{16}{3} = 5\frac{1}{3}$	$\frac{\frac{3}{4}\,\text{kg}}{4\,\text{kg}} = \frac{3}{4} \cdot \frac{1}{4} = \frac{3}{16}$
$\frac{3}{4}$ kg sind $\frac{16}{3}$-mal in 4 kg enthalten.	$\frac{3}{4}$ kg = $\frac{3}{16}$ von 4 kg

b) $7\frac{1}{2}$-mal, $\frac{4}{5}\,\text{m} = \frac{2}{15}$ von 6 m

c) $1\frac{3}{4}\,\text{h} = \frac{1}{6}$ von $10\frac{1}{2}\,\text{h}$, 6-mal

97. a) Setze das richtige Zeichen (<, > oder =).

$\frac{5}{8} : \frac{1}{4}$	>	$\frac{5}{8}$	$\frac{3}{4} : \frac{4}{5}$	<	1	$\frac{4}{3} : \frac{1}{2}$	>	$\frac{4}{3} \cdot \frac{1}{2}$
$\frac{5}{8} : \frac{5}{3}$	<	$\frac{5}{8}$	$\frac{3}{4} : \frac{3}{4}$	=	1	$\frac{4}{3} : \frac{3}{2}$	<	$\frac{4}{3} \cdot \frac{3}{2}$
$\frac{5}{8} : 1$	=	$\frac{5}{8}$	$\frac{3}{4} : \frac{2}{3}$	>	1	$\frac{4}{3} : \frac{3}{5}$	=	$\frac{4}{3} \cdot \frac{5}{3}$

b) [r] Der Quotient kann größer sein als der Dividend.

[f] Das Produkt zweier Zahlen ist stets größer als ihr Quotient.

c) Der Quotient zweier positiver Zahlen ist

- größer als 1, wenn der Dividend größer als der Divisor ist.
- kleiner als 1, wenn der Dividend kleiner als der Divisor ist.

98. a) Ja.

b) Die Regel führt zum richtigen Ergebnis.

- $\frac{15}{16} : \frac{3}{8} = \frac{5}{2}$
- $\frac{20}{63} : \frac{5}{9} = \frac{4}{7}$
- $\frac{28}{25} : \frac{7}{5} = \frac{4}{5}$

c) $\frac{a:c}{b:d} = \frac{\frac{a}{c}}{\frac{b}{d}} = \frac{a}{c} \cdot \frac{d}{b} = \frac{a}{b} \cdot \frac{d}{c} = \frac{a}{b} : \frac{c}{d}$.

d) Wenn Zähler und Nenner des Dividenden Vielfache von Zähler und Nenner des Divisors sind.

99.

$$\frac{1}{1+\frac{1}{1+\frac{1}{1+\frac{1}{2}}}} = \frac{5}{8}$$

Division in dezimaler Schreibweise

100. a)

- 18,3 : 10 = 1,83
- 4,2 : 6 = 0,7
- 6 : 1,5 = 4
- 3,5 : 0,7 = 5
- 1,2 : 0,8 = 1,5
- 0,9 : 3,6 = 0,25
- 0,27 : 0,9 = 0,3
- 0,154 : 0,14 = 1,1

b) Schreibe die Divisionsaufgabe als Bruch und erweitere mit einer geeigneten Zehnerpotenz, so dass im Zähler und im Nenner ganze Zahlen stehen.

0,42 : 0,3

$= \frac{0{,}42}{0{,}3} = \frac{42}{30}$

$= \frac{14}{10} = 1{,}4$

Probe:

$1{,}4 \cdot 0{,}3 = 0{,}42$

101. a)

2,4 : 8 = 0,3 →

- 24 : 80 = 0,3
- 240 : 800 = 0,3
- 0,24 : 0,8 = 0,3
- 0,024 : 0,08 = 0,3

b) Der Wert eines Quotienten ändert sich nicht, wenn wir das Komma im Dividenden und im Divisor um gleich viele Stellen verschieben.

c)

1,2 : 0,3 = 4	8 : 0,4 = 20	0,54 : 0,09 = 6
8,5 : 1,7 = 5	5 : 0,02 = 250	0,06 : 0,12 = 0,5

102. a) 0,7 d) 3,2 g) 5,2

b) 22,5 e) 0,75 h) 0,375

c) $\frac{1}{3}$ f) 0,018 i) $\frac{4}{7}$

103. • ---

• Wir dividieren einen Dezimalbruch mit 10 (100, 1000, ...), indem wir das Komma um eine (zwei, drei, ...) Stelle(n) nach links verschieben.

•

4,8 : 10 = 0,48	365 : 100 = 3,65	333,3 : 1000 = 0,3333
$\frac{0{,}75}{10} = 0{,}075$	$\frac{42{,}36}{100} = 0{,}4236$	4711 : 1000 = 4,711
34 : 10 = 3,4	$\frac{8{,}1}{100} = 0{,}081$	$\frac{53{,}9}{1000} = 0{,}0539$

• Das Komma im Ergebnis ist gegenüber dem Anfangsdezimalbruch um zwei Stellen nach rechts verschoben.

104.

• 627 : 38 = 16,5 • 627 : 380 = 1,65

• 6270 : 3,8 = 1650 • 6,27 : 38 = 0,165

• 62,7 : 0,38 = 165 • 0,627 : 3,8 = 0,165

105. Durch eine ganze Zahl schriftlich dividieren

a)
```
9 4,0 5 : 15 = 6,27
9 0
  4 0
  3 0
  1 0 5
  1 0 5
      0
```

Probe:
```
6,2 7 · 1 5
      6 2 7
      3 1 3 5
        1
      9 4,0 5
```

b)
```
8,6 5 2 : 12 = 0,721
0
8 6
8 4
  2 5
  2 4
    1 2
    1 2
      0
```

c)
```
2 1,4 : 8 = 2,675
1 6
  5 4
  4 8
    6 0
    5 6
      4 0
      4 0
        0
```

d) 246,42 e) 0,68 f) 1,306 g) 0,0789

106. Durch einen Dezimalbruch schriftlich dividieren

a) 9,26 : 2,5 = 92,6 : 25 = 3,704

```
92,6 : 25 = 3,704
75
176
175
  10
   0
  100
  100
    0
```

b) 16,3

c) 1,2345

d) 0,975

107. Überschlagsrechnung

b) 50,27

c) 4,85

d) 9,76

e) 0,5275

a) 4,081 : 7

4,081 : 7 ≈ 4,2 : 7 = 0,6

```
4,081 : 7 = 0,583
0
40
35
 58
 56
  21
  21
   0
```

108. a) 120 € : 24 = 5 €

b) 4,81 €

c) 6 Cent können nicht verteilt werden, denn
115,50 € : 24 Schüler = 4,8125 €/Schüler.
4,8125 € – 4,81 € = 0,0025 € bleiben übrig.
0,0025 € · 24 = 0,06 € = 6 Cent

109. a) 2,40 €

b) 58 Flaschen

c) 3,75 m

110. a) 1,43 €

b) $75\frac{\text{km}}{\text{h}}$

c) 7,5 ℓ

d) ≈ 67 km

Gleichungen und Ungleichungen

111. a) $x = \frac{3}{5}$ b) $y = \frac{3}{2}$ c) $z = -\frac{1}{2}$

d) $r = -\frac{4}{3}$ e) $x = \frac{2}{7}$ f) $u = 10$

g) $t = -\frac{2}{3}$ h) $h = \frac{5}{4}$ i) $k = 100$

112. a) $a = -0{,}7$ b) $b = 0{,}05$

c) $c = 4{,}5$ d) $d = 0{,}024$

e) $e = 1{,}8$ f) $f = 0{,}625$

113. a) Silvester rechnet mit Brüchen. Er bringt alle Terme mit x nach links, alle Terme ohne x nach rechts und löst dann nach x auf.

$$\frac{3}{2}x - \frac{1}{6} = \frac{2}{3}x + \frac{1}{4}$$

$$\frac{3}{2}x - \frac{2}{3}x = \frac{1}{4} + \frac{1}{6}$$

$$\frac{5}{6}x = \frac{5}{12} \quad \Big| \cdot \frac{6}{5}$$

$$x = \frac{1}{2}$$

b)

$$\frac{3}{2}x - \frac{1}{6} = \frac{2}{3}x + \frac{1}{4} \quad | \cdot 12$$

$$12 \cdot \left(\frac{3}{2}x - \frac{1}{6}\right) = 12 \cdot \left(\frac{2}{3}x + \frac{1}{4}\right)$$

$$18x - 2 = 8x + 3 \quad | -8x + 2$$

$$10x = 5 \quad | :10$$

$$x = \frac{1}{2}$$

c) Wurzel beseitigt die Brüche. Sie muss dann nur ganze Zahlen addieren bzw. subtrahieren.

114. a) $L = \left\{\frac{7}{3}\right\}$ b) $L = \left\{-\frac{3}{20}\right\}$

c) $L = \left\{\frac{7}{6}\right\}$ d) $L = \{-1\}$

e) $L = \left\{-\frac{2}{3}\right\}$ f) $L = \left\{11\frac{29}{35}\right\}$

115. a) $2\cdot(5{,}5\,\text{m}+x) = 15{,}8\,\text{m}$

$x = 2{,}4\,\text{m}$

b) $4{,}50\,€ + x\cdot 2{,}10\,\frac{€}{\text{m}^3} = 29{,}70\,€$

$x = 12\,\text{m}^3$

116. Ungleichungen

Ungleichungen lösen wir wie Gleichungen (vgl. Kapitel 2, Seite 66), nur auf einen **Stolperstein** müssen wir achten. ...

... Wenn wir beide Seiten der Ungleichung mit einer negativen Zahl multiplizieren (dividieren), müssen wir das Anordnungszeichen umdrehen.

a)
$3x + 5 > 7 \quad | -5$
$3x > 2 \quad | \cdot \frac{1}{3}$
$x > \frac{2}{3}$

b)
$7 - 2x \geq 4 \quad | -7$
$-2x \geq -3 \quad | \cdot \left(-\frac{1}{2}\right)$
$x \leq \frac{3}{2}$

c)
$\frac{1}{3}x + \frac{5}{6} > \frac{1}{2} \quad | \cdot 6$
$2x + 5 > 3 \quad | -5$
$2x > -2 \quad | \cdot \frac{1}{2}$
$x > -1$

d)
$2 - 0{,}8x \geq 0{,}6 \quad | -2$
$-0{,}8x \geq -1{,}4 \quad | : (-0{,}8)$
$x \leq \frac{14}{8}$
$x \leq \frac{7}{4}$

117. a) $x < \frac{4}{3}$ $\quad L = \left]-\infty; \frac{4}{3}\right[$

b) $x > -\frac{15}{4}$ $\quad L = \left]-\frac{15}{4}; \infty\right[$

c) $y > -\frac{1}{2}$ $\quad L = \left]-\frac{1}{2}; \infty\right[$

d) $r \leq \frac{5}{4}$ $\quad L = \left]-\infty; \frac{5}{4}\right]$

e) $z \geq \frac{3}{2}$ $\quad L = \left[\frac{3}{2}; \infty\right[$

f) $q \geq -\frac{8}{3}$ $\quad L = \left[-\frac{8}{3}; \infty\right[$

118. a) $L = \left]\frac{2}{3}; \infty\right[$

b) $L = \left]-\infty; \frac{3}{4}\right[$

c) $L = \left[-\frac{1}{2}; \infty\right[$

d) $L = \left]-\infty; -\frac{5}{6}\right[$

e) $L = \left]-5; \infty\right[$

f) $L = \left]-\infty; \frac{11}{5}\right]$

119. • Wurzel multipliziert beide Seiten zunächst mit dem Hauptnenner. Dann löst sie die Gleichung nach x auf. Da sie durch -28 dividiert, muss sie das Anordnungszeichen umdrehen.

• a) $L = \left]-\infty;\frac{4}{9}\right[$ c) $L = \left[\frac{8}{9};\infty\right[$ e) $L = \left]-\frac{1}{2};\infty\right[$

b) $L = \left[\frac{7}{3};\infty\right[$ d) $L = \left]-4;\infty\right[$ f) $L = \left]-\infty;\frac{15}{4}\right]$

120. $L = \left]\frac{1}{4};\frac{1}{3}\right]$

7

Üben - Anwenden - Vertiefen

Addieren und Subtrahieren

1.

$1 + \frac{1}{3} = \frac{4}{3}$	$\frac{1}{2} + \frac{1}{6} = \frac{2}{3}$	$\frac{3}{8} + \frac{1}{4} = \frac{5}{8}$	$\frac{1}{2} + \frac{2}{5} = \frac{9}{10}$
$\frac{1}{2} + \frac{1}{4} = \frac{3}{4}$	$\frac{1}{3} + \frac{1}{6} = \frac{1}{2}$	$\frac{4}{7} + \frac{3}{7} = 1$	$\frac{1}{4} + \frac{1}{12} = \frac{1}{3}$
$\frac{1}{3} + \frac{1}{2} = \frac{5}{6}$	$\frac{3}{4} + \frac{1}{2} = \frac{5}{4}$	$\frac{2}{3} + \frac{1}{6} = \frac{5}{6}$	$\frac{1}{10} + \frac{1}{15} = \frac{1}{6}$

2. a)

0

$\frac{5}{12}$ $\frac{-5}{12}$

$\frac{3}{4}$ $\frac{-1}{3}$ $\frac{-1}{12}$

$\frac{1}{2}$ $\frac{1}{4}$ $\frac{-7}{12}$ $\frac{1}{2}$

$\frac{1}{5}$ $\frac{3}{10}$ $\frac{-1}{20}$ $\frac{-8}{15}$ $\frac{31}{30}$

b)

1

$\frac{3}{4}$ $\frac{1}{4}$

$\frac{3}{8}$ $\frac{3}{8}$ $\frac{-1}{8}$

$\frac{1}{8}$ $\frac{1}{4}$ $\frac{1}{8}$ $\frac{-1}{4}$

$\frac{-1}{24}$ $\frac{1}{6}$ $\frac{1}{12}$ $\frac{1}{24}$ $\frac{-7}{24}$

3. a)

- $7\frac{1}{4} = 7 + \frac{1}{4} = \frac{29}{4}$
- $3\frac{2}{5} = 3 + \frac{2}{5} = \frac{17}{5}$
- $10\frac{5}{7} = 10 + \frac{5}{7} = \frac{75}{7}$
- $16\frac{5}{6} = 16 + \frac{5}{6} = \frac{101}{6}$
- $13\frac{3}{8} = 13 + \frac{3}{8} = \frac{107}{8}$
- $33\frac{1}{3} = 33 + \frac{1}{3} = \frac{100}{3}$

b)

- $\frac{60}{7} = \frac{56}{7} + \frac{4}{7} = 8\frac{4}{7}$
- $\frac{33}{5} = \frac{30}{5} + \frac{3}{5} = 6\frac{3}{5}$
- $\frac{50}{3} = \frac{48}{3} + \frac{2}{3} = 16\frac{2}{3}$
- $\frac{100}{9} = \frac{99}{9} + \frac{1}{9} = 11\frac{1}{9}$
- $\frac{85}{8} = \frac{80}{8} + \frac{5}{8} = 10\frac{5}{8}$
- $\frac{101}{15} = \frac{90}{15} + \frac{11}{15} = 6\frac{11}{15}$

4.

$1 - \frac{1}{3} = \frac{2}{3}$	$-1 - \frac{3}{5} = -\frac{8}{5}$	$\frac{2}{3} - \frac{1}{6} = \frac{1}{2}$	$\frac{3}{10} - \frac{4}{5} = -\frac{1}{2}$
$-\frac{3}{4} + 1 = \frac{1}{4}$	$\frac{3}{4} - \frac{1}{2} = \frac{1}{4}$	$-\frac{1}{4} - \frac{1}{2} = -\frac{3}{4}$	$-\frac{1}{3} - \frac{1}{4} = -\frac{7}{12}$
$2 - \frac{1}{2} = \frac{3}{2}$	$\frac{1}{2} - \frac{1}{3} = \frac{1}{6}$	$-\frac{3}{4} + \frac{3}{2} = \frac{3}{4}$	$\frac{1}{2} - \frac{7}{6} = -\frac{2}{3}$

5. a) $\frac{2}{3}$ c) $\frac{13}{10}$ e) $-\frac{7}{60}$

b) $-\frac{1}{3}$ d) $\frac{1}{28}$ f) $\frac{2}{111}$

6. a)

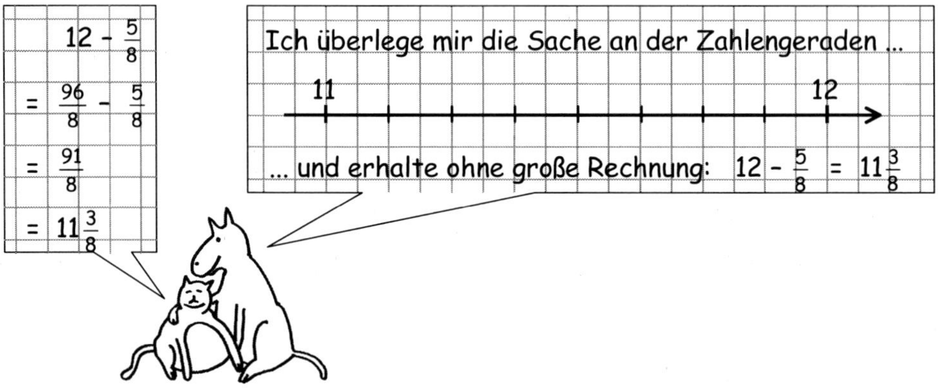

b)

- $12 - \frac{4}{7} = 11\frac{3}{7}$
- $20 - \frac{4}{9} = 19\frac{5}{9}$
- $-1 + \frac{3}{8} = -\frac{5}{8}$
- $9 - \frac{1}{5} = 8\frac{4}{5}$
- $11 - \frac{7}{10} = 10\frac{3}{10}$
- $-5 + \frac{2}{3} = -4\frac{1}{3}$

7. a) $2\frac{1}{2}$ b) $\frac{1}{6}$ c) $\frac{1}{10}$ und $\frac{9}{10}$ d) $-\frac{1}{10}$ und $\frac{9}{10}$ e) $\frac{1}{90}$

8. a)

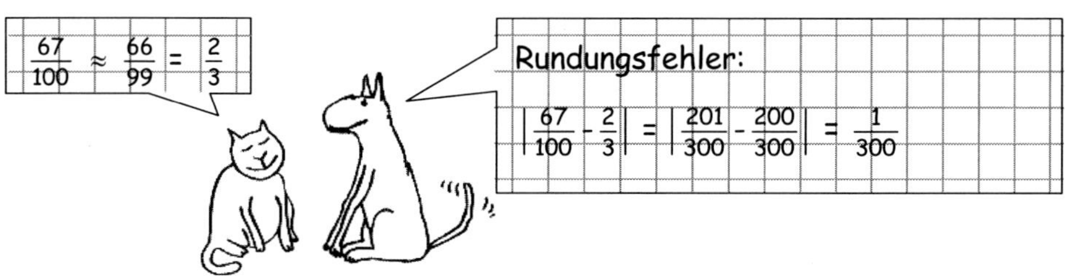

b) • $\frac{1}{2}$; $\frac{1}{120}$ • $\frac{3}{4}$; $\frac{3}{164}$ • $\frac{2}{3}$; $\frac{5}{267}$ • $\frac{3}{5}$; $\frac{11}{510}$

9. a)

b) Silvester schreibt zunächst $-\frac{2}{3}$ zu $\frac{-2}{3}$ um und erweitert dann auf einen gemeinsamen Nenner.

① $\frac{1}{4}$ ③ $\frac{5}{8}$ ⑤ $\frac{4}{9}$

② $-\frac{1}{10}$ ④ $-\frac{10}{7}$ ⑥ $\frac{37}{60}$

10. a) $\frac{2}{9}$

b) 0

c) 2

d) $\frac{9}{8}$

e) $\frac{1}{6}$

f) $\frac{11}{16}$

11. a) $\frac{7}{15}$

b) Nein, denn $\frac{7}{15} = \frac{14}{30} < \frac{1}{2}$.

c) 120 Super-Lose, 200 Trostpreis-Lose und 280 Nieten.

12. a) $\frac{1}{8}$

b) $-\frac{2}{15}$

c) $\frac{4}{5}$

d) $\frac{1}{24}$

e) $\frac{5}{7}$

f) $-\frac{2}{9}$

13. a) $\frac{3}{5}$

b) $\frac{2}{7}$

c) $-\frac{4}{3}$

d) $\frac{211}{3}$

e) $-\frac{1}{8}$

f) $\frac{2}{9}$

14. a) $\frac{9}{8}-\left(\frac{2}{3}+\frac{3}{8}\right)=\frac{1}{12}$

b) $\left(\frac{2}{5}-\frac{7}{13}\right)+\left(-\frac{6}{13}-\frac{3}{5}\right)=-\frac{6}{5}$

c) $\left(\frac{5}{8}-\frac{5}{6}\right)-\left(\frac{7}{6}+\left(-\frac{7}{4}\right)\right)=\frac{3}{8}$

15. a) Silvester wandelt die gemischte Schreibweise in unechte Brüche um und addiert (subtrahiert) anschließend. Wurzel dagegen addiert (subtrahiert) zunächst die ganzen Zahlen und dann die Brüche. Wurzels Rechnung ist einfacher.

b)
- $2\frac{2}{7} + 3\frac{4}{7} = 5\frac{6}{7}$
- $3\frac{4}{5} + 6\frac{3}{5} = 9\frac{7}{5} = 10\frac{2}{5}$
- $10\frac{2}{3} + 8\frac{1}{9} = 18\frac{7}{9}$
- $11\frac{7}{8} - 4\frac{1}{8} = 7\frac{6}{8} = 7\frac{3}{4}$
- $12\frac{2}{3} - 10\frac{1}{6} = 2\frac{1}{2}$
- $15\frac{9}{10} - 9\frac{1}{2} = 6\frac{2}{5}$

c) Kannst du Silvester helfen?

$9\frac{1}{5} - 3\frac{4}{5} = 8\frac{6}{5} - 3\frac{4}{5} = 5\frac{2}{5}$

d)
- $2\frac{2}{3}$ • $5\frac{2}{3}$ • $8\frac{13}{18}$
- $5\frac{1}{2}$ • $3\frac{4}{7}$ • $\frac{7}{9}$

e) Silvesters Ergebnis ist falsch.

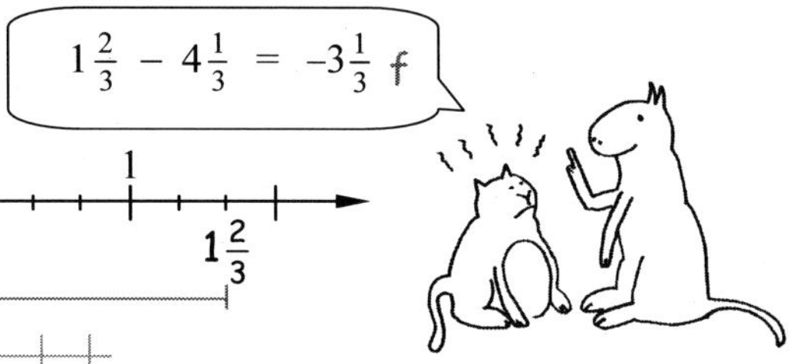

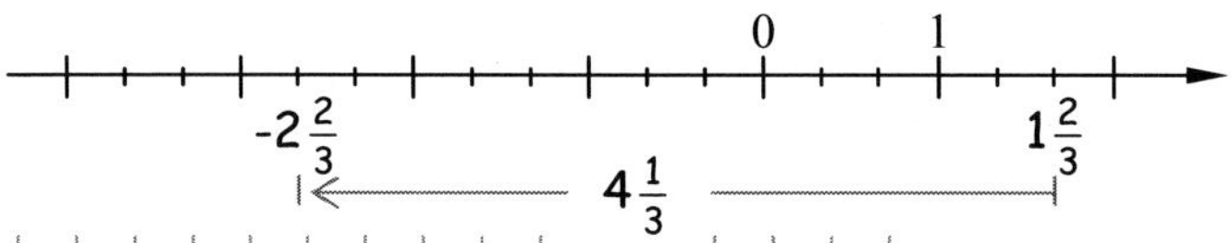

Richtige Rechnung:

$1\frac{2}{3} - 4\frac{1}{3} = -\left(4\frac{1}{3} - 1\frac{2}{3}\right)$

$= -\left(3\frac{4}{3} - 1\frac{2}{3}\right) = -2\frac{2}{3}$

16.

$1\frac{1}{4} + 4\frac{1}{2} = 5\frac{3}{4}$	$\frac{1}{2} + 15\frac{4}{5} = 16\frac{3}{10}$	$30\frac{7}{8} - 26\frac{1}{2} = 4\frac{3}{8}$
$7 + 3\frac{4}{5} = 10\frac{4}{5}$	$2\frac{1}{2} + 5\frac{3}{4} = 8\frac{1}{4}$	$17\frac{1}{5} - 14\frac{4}{5} = 2\frac{2}{5}$
$6\frac{2}{3} + 5\frac{2}{3} = 12\frac{1}{3}$	$9\frac{5}{6} - 7\frac{1}{6} = 2\frac{2}{3}$	$38\frac{3}{7} - 40\frac{4}{7} = -2\frac{1}{7}$

17. a) $\frac{43}{6} + \frac{33}{2} = 7\frac{1}{6} + 16\frac{1}{2}$

$= 23\frac{2}{3}$

b) $\frac{47}{3} - \frac{47}{4} = 15\frac{2}{3} - 11\frac{3}{4}$

$= 14\frac{5}{3} - 11\frac{3}{4} = 3\frac{11}{12}$

c) $20\frac{11}{18}$ e) $12\frac{1}{6}$ g) $4\,\frac{13}{15}$

d) $30\frac{1}{15}$ f) $4\frac{7}{12}$ h) $5\frac{17}{24}$

18. a) $11\frac{1}{3}$ d) $4\frac{3}{8}$

b) $2\frac{4}{5}$ e) 18

c) $5\frac{1}{9}$ f) $1\frac{9}{20}$

19. $1 - \frac{1}{6} - \frac{1}{7} - \frac{1}{3} - \frac{2}{7} = \frac{1}{14}$ des Stücks.

20. a) $\frac{3}{8}$ m + 80 cm

$= \frac{3}{8}$ m + $\frac{4}{5}$ m

$= \frac{15}{40}$ m + $\frac{32}{40}$ m

$= \frac{47}{40}$ m $= 1\frac{7}{40}$ m

b) $200\,\ell - \frac{1}{8}\,\text{m}^3$

$= \frac{1}{5}\,\text{m}^3 - \frac{1}{8}\,\text{m}^3$

$= \frac{8}{40}\,\text{m}^3 - \frac{5}{40}\,\text{m}^3$

$= \frac{3}{40}\,\text{m}^3$

c) $\frac{11}{12}$ m e) $2\frac{5}{6}$ h g) $2\frac{1}{6}$ a

d) $\frac{3}{20}$ kg f) $\frac{1}{35}$ min h) $2\frac{7}{8}\,\ell$

21. Rechnung:

$8 - 2\frac{1}{4} - \frac{3}{4} - 1\frac{1}{2} - 2\frac{1}{2} - \frac{5}{8} = \frac{3}{8}$

Antwort: Julia kann $\frac{3}{8}$ kg Bananen kaufen.

Julias Einkaufszettel

$2\frac{1}{4}$ kg Fleisch $\frac{3}{4}$ kg Butter $1\frac{1}{2}$ kg Brot

$2\frac{1}{2}$ kg Kartoffeln $\frac{5}{8}$ kg Käse

22. Nein, denn $\frac{5}{8}\,\ell + \frac{3}{4}\,\ell = \frac{11}{8}\,\ell < 1\frac{1}{2}\,\ell$.

23. Katjas Alter: $15\frac{1}{2}$ Jahre

Meikes Alter: $9\frac{1}{12}$ Jahre

Altersunterschied: $6\frac{5}{12}$ Jahre

24. Wegen $\frac{1}{2} + \frac{1}{3} + \frac{1}{8} = \frac{23}{24}$ werden bei 24 Kamelen nur 23 an die Söhne verteilt.

25. a)

$\frac{1}{1} - \frac{1}{2} = \frac{1}{2}$	$\frac{1}{3} - \frac{1}{4} = \frac{1}{12}$	$\frac{1}{5} - \frac{1}{6} = \frac{1}{30}$
$\frac{1}{2} - \frac{1}{3} = \frac{1}{6}$	$\frac{1}{4} - \frac{1}{5} = \frac{1}{20}$	$\frac{1}{6} - \frac{1}{7} = \frac{1}{42}$

b) $\frac{1}{7} - \frac{1}{8} = \frac{1}{56}$, $\frac{1}{8} - \frac{1}{9} = \frac{1}{72}$, $\frac{1}{99} - \frac{1}{100} = \frac{1}{9900}$.

c) $\frac{1}{n} - \frac{1}{n+1} = \frac{1}{n \cdot (n+1)}$.

d) $\frac{1}{1\cdot 2} + \frac{1}{2\cdot 3} + \frac{1}{3\cdot 4} + \frac{1}{4\cdot 5} + \frac{1}{5\cdot 6} + \frac{1}{6\cdot 7} + \frac{1}{7\cdot 8} = \frac{1}{1} - \frac{1}{2} + \frac{1}{2} - \frac{1}{3} + \frac{1}{3} - \ldots - \frac{1}{8} = 1 - \frac{1}{8} = \frac{7}{8}$

e) • $\frac{1}{1\cdot 2} + \frac{1}{2\cdot 3} + \frac{1}{3\cdot 4} + \cdots + \frac{1}{19\cdot 20} = 1 - \frac{1}{20} = \frac{19}{20}$

• $\frac{1}{1\cdot 2} + \frac{1}{2\cdot 3} + \frac{1}{3\cdot 4} + \cdots + \frac{1}{99\cdot 100} = 1 - \frac{1}{100} = \frac{99}{100}$

f) Die Summe nähert sich der Zahl 1.

Dezimalbrüche addieren und subtrahieren

26. a) $3{,}57 = 3 + \frac{57}{100} = 3 + \frac{50}{100} + \frac{7}{100} = 3 + \frac{5}{10} + \frac{7}{100}$

b)
- $5{,}31 = 5 + \frac{3}{10} + \frac{1}{100}$
- $4{,}176 = 4 + \frac{1}{10} + \frac{7}{100} + \frac{6}{1000}$
- $0{,}0333 = \frac{3}{100} + \frac{3}{1000} + \frac{3}{10000}$

c) $1 + \frac{9}{10} + \frac{9}{10^2} + \frac{9}{10^3} + \cdots + \frac{9}{10^{100}} = 1{,}\underbrace{999\ldots99}_{\text{100 Dezimalen}} < 2$

27.

Dezimalbruch	0,3	0,25	0,5	0,09	0,8	0,125	0,006	0,2	0,05	0,08
Vollständig gekürzter Bruch	$\frac{3}{10}$	$\frac{1}{4}$	$\frac{1}{2}$	$\frac{9}{100}$	$\frac{4}{5}$	$\frac{1}{8}$	$\frac{3}{500}$	$\frac{1}{5}$	$\frac{1}{20}$	$\frac{2}{25}$

Bruch	$\frac{7}{10}$	$\frac{4}{5}$	$\frac{5}{4}$	$\frac{3}{8}$	$\frac{9}{20}$	$7\frac{1}{2}$	$2\frac{3}{4}$	$5\frac{3}{5}$	$2\frac{3}{25}$	$1\frac{5}{8}$
Dezimalbruch	0,7	0,8	1,25	0,375	0,45	7,5	2,75	5,6	2,12	1,625

28. a) 9,8
b) 3
c) 4,7
d) 0,4
e) $-2{,}5$
f) 0,15
g) $-0{,}3$
h) 0,1

29. a) 5,2
b) 0,05
c) $-0{,}4$
d) 1,01
e) $-0{,}67$
f) 0,54
g) 2,175
h) 2
i) $-0{,}81$

30. a)
- Überschlagsrechnung:

  73,6 + 157,84 + 3,566

  ≈ 70 + 160 + 4

  = 234

- Exakte Rechnung:

```
    7 3,6
+ 1 5 7,8 4
+     3,5 6 6
  1 1 2 1
-------------
  2 3 5,0 0 6
```

b) 35,2
c) 490,094
d) 347,4
e) 27,5 Mio

31. a)

	546,85
−	153,23
−	206,52
	1 1
	187,10

b)

	105,2
−	17,893
−	58,67
−	21,5
	1 2 2 2 1
	7,137

c) 23,23

d) 37,73

e) 6,6445

f) 8,93 Mio.

32. a) 1. Dezimale: 100 ℓ; 2. Dezimale: 10 ℓ; 3. Dezimale: 1 ℓ

b)

Monat	Mai	Juni	Juli	August
Wasserverbrauch (in m^3)	18,722	16,087	29,465	9,176

c) August (Urlaubszeit)

d) $73{,}45\,m^3$

33. a) $m \approx 0{,}63\,\text{kg}$

b) mögliche Antwort: $\pm 0{,}01\,\text{kg}$

c) m = abgelesener Wert ± Messunsicherheit = 0,63 kg ± 0,01 kg

34.

Messergebnis	Bedeutung
x = 4,8 ± 0,1	4,7 ≤ x ≤ 4,9
x = 0,7 ± 0,05	0,65 ≤ x ≤ 0,75
x = 2,1 ± 0,01	2,09 ≤ x ≤ 2,11
x = 3,14 ± 0,03	3,11 ≤ x ≤ 3,17

Messergebnis	Bedeutung
x = 9,81 ± 0,002	9,808 ≤ x ≤ 9,812
x = 0,0306 ± 0,0006	0,0300 ≤ x ≤ 0,0312
x = 8,23 ± 0,01	8,22 ≤ x ≤ 8,24
x = 0,43 ± 0,005	0,425 ≤ x ≤ 0,435

35. a)

Zahl	3,4	8,7	4,5	2,13	0,94	5,49
gerundete Zahl	3	9	5	2	1	5
Rundungsfehler	0,4	0,3	0,5	0,13	0,06	0,49

Der Rundungsfehler beim Runden auf Einer kann höchstens 0,5 sein.

b)

Zahl	2,83	3,49	0,65	7,247	7,252	5,996
gerundete Zahl	2,8	3,5	0,7	7,2	7,3	6,0
Rundungsfehler	0,03	0,01	0,05	0,047	0,048	0,004

c)

Größtmöglicher Rundungsfehler beim Runden auf			
Einer	Zehntel	Hundertstel	Tausendstel
0,5	0,05	0,005	0,0005

36.

a	6,341	4,7	1,503	3,141	5,747	0,345
b	2,446	0,015	2,004	0,628	0,345	0,115
$\overline{a}$	6,34	4,70	1,50	3,14	5,75	0,35
$\overline{b}$	2,45	0,02	2,00	0,63	0,35	0,12
$a + b$	8,787	4,715	3,507	3,769	6,092	0,460
$\overline{a} + \overline{b}$	8,79	4,72	3,50	3,77	6,10	0,47
Rundungsfehler	0,003	0,005	0,007	0,001	0,008	0,01

$$|(a+b) - (\overline{a}+\overline{b})| \leq 0{,}01$$

37. a) 0 ; 0,09 ; 0,18 ; 0,27 ; ... ; 0,90

b) 0,03 ; 0,12 ; 0,21 ; <u>0,30</u> ; 0,39 ; ... ; 0,93

c) 6 Noniusteilstriche = 0,54

$$x + 0{,}54 = 1{,}8$$

$$x = 1{,}26$$

38. a) Unter den Zahlen, die größer als 1 sind, gibt es keine kleinste.

b) Ja, die 1 ist die größte Zahl von allen, die kleiner als alle Zahlen von M sind.

39. a) Wurzel subtrahiert Silvesters Zahl z von ihrem 10-fachen und erhält 9. Wenn das Neunfache von z 9 ist, muss z gleich 1 sein.

b) Da seine Zahl die Zahl 1 darstellt, ist seine Aussage falsch.

c) Ja, die Zahl 0,999.

Multiplizieren

40.

$\frac{3}{5}\cdot\frac{1}{3}=\frac{1}{5}$	$\frac{6}{5}\cdot\frac{3}{2}=\frac{9}{5}$	$\frac{2}{5}\cdot\frac{5}{6}=\frac{1}{3}$	$\frac{5}{3}\cdot\frac{9}{20}=\frac{3}{4}$
$\frac{1}{2}\cdot\frac{8}{7}=\frac{4}{7}$	$\frac{2}{3}\cdot\frac{3}{4}=\frac{1}{2}$	$\frac{4}{9}\cdot\frac{9}{4}=1$	$\frac{14}{5}\cdot\frac{10}{21}=\frac{4}{3}$
$\frac{3}{4}\cdot\frac{5}{6}=\frac{5}{8}$	$\frac{7}{2}\cdot\frac{4}{7}=2$	$\frac{8}{7}\cdot\frac{7}{12}=\frac{2}{3}$	$\frac{10}{9}\cdot\frac{12}{25}=\frac{8}{15}$

41.

$\cdot$	$-\frac{3}{8}$	$-\frac{1}{4}$	$3\frac{1}{9}$	42
$-\frac{7}{4}$	$\frac{21}{32}$	$\frac{7}{16}$	$-\frac{49}{9}$	$-\frac{147}{2}$
$-\frac{2}{3}$	$\frac{1}{4}$	$\frac{1}{6}$	$-\frac{56}{27}$	-28
$\frac{7}{12}$	$-\frac{7}{32}$	$-\frac{7}{48}$	$\frac{49}{27}$	$\frac{49}{2}$
$1\frac{1}{7}$	$-\frac{3}{7}$	$-\frac{2}{7}$	$\frac{32}{9}$	48

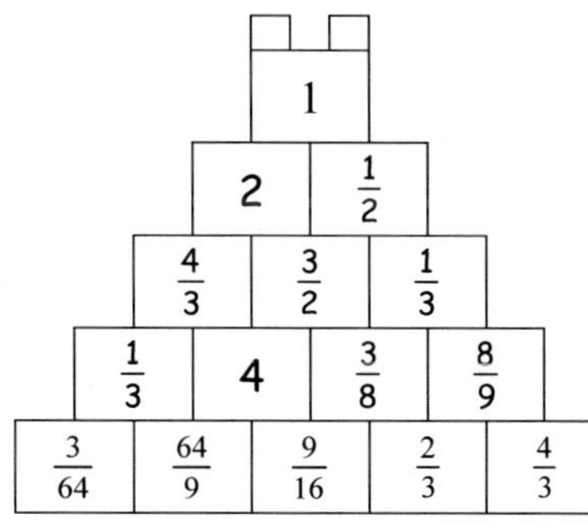

42. a)
- $\frac{3}{2}\cdot 2=3$
- $\frac{3}{4}\cdot\frac{4}{3}=1$
- $\frac{1}{2}\cdot\frac{1}{3}=\frac{1}{6}$

b) Silvester hat Recht in den Punkten ① und ③.
Gegenbeispiel zu ②: $0{,}02\cdot 0{,}02=0{,}0004<0{,}01$.
Gegenbeispiel zu ④: $1{,}5\cdot 1{,}5=2{,}25>2$.

43. a)

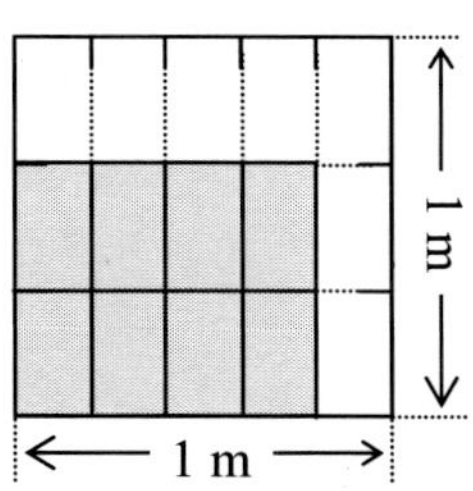

$\frac{4}{5}\,m\cdot\frac{2}{3}\,m=\frac{8}{15}\,m^2$

b)

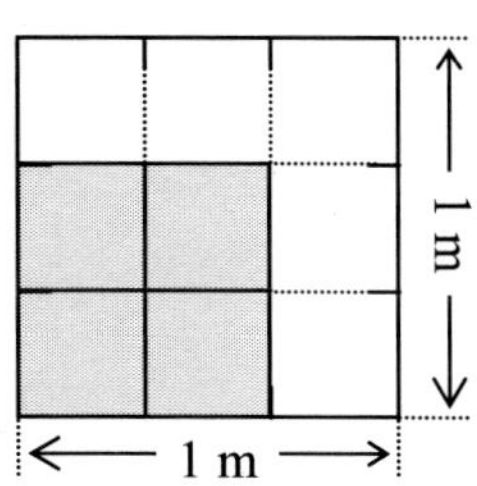

$\frac{2}{3}\,m\cdot\frac{2}{3}\,m=\frac{4}{9}\,m^2$

c)

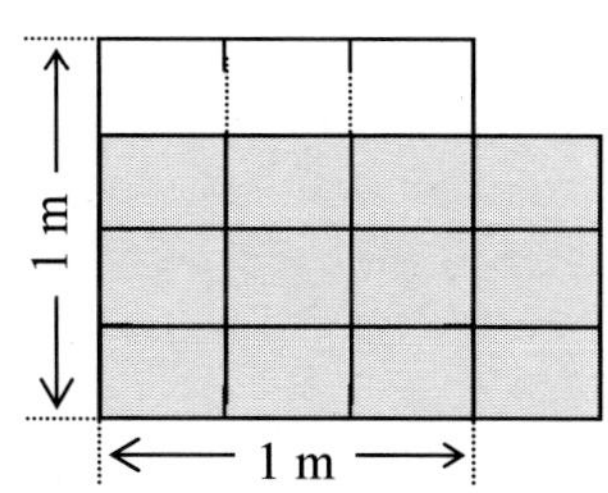

$\frac{4}{3}\,m\cdot\frac{3}{4}\,m=1\,m^2$

44. a) $5\frac{3}{5}$

b) 6

c) $26\frac{2}{3}$

d) 28

e) 1

f) $7\frac{1}{2}$

45. a) $\frac{5}{6}$ von $\frac{4}{5}$ der Fläche = $\frac{5}{6} \cdot \frac{4}{5}$ der Fläche = $\frac{2}{3}$ der Fläche

b)

$\frac{4}{5}$ von $\frac{3}{8}$ = $\frac{3}{10}$	$\frac{5}{8}$ von $\frac{4}{15}$ h = $\frac{1}{6}$ h
$\frac{2}{9}$ von $\frac{9}{10}$ = $\frac{1}{5}$	$\frac{2}{3}$ von $4\frac{1}{2}$ m³ = 3 m³
$\frac{3}{4}$ von $6\frac{2}{3}$ = 5	$\frac{7}{12}$ von 30 € = 17,50 €

c)

20% von $3\frac{1}{3}$ = $\frac{2}{3}$	4% von $\frac{5}{8}$ kg = $\frac{1}{40}$ kg
45% von $2\frac{2}{9}$ = 1	$12\frac{1}{2}$ % von $7\frac{1}{5}$ m = $\frac{9}{10}$ m

46. a) 50 kg

b) $1\frac{1}{5}$ m

c) $1\,\ell$, $\frac{3}{8}\,\ell$

d) $\frac{21}{40}\,\ell > \frac{1}{2}\,\ell$

e) Das silberne Schwimmabzeichen: $\frac{1}{6}$, das goldene: $\frac{1}{5}$.

47. a)

$\left(\frac{1}{6}\right)^2 = \frac{1}{36}$	$\left(\frac{2}{5}\right)^2 = \frac{4}{25}$	$\left(-\frac{3}{4}\right)^2 = \frac{9}{16}$	$\left(-\frac{16}{24}\right)^2 = \frac{4}{9}$
$\left(\frac{4}{3}\right)^2 = \frac{16}{9}$	$\left(\frac{7}{8}\right)^2 = \frac{49}{64}$	$\left(-\frac{5}{9}\right)^2 = \frac{25}{81}$	$\left(2\frac{1}{2}\right)^2 = \frac{25}{4}$

b)

$\frac{9}{25} = \left(\frac{3}{5}\right)^2$	$\frac{1}{64} = \left(\frac{1}{8}\right)^2$	$\frac{81}{100} = \left(\frac{9}{10}\right)^2$	$\frac{225}{169} = \left(\frac{15}{13}\right)^2$
$\frac{9}{4} = \left(\frac{3}{2}\right)^2$	$\frac{4}{49} = \left(\frac{2}{7}\right)^2$	$\frac{121}{144} = \left(\frac{11}{12}\right)^2$	$\frac{196}{361} = \left(\frac{14}{19}\right)^2$

c)

$\frac{3}{10} > \left(\frac{3}{10}\right)^2$	$\frac{3}{2} < \left(\frac{3}{2}\right)^2$	$\frac{7}{8} > \left(\frac{7}{8}\right)^2$	$\frac{8}{7} < \left(\frac{8}{7}\right)^2$

48.

a) $\left(\frac{3}{5}\right)^3 = \frac{3}{5}\cdot\frac{3}{5}\cdot\frac{3}{5} = \frac{27}{125}$	d) $\left(-\frac{1}{3}\right)^4 = \frac{1}{81}$	g) $\left(-\frac{7}{10}\right)^3 = -\frac{343}{1000}$
b) $\left(\frac{2}{3}\right)^3 = \frac{2}{3}\cdot\frac{2}{3}\cdot\frac{2}{3} = \frac{8}{27}$	e) $\left(\frac{1}{2}\right)^7 = \frac{1}{128}$	h) $\left(-\frac{5}{4}\right)^4 = \frac{625}{256}$
c) $\left(-\frac{1}{4}\right)^3 = -\frac{1}{64}$	f) $\left(\frac{3}{2}\right)^5 = \frac{243}{32}$	i) $\left(1\frac{1}{5}\right)^3 = \frac{216}{125}$

49. • Löse Silvesters Rechenaufgabe.

$$\frac{15}{4} \cdot \left(\frac{2}{3}\right)^3 = \frac{15}{4} \cdot \frac{8}{27} = \frac{5}{1} \cdot \frac{2}{9} = \frac{10}{9}$$

• a) $\frac{7}{6}$ c) $-\frac{1}{2}$ e) -1

b) $\frac{4}{75}$ d) $-\frac{6}{5}$ f) $\frac{100}{7}$

50. a) $\frac{1}{4}$ e) $-\frac{1}{10}$

b) $-\frac{5}{24}$ f) $-\frac{1}{20}$

c) $\frac{7}{12}$ g) $\frac{13}{9}$

d) $\frac{2}{45}$ h) $-\frac{11}{12}$

51. a) $\frac{4}{5}$ d) $-\frac{1}{8}$

b) $\frac{61}{72}$ e) $\frac{3}{4}$

c) $\frac{4}{7}$ f) $\frac{13}{11}$

52. a) $\frac{5}{17} \cdot \frac{25}{12} - \frac{5}{17} \cdot \frac{8}{12} = \frac{5}{17} \cdot \left(\frac{25}{12} - \frac{8}{12}\right) = \frac{5}{17} \cdot \frac{17}{12} = \frac{5}{12}$

b) $\left(\frac{4}{15}\right)^2 + \frac{2}{5} \cdot \frac{4}{15} = \frac{4}{15} \cdot \left(\frac{4}{15} + \frac{2}{5}\right) = \frac{4}{15} \cdot \frac{2}{3} = \frac{8}{45}$

c) $\frac{8}{9} \cdot \frac{20}{11} - \frac{8}{9} = \frac{8}{9} \cdot \left(\frac{20}{11} - 1\right) = \frac{8}{9} \cdot \frac{9}{11} = \frac{8}{11}$

d) $\frac{7}{24}$ f) $\frac{35}{81}$

e) $\frac{21}{40}$ g) 2

53. a) • $x = \frac{1}{9}$ • $y = \frac{3}{2}$ • $a = 45$ • $z = -\frac{7}{6}$

b) ① x = gesuchter Geldbetrag

$$\frac{5}{7} \cdot x = 350\,€ \quad \Big| \cdot \frac{7}{5}$$
$$x = 490\,€$$

② a = Lebensalter

$$\frac{5}{16} \cdot a = \frac{45}{2}\,\text{Jahre} \quad \Big| \cdot \frac{16}{5}$$
$$a = 72\,\text{Jahre}$$

54. a)

$\frac{1}{6}$	$5\frac{1}{3}$	$\frac{1}{3}$
$\frac{4}{3}$	$\frac{2}{3}$	$\frac{1}{3}$
$\frac{4}{3}$	$\frac{1}{12}$	$\frac{8}{3}$
Produkt: $\frac{8}{27}$		

b)

$\frac{4}{5}$	$\frac{1}{10}$	$\frac{1}{10}$
$\frac{1}{40}$	$\frac{1}{5}$	$\frac{8}{5}$
$\frac{2}{5}$	$\frac{2}{5}$	$\frac{1}{20}$
Produkt: $\frac{1}{125}$		

c)

3	$\frac{1}{2}$	1	4
8	2	$\frac{1}{4}$	$\frac{3}{2}$
1	24	$\frac{1}{2}$	$\frac{1}{2}$
$\frac{1}{4}$	$\frac{1}{4}$	48	2
Produkt: 6			

Dezimalbrüche multiplizieren

55.

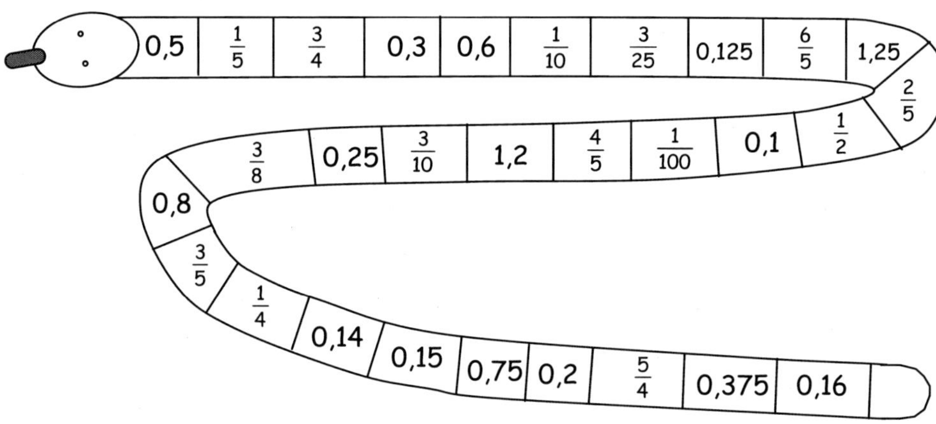

56.

$1{,}4 \cdot 0{,}5 = 0{,}7$	$0{,}17 \cdot 0{,}8 = 0{,}136$	$0{,}03 \cdot 7{,}2 = 0{,}216$
$1{,}4 + 0{,}5 = 1{,}9$	$0{,}17 + 0{,}8 = 0{,}97$	$0{,}03 + 7{,}2 = 7{,}23$
$4 \cdot 5{,}8 = 23{,}2$	$1{,}1 \cdot 0{,}13 = 0{,}143$	$1{,}9 \cdot 2{,}1 = 3{,}99$
$4 + 5{,}8 = 9{,}8$	$1{,}1 + 0{,}13 = 1{,}23$	$1{,}9 + 2{,}1 = 4{,}0$

57. a)

·	10	7	1,5	0,8
0,9	9	6,3	1,35	0,72
0,5	5	3,5	0,75	0,4
0,2	2	1,4	0,3	0,16
0,08	0,8	0,56	0,12	0,064

·	0,1	0,01	0,001
18	1,8	0,18	0,018
5,7	0,57	0,057	0,0057
324,5	32,45	3,245	0,3245

b) Wir multiplizieren einen Dezimalbruch mit 0,1 (0,01 , 0,001 , ...). indem Wir das Komma um eine (zwei, drei, ...) Stellen nach links verschieben.

58. a) Berechne und vergleiche.

$3 \cdot 1{,}2 = 3{,}6$ →

- $30 \cdot 0{,}12 = 3{,}6$
- $300 \cdot 0{,}012 = 3{,}6$
- $0{,}3 \cdot 12 = 3{,}6$
- $0{,}03 \cdot 120 = 3{,}6$

b) Der Wert eines Produktes ändert sich nicht, wenn wir die Kommas beider Faktoren gegensinnig um gleich viele Stellen verschieben.

Erklärung: Komma um n Stellen nach rechts bedeutet Multiplizieren mit 10^n, Komma beim anderen Faktor um n Stellen nach links bedeutet Dividieren durch 10^n. Multiplizieren mit 10^n und Dividieren durch 10^n heben sich auf.

c)
- $900 \cdot 0{,}016 = 9 \cdot 1{,}6 = 14{,}4$
- $7000 \cdot 0{,}0025 = 7 \cdot 2{,}5 = 17{,}5$
- $0{,}000\,006 \cdot 42\,000\,000 = 6 \cdot 42 = 252$
- $0{,}000\,125 \cdot 8000 = 0{,}125 \cdot 8 = 1$
- $14\,000 \cdot 0{,}000\,014 = 1{,}4 \cdot 0{,}14 = 0{,}196$

59. a)

- $\frac{3}{2} \cdot 1{,}1 = 1{,}5 \cdot 1{,}1 = 1{,}65$
- $5{,}3 \cdot \frac{2}{5} = 5{,}3 \cdot 0{,}4 = 2{,}12$
- $\frac{1}{5} \cdot 4{,}7 = 0{,}2 \cdot 4{,}7 = 0{,}94$
- $0{,}3 \cdot \frac{3}{4} = 0{,}3 \cdot 0{,}75 = 0{,}225$

b)

- $\frac{2}{3} \cdot 0{,}4 = \frac{2}{3} \cdot \frac{2}{5} = \frac{4}{15}$
- $\frac{5}{7} \cdot 1{,}2 = \frac{5}{7} \cdot \frac{6}{5} = \frac{6}{7}$
- $\frac{1}{6} \cdot 0{,}75 = \frac{1}{6} \cdot \frac{3}{4} = \frac{1}{8}$
- $\frac{10}{9} \cdot 0{,}16 = \frac{10}{9} \cdot \frac{16}{100} = \frac{8}{45}$

c) Wurzel multipliziert den Zähler des Bruches mit dem Dezimalbruch und erweitert den entstandenen Bruch so, dass kein Komma mehr vorkommt. Anschließend entscheidet sie sich für die vollständig gekürzte Bruchdarstellung oder für die dezimale Schreibweise.

60. a)

x	0,1	0,2	0,3	0,4	0,5	0,6	0,7	0,8	0,9
x^2	0,01	0,04	0,09	0,16	0,25	0,36	0,49	0,64	0,81
x^3	0,001	0,008	0,027	0,064	0,125	0,216	0,343	0,512	0,729

b)

x	1,1	1,2	1,3	1,4	1,5	1,6	1,7	1,8	1,9	2,5
x^2	1,21	1,44	1,69	1,96	2,25	2,56	2,89	3,24	3,61	6,25

c) Falsch: $0{,}5^2 = 0{,}25 < 0{,}5$.

d) ① $L = \{-0{,}9\ ;\ 0{,}9\}$ ④ $L = \{-1{,}2\ ;\ 1{,}2\}$

② $L = \{-0{,}3\ ;\ 0{,}3\}$ ⑤ $L = \{-1{,}7\ ;\ 1{,}7\}$

③ $L = \{-0{,}8\ ;\ 0{,}8\}$ ⑥ $L = \{-0{,}05\ ;\ 0{,}05\}$

61.

a) $5{,}9 \cdot 0{,}8 \cdot 2{,}5$
$= 5{,}9 \cdot 2$
$= 11{,}8$

b) $6{,}8 - 7 \cdot 0{,}6$
$= 6{,}8 - 4{,}2$
$= 2{,}6$

c) $\frac{3}{2} \cdot (3{,}5 - 2{,}6) - \frac{4}{5} \cdot (2{,}9 - 1{,}3)$
$= 1{,}5 \cdot 0{,}9 - 0{,}8 \cdot 1{,}6$
$= 1{,}35 - 1{,}28 = 0{,}07$

d) 0,2
e) –4,8
f) 0,48
g) 1,13
h) 1,7
i) 0,78

62. a) $3{,}7 \cdot 7{,}6 - 3{,}7 \cdot 3{,}6$

$= 3{,}7 \cdot (7{,}6 - 3{,}6)$

$= 3{,}7 \cdot 4$

$= 14{,}8$

b) $4{,}8 \cdot 9{,}8 - 4{,}8^2$

$= 4{,}8 \cdot (9{,}8 - 4{,}8)$

$= 4{,}8 \cdot 5$

$= 24$

c) 0,75

d) 72,9

e) 3,52

f) 0,288

63. a)

- $7\,500\,000 = 7{,}5 \cdot 10^6$
- $24\,000\,000 = 2{,}4 \cdot 10^7$
- $6\,250\,000\,000 = 6{,}25 \cdot 10^9$
- $4\,800\,000\,000\,000 = 4{,}8 \cdot 10^{12}$

b)

$0{,}0072 = 7{,}2 \cdot 10^{-3}$

$10^{-3} = 0{,}001$

c)

$8 \cdot 10^{-5} = 0{,}00008$

$10^{-5} = 0{,}00001$

d)

Zehnerpotenzen mit negativen Exponenten

- $10^{-1} = 0{,}1$
- $10^{-2} = 0{,}01$
- $10^{-3} = 0{,}001$
- $10^{-4} = 0{,}0001$
- $10^{-5} = 0{,}00001$
- $10^{-6} = 0{,}000001$ usw.

64. a) $7{,}8 \cdot 10^5$

b) $1{,}25 \cdot 10^7$

c) $1{,}5 \cdot 10^8$

d) $5{,}4 \cdot 10^{10}$

e) $5{,}2 \cdot 10^{-4}$

f) $6{,}4 \cdot 10^{-6}$

g) $3{,}75 \cdot 10^{-8}$

h) $2{,}5 \cdot 10^{-11}$

i) $1{,}8 \cdot 10^6$

j) $5{,}365 \cdot 10^{-5}$

k) $6{,}45 \cdot 10^{15}$

l) $8{,}7 \cdot 10^{-10}$

m) $9{,}1 \cdot 10^{-31}$ kg

65. a) 8,153

b) 2,888

c) 8,092

d) 0,505

e) 676

f) 0,777

66. $3250 \cdot 1{,}2128\,€ = 3941{,}60\,€$

67. a) Wurzels Messung ist mit einer gewissen Unsicherheit behaftet: Sie kann die Längen nur bis auf eine Genauigkeit von 5 cm messen.

b) $70{,}9275\,\text{m}^2 \leq A \leq 72{,}6375\,\text{m}^2$

68. a) $750\,\text{cm}^2$, $900\,\text{cm}^2$

b) Während des 4. Tages.

c) $1{,}2^n \cdot 625\,\text{cm}^2$

69. a)

	... auf 3 geltende Ziffern	... auf 2 geltende Ziffern
0,37625	0,376	0,38
4,02539	4,03	4,0
68510	68500	69000
0,0067651	0,00677	0,0068
13,2018	13,2	13

b)
- Runde auf 3 Dezimalen: $3{,}47615 \approx 3{,}476$
- Runde auf 3 geltende Ziffern: $3{,}47615 \approx 3{,}48$

70. a) $p \approx 6{,}758 \cdot 0{,}7874 = 5{,}3212492 \approx 5{,}3212$

- Z. B.: Das Produkt hat 8 Dezimalen; es wird eine Genauigkeit vorgetäuscht, die durch die Faktoren nicht gegeben ist.
- Siehe oben.

b)

1. Faktor gerundet auf ...	2. Faktor gerundet auf ...	Näherungswert für das Produkt
... 4 geltende Ziffern	... 3 geltende Ziffern	$p \approx 6{,}758 \cdot 0{,}787 = 5{,}318546 \approx 5{,}32$
... 3 geltende Ziffern	... 3 geltende Ziffern	$p \approx 6{,}76 \cdot 0{,}787 = 5{,}32012 \approx 5{,}32$
... 3 geltende Ziffer	... 2 geltende Ziffern	$p \approx 6{,}76 \cdot 0{,}79 = 5{,}3404 \approx 5{,}3$
... 2 geltende Ziffer	... 1 geltende Ziffer	$p \approx 6{,}8 \cdot 0{,}8 = 5{,}44 \approx 5$

71. a) Wurzel rundet den ersten Faktor auf zwei, den zweiten auf drei geltende Ziffern und das Ergebnis gemäß der vorigen Aufgabe auf zwei geltende Ziffern.

b) • 43 • 7,7 • 0,66

72.
- Ergebnis muss 4 Dezimalen haben.
- $56 \cdot 80 \approx 4500$ (Ergebnis ist zu groß.)
- Die letzte Ziffer muss 2 sein.
- Das Produkt muss kleiner als 0,87 sein.

Sachaufgaben

73.
- $7\frac{1}{2} \cdot \frac{3}{5}$ km = $7{,}5 \cdot 0{,}6$ km = 4,5 km
- $2{,}8\,\text{m} \cdot \frac{5}{6}\,\text{m} = \frac{14}{5}\,\text{m} \cdot \frac{5}{6}\,\text{m} = \frac{7}{3}\,\text{m}^2 = 2\frac{1}{3}\,\text{m}^2$
- $\frac{3}{4}$ von $5\frac{1}{3}\,\ell = \frac{3}{4} \cdot \frac{16}{3}\,\ell = 4\,\ell$
- 5% von 300 € = $0{,}05 \cdot 300$ € = 15 €
- 12 kg = $\frac{12}{21}$ von 21 kg = $\frac{4}{7}$ von 21 kg
- 32 € = $\frac{2}{5}$ von 80 € = 40% von 80 €
- 27 h = $\frac{3}{4}$ von 36 h
- $1\frac{1}{9}\,\text{m}^3 = \frac{5}{6}$ von $\frac{4}{3}\,\text{m}^3$

74. a) 41,60 €

b) $\frac{3}{5} = 60\%$

c) 2800 €

d) $\frac{5}{16}$ von $56\,\ell = 17{,}5\,\ell$

75.

Lösung:

$1\,\text{m}^2$ Teppichboden kostet 28 €.

$17\frac{3}{4}\,\text{m}^2$ Teppichboden kosten $17\frac{3}{4} \cdot 28$ € = 497 €.

Rechnung: $17\frac{3}{4} \cdot 28 = \frac{71}{4} \cdot 28 = 71 \cdot 7 = 497$

76. a) 140 km

b) 1 kg

c) $10\frac{5}{8}\,\ell$

d) 46,8 ℓ

77. a) 308 Schüler

b) 476 €

c) 16%

d) 28% von 1,75 € = 1,26 €

78. a) Flächeninhalt $1{,}4\,\text{m}^2$, Umfang 5,1 m.

b) $12{,}5\,\text{m}^2$

c) $\frac{6}{25}\,\text{m}^3 = 240\,\ell$

79. a) $500\,\text{m}^3$ Luft wiegen 650 kg.

b) 105000 ℓ

80. a) Tina 270 €; Tino 180 €

b) Tina $\frac{9}{20}$; Tino $\frac{3}{10}$

c) Man erhält andere Beträge für Tina und Tino (450 € bzw. 300 €), aber gleich große Anteile.

81. $\frac{1}{50} = 2\%$

82. a) Ja, Gesamtverbrauch 45,9 ℓ.

b) $45{,}9 \cdot 1{,}659€ : 4 \approx 19$ €.

83. a) Ungefähr 61000 €.

b) 100,6 m

84. a) 89 c

b) 30,8 c/Spülgang – Ersparnis pro Jahr rund 87 €.

85. 441,13 €

86. a) 1,27 cm

b) $40'' = 40 \cdot 2{,}54\,\text{cm} = 101{,}6\,\text{cm} \approx 102\,\text{cm}$

c) $4{,}3'' = 4{,}3 \cdot 2{,}54\,\text{cm} = 10{,}922\,\text{cm} \approx 11\,\text{cm}$

d) 66 cm

87. 10,5 c

88. Rechnung: $\frac{8}{11} \cdot \frac{11}{9} = \frac{8}{9}$

Antwort: Der Preis ist um $\frac{1}{9}$ billiger geworden.

Zusatzfrage: $x \cdot \frac{11}{9} = 1$

$x = \frac{9}{11}$

89. Nach dem ersten Umgießen

1. Glas: $\frac{1}{4}$ Glas Wasser

2. Glas: $\frac{1}{2}$ Glas Wein + $\frac{1}{4}$ Glas Wasser

Nach dem zweiten Umgießen

2. Glas: $\frac{2}{3}$ von ($\frac{1}{2}$ Glas Wein + $\frac{1}{4}$ Glas Wasser) = $\frac{1}{3}$ Glas Wein + $\frac{1}{6}$ Glas Wasser

1. Glas: $\frac{1}{4}$ Glas Wasser + $\frac{1}{3}$ von ($\frac{1}{2}$ Glas Wein + $\frac{1}{4}$ Glas Wasser) =

$\frac{1}{3}$ Glas Wasser + $\frac{1}{6}$ Glas Wein

Im ersten Glas ist ebenso viel Wein wie im zweiten Wasser.

Dividieren

90.

$\frac{8}{15} : \frac{4}{5} = \frac{8}{15} \cdot \frac{5}{4} = \frac{2}{3}$	$\left(-\frac{3}{10}\right) : \frac{7}{10} = -\frac{3}{10} \cdot \frac{10}{7} = -\frac{3}{7}$	$6\frac{2}{9} : 8 = \frac{56}{9} \cdot \frac{1}{8} = \frac{7}{9}$
$\frac{12}{7} : \frac{3}{14} = \frac{12}{7} \cdot \frac{14}{3} = 8$	$\left(-\frac{35}{18}\right) : \left(-\frac{7}{12}\right) = \frac{35}{18} \cdot \frac{12}{7} = \frac{10}{3}$	$3 : 2\frac{2}{5} = 3 \cdot \frac{5}{12} = \frac{5}{4}$

91.

:	$\frac{3}{10}$	$\frac{2}{3}$	$\frac{7}{5}$	$\frac{14}{9}$	3
$\frac{3}{10}$	1	$\frac{9}{20}$	$\frac{3}{14}$	$\frac{27}{140}$	$\frac{1}{10}$
$\frac{2}{3}$	$\frac{20}{9}$	1	$\frac{10}{21}$	$\frac{3}{7}$	$\frac{2}{9}$
$\frac{7}{5}$	$\frac{14}{3}$	$\frac{21}{10}$	1	$\frac{9}{10}$	$\frac{7}{15}$
$\frac{14}{9}$	$\frac{140}{27}$	$\frac{7}{3}$	$\frac{10}{9}$	1	$\frac{14}{27}$
3	10	$\frac{9}{2}$	$\frac{15}{7}$	$\frac{27}{14}$	1

Die Zahlen ober- und unterhalb der Diagonalen sind Kehrzahlen, weil Dividend und Divisor vertauscht sind.

92. a) Kannst du Silvester helfen

b)

$\frac{\frac{3}{5}}{\frac{5}{4}} = \frac{3}{5} \cdot \frac{4}{5} = \frac{12}{25}$	$\frac{-\frac{3}{5}}{\frac{2}{9}} = -\frac{3}{5} \cdot \frac{9}{2} = -\frac{27}{10}$
$\frac{\frac{1}{8}}{\frac{2}{3}} = \frac{1}{8} \cdot \frac{3}{2} = \frac{3}{16}$	$\frac{\frac{7}{5}}{-\frac{14}{3}} = \frac{7}{5} \cdot \left(-\frac{3}{14}\right) = -\frac{3}{10}$
$\frac{\frac{8}{7}}{\frac{10}{7}} = \frac{8}{7} \cdot \frac{7}{10} = \frac{4}{5}$	$\frac{-\frac{2}{3}}{-\frac{16}{9}} = -\frac{2}{3} \cdot \left(-\frac{9}{16}\right) = \frac{3}{8}$

c)

$\frac{10}{\frac{3}{4}} = 10 \cdot \frac{4}{3} = \frac{40}{3}$	$\frac{\frac{10}{3}}{4} = \frac{10}{3} \cdot \frac{1}{4} = \frac{5}{6}$

93. a) Silvesters und Wurzels Aussagen stimmen.

b) Rechnung: $\frac{27}{10} : \frac{3}{20} = \frac{27}{10} \cdot \frac{20}{3} = 18$

Antwort: $\frac{3}{20}$ ist 18-mal in $\frac{27}{10}$ enthalten.

c) Rechnung: $10 : \frac{6}{5} = 10 \cdot \frac{5}{6} = \frac{25}{3} = 8\frac{1}{3}$

Antwort: 10 ist das $8\frac{1}{3}$-fache von $\frac{6}{5}$.

d) Rechnung: $1\frac{1}{2} : 11\frac{1}{4} = \frac{3}{2} : \frac{45}{4} = \frac{3}{2} \cdot \frac{4}{45} = \frac{2}{15}$

Antwort: $1\frac{1}{2} = \frac{2}{15}$ von $11\frac{1}{4}$.

e) $7\frac{1}{2}$ Runden

f) $\frac{2}{9}$ des Grundstücks

94.

a) $\left(\frac{1}{5}:\frac{1}{4}\right)\cdot\left(\frac{1}{3}:\frac{1}{2}\right)$

$= \left(\frac{1}{5}\cdot 4\right)\cdot\left(\frac{1}{3}\cdot 2\right)$

$= \frac{4}{5}\cdot\frac{2}{3}$

$= \frac{8}{15}$

b) $\left(2-\frac{5}{6}\right):\left(\frac{9}{8}-\frac{1}{4}\right)$

$= \frac{7}{6}:\frac{7}{8}$

$= \frac{7}{6}\cdot\frac{8}{7}$

$= \frac{4}{3}$

c) $\frac{5}{7}:\frac{2}{3}-\frac{5}{7}\cdot\frac{2}{3}+\frac{6}{7}:\frac{18}{5}$

$= \frac{5}{7}\cdot\frac{3}{2}-\frac{10}{21}+\frac{6}{7}\cdot\frac{5}{18}$

$= \frac{15}{14}-\frac{10}{21}+\frac{5}{21}$

$= \frac{45-20+10}{42} = \frac{5}{6}$

$= \frac{35}{42} = \frac{5}{6}$

d) $\frac{3}{4}$

e) $\frac{2}{15}$

f) $-\frac{3}{4}$

Silvesters Problem: $1:2:3:4:5 = \frac{1}{120}$.

95.

a) $\frac{12}{\frac{1}{2}+\frac{2}{5}} = \frac{12}{\frac{9}{10}}$

$= 12\cdot\frac{10}{9} = \frac{40}{3} = 13\frac{1}{3}$

b) $\frac{\frac{5}{6}-\frac{1}{3}}{\frac{2}{5}\cdot\frac{3}{4}} = \frac{\frac{1}{2}}{\frac{3}{10}}$

$= \frac{1}{2}\cdot\frac{10}{3} = \frac{5}{3}$

c) $\frac{3}{\frac{4}{5}} - \frac{\frac{3}{4}}{5} = 3\cdot\frac{5}{4}-\frac{3}{4}\cdot\frac{1}{5}$

$= \frac{15}{4}-\frac{3}{20}$

$= \frac{75-3}{20} = \frac{18}{5} = 3\frac{3}{5}$

d) $2-\frac{\frac{4}{5}-\frac{3}{2}}{\frac{3}{5}} = 2-\frac{-\frac{7}{10}}{\frac{3}{5}}$

$= 2+\frac{7}{10}\cdot\frac{5}{3}$

$= 2+\frac{7}{6} = 3\frac{1}{6}$

e) $\frac{13}{24}$

f) $-\frac{7}{10}$

g) $\frac{1}{21}$

h) $-\frac{1}{4}$

i) $\frac{1}{3}$

j) $\frac{1}{2}$

k) $\frac{7}{6}$

l) $\frac{8}{5}$

m) $-\frac{29}{15}$

96. a) $\frac{3}{4}$

b) $7\frac{1}{2}$

c) -14

d) $\frac{8}{3}$

e) $\frac{9}{20}$

f) $-\frac{11}{20}$

97. a)

$$\frac{x}{\frac{3}{5}} = \frac{7}{12}$$

$$x = \frac{7}{12} \cdot \frac{3}{5}$$

$$x = \frac{7}{20}$$

Die Multiplikation ist die Umkehrung der Division:

$$\frac{x}{\frac{3}{5}} \cdot \frac{3}{5} = x$$

b) • $x = \frac{4}{3}$ • $x = \frac{5}{2}$ • $x = \frac{3}{4}$ • $x = \frac{1}{5}$

c)

$$\frac{\frac{2}{3}}{x} = \frac{5}{9}$$

$$\frac{x}{\frac{2}{3}} = \frac{9}{5} \quad \Big| \cdot \frac{2}{3}$$

$$x = \frac{9}{5} \cdot \frac{2}{3}$$

$$x = \frac{6}{5}$$

Bilde auf beiden Seiten die Kehrzahl.

d) • $x = \frac{3}{4}$ • $x = \frac{10}{3}$ • $x = \frac{6}{7}$ • $x = \frac{1}{16}$

98. a) $-\frac{17}{28}$ d) $\frac{8}{3}$ g) $\frac{2}{27}$

b) $\frac{1}{2}$ e) 9 h) $\frac{20}{3}$

c) $\frac{1}{25}$ f) $-\frac{11}{4}$ i) 3

Dezimalbrüche dividieren

99. a) Wurzel schreibt die Divisionsaufgabe als Bruch. Diesen erweitert sie mit einer Zehnerpotenz so, dass im Zähler und im Nenner kein Komma mehr vorkommt.

b) • 0,24 • 3,75 • 5 • 42,5 • 8,2

c) • $\frac{2}{3}$ • $\frac{5}{6}$ • $\frac{10}{7}$ • $\frac{5}{12}$ • $\frac{7}{90}$

d)

5,6 : 0,8 = 7	0,32 : 0,08 = 4	5,4 : 0,18 = 30
7,8 : 1,3 = 6	1,2 : 0,15 = 8	10 : 0,001 = 10000

100. a)

• $5{,}4 : 3 = \frac{5{,}4}{3} = \frac{54}{30} = \frac{18}{10} = 1{,}8$

• $0{,}48 : 4 = \frac{0{,}48}{4} = \frac{48}{400} = \frac{12}{100} = 0{,}12$

• $7{,}14 : 7 = \frac{7{,}14}{7} = \frac{714}{700} = \frac{102}{100} = 1{,}02$

• $0{,}235 : 5 = \frac{0{,}235}{5} = \frac{235}{5000} = \frac{47}{1000} = 0{,}047$

b) Wurzels Rezept funktioniert.

c)

6,3 : 9 = 0,7	0,72 : 3 = 0,24	0,056 : 4 = 0,014
8,5 : 5 = 1,7	0,48 : 12 = 0,04	0,135 : 15 = 0,009
$\frac{21{,}7}{7}$ = 3,1	$\frac{8{,}16}{8}$ = 1,02	$\frac{0{,}216}{6}$ = 0,036

d) Kannst du Silvester helfen?

e)

0,7 : 2 = 0,35	0,8 : 5 = 0,16	1,4 : 4 = 0,35
$\frac{3{,}3}{2}$ = 1,65	$\frac{0{,}18}{5}$ = 0,036	$\frac{2{,}7}{6}$ = 0,45

f) ---

101. a) 4,61 c) 3,405 e) 4,0608

b) 0,1225 d) 14,7 f) 18,24

g) Der 7,5 kg-Sack ist günstiger, er kostet 1,14 €, 4 c weniger als der 4 kg-Sack.

102. a) Siehe rechts.

b) Schriftliche Division rechts.
Problem: Die Division bricht nicht ab.

c) Siehe rechts.

d)
- 0,74
- 8,13
- 12,49

$4{,}35 : 7 \approx 4{,}2 : 7 = 0{,}6$

```
4,35 : 7 = 0,62142...
0
43
42
 15
 14
  10
   7
   30
   28
    20
```

Stopp!

Ergebnis: $4{,}35 : 7 \approx 0{,}62$

103.

$0{,}377 : 16{,}73$

$\approx 0{,}36 : 18 = 0{,}02$

$0{,}377 : 16{,}73$

$\approx 0{,}4 : 20 = 0{,}02$

a) $367{,}5 : 6{,}43 \approx 360 : 6 = 60$

b) $0{,}5547 : 7{,}93 \approx 0{,}56 : 8 = 0{,}7$

c) $87{,}6 : 321{,}5 \approx 90 : 300 = 0{,}3$

d) $\frac{0{,}613}{0{,}1513} \approx 0{,}6 : 1{,}5 = 4$

e) $\frac{150{,}75}{0{,}5757} \approx 150 : 0{,}6 = 250$

f) $\frac{6{,}593}{0{,}0956} \approx 7 : 0{,}1 = 70$

104.

a) $0{,}7 \cdot x = 3{,}5 \quad | : 0{,}7$

$x = \frac{3{,}5}{0{,}7}$

$x = 5$

b) $\frac{x}{1{,}3} = 0{,}6 \quad | \cdot 1{,}3$

$x = 0{,}6 \cdot 1{,}3$

$x = 0{,}78$

c) $\frac{1{,}2}{x} = 0{,}9 \quad |$ Kehrzahl

$\frac{x}{1{,}2} = \frac{1}{0{,}9} \quad | \cdot 1{,}2$

$x = \frac{1{,}2}{0{,}9}$

$x = \frac{4}{3}$

d) $x = 0{,}7$

e) $x = \frac{5}{6}$

f) $x = 10$

g) $x = 1{,}36$

h) $x = 2{,}5$

i) $x = \frac{5}{12}$

105.

·	0,8	1,5	2,1	4
0,07	0,056	0,105	0,147	0,28
0,6	0,48	0,9	1,26	2,4
1,4	1,12	2,1	2,94	5,6
2,5	2	3,75	5,25	10

:	0,2	0,75	1,2	5
0,03	0,15	0,04	0,025	0,006
0,6	3	0,8	0,5	0,12
3,6	18	4,8	3	0,72
9	45	12	7,5	1,8

106. • Vervollständige Silvesters Rechnung.

• a) 4,5 c) 0,75 e) 5

b) $\frac{12}{7}$ d) $\frac{5}{11}$ f) 68,75

107. •

• a) 2,1 c) $-0,04$ e) $\frac{1}{3}$

b) 60 d) 12,5 f) 0,54

108. a) 0,7 d) 0,36 g) $-2,5$

b) $-0,16$ e) $\frac{14}{15}$ h) 0,875

c) 0,05 f) 0,11 i) 0,12

Sachaufgaben

109. a)

12 Flaschen , 126 €	7,5 Runden , 12,5 min	$\frac{3}{5}$ gefüllt , 2700 ℓ
$\frac{126\,€}{12} = \frac{126}{12}\,€$	$\frac{12{,}5\,\text{min}}{7{,}5} = \frac{125}{75}\,\text{min}$	$\frac{2700\,ℓ}{\frac{3}{5}} = 2700\,ℓ \cdot \frac{5}{3}$
$= \frac{21}{2}\,€$	$= \frac{5}{3}\,\text{min}$	
$= 10{,}50\,€$	$= 100\,\text{s}$	$= 4500\,ℓ$

b)

- 0,4 m
- $\frac{3}{8}\,\text{m}^2$
- $\frac{1}{4}\,\text{t}$
- **6 ℓ**

110. a)

Rechnung: $\frac{6\frac{3}{4}\,\text{m}^2}{3\,\text{m}} = \frac{\frac{27}{4}\,\text{m}^2}{3\,\text{m}} = \frac{27}{4} \cdot \frac{1}{3}\,\text{m} = \frac{9}{4}\,\text{m} = 2\frac{1}{4}\,\text{m}$

Antwort: Die andere Seite ist $2\frac{1}{4}$ m lang.

b)

Rechnung: $\frac{4{,}5\,ℓ}{0{,}3\,ℓ} = \frac{4{,}5}{0{,}3} = \frac{45}{3} = 15$

Antwort: Die Bowle reicht für 15 Gläser.

c)
① 8
② $1{,}2\,\text{cm}^2$
③ 2,5 m
④ 6,4
⑤ 55
⑥ 2,4 m

111. a)

4 kg Äpfel 7,20 €	$1\frac{1}{2}$ kg Trauben 7,20 €	0,6 kg Salami 7,20 €
$\frac{7{,}20\,€}{4\,\text{kg}} = \frac{7{,}20}{4}\,\frac{€}{\text{kg}}$	$\frac{7{,}20\,€}{1{,}5\,\text{kg}} = \frac{7{,}20}{1{,}5}\,\frac{€}{\text{kg}}$	$\frac{7{,}20\,€}{0{,}6\,\text{kg}} = \frac{72}{6}\,\frac{€}{\text{kg}}$
$= \frac{72}{40}\,\frac{€}{\text{kg}}$	$= \frac{72}{15}\,\frac{€}{\text{kg}}$	$= 12\,\frac{€}{\text{kg}}$
$= 1{,}80\,\frac{€}{\text{kg}}$	$= \frac{24}{5}\,\frac{€}{\text{kg}}$	
	$= 4{,}80\,\frac{€}{\text{kg}}$	

b) Das sind die Kilogrammpreise.

c) $\frac{3{,}36\,€}{12 \cdot 0{,}7\,\ell} = \frac{3{,}36\,€}{8{,}4\,\ell} = \frac{3{,}36}{8{,}4}\frac{€}{\ell} = \frac{336}{840}\frac{€}{\ell} = \frac{4}{10}\frac{€}{\ell} = 0{,}4\frac{€}{\ell}$

112. a) Nein. Ein Geldbetrag in € mit mehr als zwei Dezimalen ist unsinnig.

b) Jeder Schüler erhält 14,0625 €. 8 c bleiben übrig.

c)
- 4,35 m
- Der Flächeninhalt ist um $0{,}005\,\text{m}^2$ zu groß.

113. a)

x = gesuchter Bruchteil

$x \text{ von } 6\frac{2}{5}a = 2\frac{2}{5}a$

$x \cdot 6\frac{2}{5}a = 2\frac{2}{5}a$

$x = \frac{2\frac{2}{5}a}{6\frac{2}{5}a}$

$x = \frac{12}{5} \cdot \frac{5}{32} = \frac{3}{8}$

$2\frac{2}{5}a = \frac{2\frac{2}{5}}{6\frac{2}{5}} \text{ von } 6\frac{2}{5}a$

$2\frac{2}{5}a = \frac{12}{5} \cdot \frac{5}{32} \text{ von } 6\frac{2}{5}a$

$2\frac{2}{5}a = \frac{3}{8} \text{ von } 6\frac{2}{5}a$

b) 40%

114. a) 1,25 s

b) 56 s

c) 30

115. a) $2\frac{1}{2}\,\text{m}$

b) Silvesters Aussage ist falsch. Jen nach Wahl der Seiten erhält man $8\,\text{m}^2$ oder $9\,\text{m}^2$.

116. a) 2,5 dm

b) 12,6 kg

117.

Äpfel	Rindfleisch	Käse	Pralinen
1,15 €/kg	11,50 €/kg	9,20 €/kg	42,50 €/kg

118. Die Lammkeule ist im Beta-Markt am preiswertesten.

Alpha-Markt	**Beta-Markt**	**Gamma-Markt**
Lammkeule	Lammkeule	Lammkeule
18 €/kg	17,50 €/kg	18,40 €/kg

119. a) $\frac{3}{4}\,\ell$

b) 12%

120. a) $0{,}3\,\ell$

b) $1{,}5\,\ell$

c) $\frac{1}{5}$ Sirup, $\frac{4}{5}$ Wasser

d) 15%

121. a) 12,5 km

b) 48 min

c) $62\frac{1}{2}$ min

122. a) $80\,\frac{\text{km}}{\text{h}}$ b) $96\,\frac{\text{km}}{\text{h}}$ c) $1\frac{\text{m}}{\text{s}} = \frac{1\text{m}}{1\text{s}} = \frac{\frac{1}{1000}\,\text{km}}{\frac{1}{3600}\,\text{h}} = \frac{18}{5}\frac{\text{km}}{\text{h}}$

123. a) 72000

b) 43200

c) $\frac{1}{6}$

d) 64800

e) Nein. Jeder neunte Einwohner entspricht $\frac{1}{9}$, $9\% = \frac{9}{100}$. Aber $\frac{9}{100} \neq \frac{1}{9}$.

124. a) 1875 m

b) 320-mal

125. a) 1,65 m

b) 66%

126. a) $21\,\text{cm} \times 14\,\text{cm}$

b) $294\,\text{cm}^2$

c) 49%

d) 1,41 = 141%

127. a) 416 Beutel

b) 400 g

128. a) 984 €

b) ---

c) 0,71 €

129. a) 1,50 € b) $75\,\frac{\text{km}}{\text{h}}$ c) 7,5 ℓ d) $\approx 67\,\text{km}$

130. a) $U = 3{,}14 \cdot 3{,}185\,\text{m} \approx 10{,}00\,\text{m}$

b) $d = \frac{2{,}67\,\text{m}}{3{,}14} \approx 0{,}85\,\text{m}$

c) $\frac{U}{d} = \frac{22\,\text{m}}{7\,\text{m}} = 3{,}142\ldots$; eine gute Messung

131. a) 2,25 kg c) 4,80 € e) 3,75 cm

b) 70 d) 7 f) 0,2 h = 12 min

Mittelwerte

132. a) Nein.

b) Kai: $(11+22+9+10):4=13$ Punkte im Schnitt.

Marc: $(14+15+10):3=13$ Punkte im Schnitt.

Beide sind gleich gute Werfer.

133.

Zahlen	Mittelwert
27; 50	38,5
10; 14; 15	13
31; 32; 39; 41	35,75

Zahlen	Mittelwert
3; 9; 15; 23; 25	15
-17; -15; -10; 16; 26	0
1; 2; 3; ... ; 10	5,5

134. a)

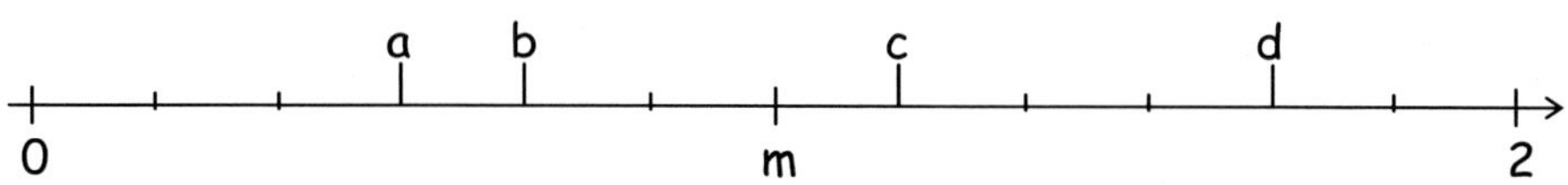

$$m = \frac{\frac{1}{2}+\frac{2}{3}+\frac{7}{6}+\frac{5}{3}}{4} = \frac{\frac{24}{6}}{4} = 1$$

b)

- den arithmetischen Mittelwert: $m = \frac{0{,}7+1{,}3+1{,}6+1{,}9+2{,}4+2{,}9}{6} = \frac{10{,}8}{6} = 1{,}8$.
- die Summe der Abweichungen der Einzelwerte vom Mittelwert:

$-1{,}1 + (-0{,}5) + (-0{,}2) + 0{,}1 + 0{,}6 + 1{,}1 = 0$.

c)

7; 13; 16; 19; 24; 29

Mittelwert: 18

5,7; 6,3; 6,6; 6,9; 7,4; 7,9

Mittelwert: 6,8

135. a) 1. Trainingstag: $m = 3{,}96\ \text{m}$,

2. Trainingstag: $m = 3{,}94\ \text{m}$.

b) ---

136. a) 16 min

b) z. B. schlechte Witterung, Stau, ...

c) 12,5 min. Der Durchschnittswert aus c) ist aussagekräftiger.

d) ---

137. Der Mittelwert wird berechnet: $m = \dfrac{\text{Summe aller gemessenen Winkel}}{\text{Anzahl der gemessenen Winkel}}$.

(Exaktes Winkelmaß: 32,5°.)

138. a) – c)

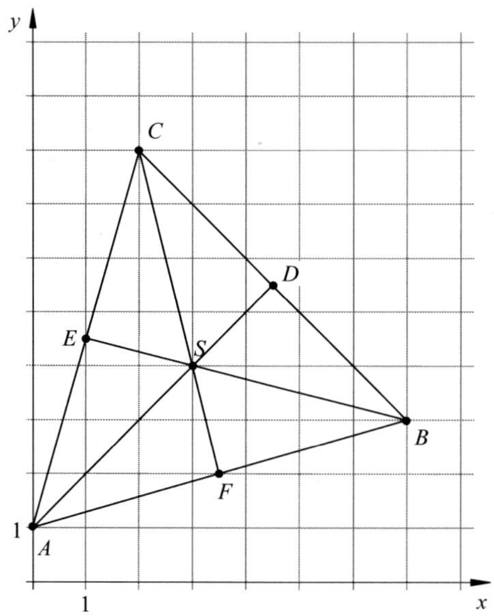

b) $D(4{,}5|5{,}5)$; $E(1|4{,}5)$; $F(3{,}5|2)$

c) Die Koordinaten der Seitenmitten sind die Mittelwerte der Koordinaten der zugehörigen Eckpunkte.

d) $S(3|4) = \left(\frac{x_A + x_B + x_C}{3} \middle| \frac{y_A + y_B + y_C}{3}\right)$

139. a) Stelle den Notenspiegel auf:

Note	1	2	3	4	5	6
Häufigkeit	2	5	8	6	3	1

b) Notendurchschnitt $= \dfrac{2\cdot 1 + 5\cdot 2 + 8\cdot 3 + 6\cdot 4 + 3\cdot 5 + 1\cdot 6}{25} = \dfrac{81}{25} = 3{,}24$

140. a)

Name	schriftliches Ergebnis	mündliches Ergebnis	Prüfungsnote
Bruno	07	10	8
Erna	10	07	9
Ina	11	11	11
Otto	12	08	10,7
Rita	05	06	5,3

b) s = schriftliches Ergebnis

m = mündliches Ergebnis

N = Prüfungsnote

$N = \frac{2s+m}{3}$ auf eine Dezimale gerundet.

141. a) $\overline{p} = \frac{4\cdot 2 + 2\cdot 6 + 2\cdot 3}{4+2+2} = \frac{26}{8} = 3{,}25$

b) Kosten pro Person und Monat: $650\,€ : 3{,}25 : 8 = 25\,€$.

Familie Blau: $4\cdot 2\cdot 25\,€ = 200\,€$,

Familie Weiß: $2\cdot 6\cdot 25\,€ = 300\,€$,

Familie Rot: $2\cdot 3\cdot 25\,€ = 150\,€$.

142. a)

Wochentag	Mo	Di	Mi	Do	Fr	Sa	So
Temperatur (in °C)	16	20	23	20	19	18	17

b)

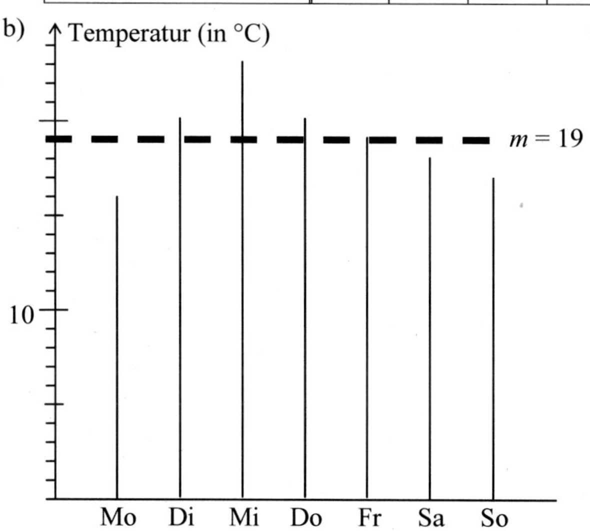

c) Größte Abweichung nach unten: Mo (-3).

Größte Abweichung nach oben: Mi $(+4)$.

143. a) Siehe unten.

b)

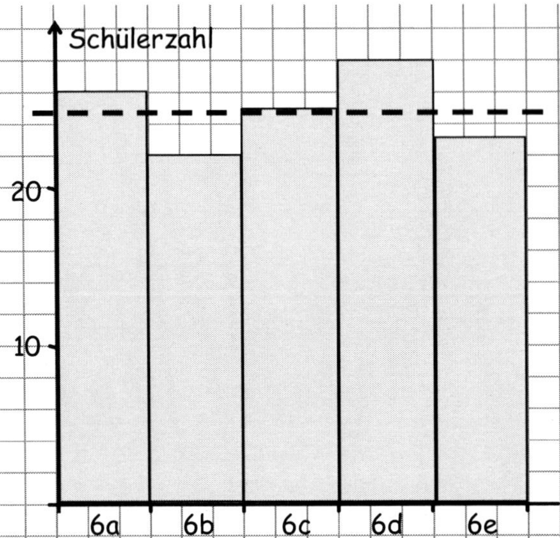

Berechnung der mittleren Klassenstärke:

$$m = \frac{26+22+25+28+23}{5}$$

$$= 24{,}8\,.$$

144. a) 3 kg Spargel kosten am Morgen 18 €, am Mittag 9 €.

Frau Hase bezahlt für 6 kg Saprgel also 27 €.

Durchschnittlicher Kilogrammpreis: $\frac{27}{6}$ € = 4,50 € = $\frac{6\,€ + 3\,€}{2}$.

b) Frau Fuchs gibt 24 € für Spargel aus.

Morgens bekommt sie 2 kg Spargel, mittags 4 kg, insgesamt also 6 kg.

Durchschnittlicher Kilogrammpreis: $\frac{24}{6}$ € = 4,00 € < 4,50 € .

c) a = Kilogrammpreis am Morgen

b = Kilogrammpreis am Mittag

c = Geldbetrag, für den Frau Fuchs am Morgen und am Mittag einkauft

Gekaufte Spargelmenge: $\frac{c}{a} + \frac{c}{b}$.

Bezahlter Preis: 2c .

Durchschnittlicher Kilogrammpreis: $\dfrac{2c}{\frac{c}{a}+\frac{c}{b}} = \dfrac{2}{\frac{1}{a}+\frac{1}{b}} = \dfrac{2ab}{a+b}$.

145.

a	1	$\frac{1}{3}$	$\frac{2}{3}$	5	0,4	2
b	2	$\frac{1}{2}$	2	5	2	6
arithmetischer Mittelwert	$\frac{3}{2}$	$\frac{5}{12}$	$\frac{4}{3}$	5	1,2	4
harmonischer Mittelwert	$\frac{4}{3}$	$\frac{2}{5}$	1	5	$\frac{2}{3}$	3

Vergleich: harmonisches Mittel ≤ arithmetisches Mittel.

146. a) • Wurzel: Fahrstrecke: 50 km , Fahrzeit: 2 h.

Durchschnittsgeschwindigkeit: $25\,\frac{\text{km}}{\text{h}} = \frac{30+20}{2}\,\frac{\text{km}}{\text{h}}$.

• Silvester: Fahrzeit: $\frac{25\,\text{km}}{30\,\frac{\text{km}}{\text{h}}} + \frac{25\,\text{km}}{20\,\frac{\text{km}}{\text{h}}} = \frac{5}{6}\text{h} + \frac{5}{4}\text{h} = \frac{25}{12}\text{h}$.

Durchschnittsgeschwindigkeit: $\frac{50\,\text{km}}{\frac{25}{12}\text{h}} = 24\,\frac{\text{km}}{\text{h}} = \frac{2}{\frac{1}{30\,\frac{\text{km}}{\text{h}}} + \frac{1}{20\,\frac{\text{km}}{\text{h}}}}$.

b) Durchschnittsgeschwindigkeit von Max = arithmetischer Mittelwert;
Durchschnittsgeschwindigkeit von Moritz = harmonischer Mittelwert.

Termumformungen

147. Käsemenge nach der ersten Mahlzeit: $\frac{5}{6}$ von $a = \frac{5}{6}a$

Käsemenge nach der zweiten Mahlzeit: $\frac{4}{5}$ von $\frac{5}{6}a = \frac{4}{5}\cdot\left(\frac{5}{6}a\right)$

Vereinfacht: $\frac{4}{5}\cdot\left(\frac{5}{6}a\right) = \frac{4}{5}\cdot\frac{5}{6}a = \frac{2}{3}a.$

148. a)

$\frac{1}{3}\cdot 6a = 2a$	$\frac{6}{5}\cdot\frac{2}{3}x = \frac{4}{5}x$	$\left(-\frac{2}{7}\right)\cdot(-7r) = 2r$
$4\cdot\frac{1}{12}b = \frac{1}{3}b$	$\frac{3}{8}\cdot\frac{8}{3}y = y$	$1{,}5\cdot\left(-0{,}4q^2\right) = -0{,}6q^2$
$5\cdot 0{,}8c = 4c$	$9\cdot\left(-\frac{1}{6}z\right) = -\frac{3}{2}z$	$\left(-\frac{9}{8}\right)\cdot\left(-\frac{8}{15}i\right) = \frac{3}{5}i$

b) Ja.

149.

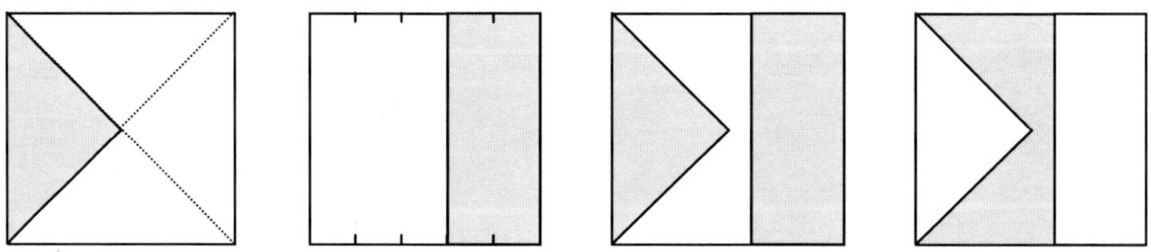

$\frac{1}{4}a$ | $\frac{2}{5}a$ | $\frac{1}{4}a + \frac{2}{5}a$ | $\frac{3}{5}a - \frac{1}{4}a$

150. Summenterme

Fasse zusammen.

Rezept: Addiere bzw. subtrahiere nur die Zahlenfaktoren.

$\frac{4}{15}x + \frac{2}{5}x = \frac{2}{3}x$

$1{,}2z - \frac{z}{2} = 0{,}7z$

a)

$\frac{3}{5}a + \frac{7}{5}a = 2a$	$\frac{x}{6} + \frac{x}{3} = \frac{1}{2}x$	$\frac{3}{2}q - \frac{4}{3}q = \frac{1}{6}q$
$1{,}5b - 0{,}7b = 0{,}8b$	$3y - \frac{7}{3}y = \frac{2}{3}y$	$0{,}3r + \frac{9}{20}r = \frac{3}{4}r$
$\frac{1}{4}c - \frac{5}{4}c = -c$	$0{,}9z - z = -0{,}1z$	$\frac{1}{3}p - 0{,}3p = \frac{1}{30}p$

b) Wurzel fasst geschickt zusammen.

① $\frac{3}{8}x$

② $\frac{1}{2}y$

③ $-\frac{1}{3}u$

④ $0{,}05a$

⑤ $-\frac{1}{9}p$

⑥ $\frac{2}{13}r^2$

151.

a) $\frac{1}{4}a + \frac{7}{6}$

b) $\frac{3}{5}u - \frac{1}{2}$

c) $\frac{5}{2}m + \frac{1}{2}n$

d) $1 - 0{,}5x$

e) $\frac{5}{6}a - b$

f) $\frac{1}{3}x^2 - 2x$

152. • Wurzel multipliziert aus. Bei der zweiten Klammer muss sie zudem die Minusklammerregel beachten.

• a) $x - \frac{3}{5}$

b) $y + \frac{1}{3}$

c) $-\frac{1}{2}a - \frac{1}{5}b$

d) $\frac{3}{2}x - \frac{1}{3}$

e) $\frac{1}{2}c$

f) $\frac{5}{6} - r$

Gleichungen und Ungleichungen

153. a) $x = 0,3$ c) $x = 1,19$ e) $x = 0,45$

b) $x = 7,5$ d) $x = 1,2$ f) $x = 0,24$

154. a)

Lösung zu a)	Lösung zu b)
x = ursprünglicher Preis	x = Guthaben
$\frac{9}{8}$ von x = 378 €	4% von x = 21 €
$\frac{9}{8} \cdot x = 378\,€ \quad \Big\vert \cdot \frac{8}{9}$	$\frac{4}{100} \cdot x = 21\,€ \quad \vert \cdot 25$
$x = \frac{8}{9} \cdot 378\,€ = 336\,€$	$x = 25 \cdot 21\,€ = 525\,€$

b) Siehe oben.

c) $196\,m^3$

d) 40 Schüler

155. a) $x = \frac{9}{8}$ c) $u = \frac{4}{3}$ e) $r = -\frac{3}{7}$

b) $y = -\frac{3}{4}$ d) $p = -\frac{2}{5}$ f) $c = \frac{5}{7}$

156. a) $\left\{\frac{4}{5}\right\}$ e) $\mathbb{Q}$

b) $\{9\}$ f) $\{0\}$

c) $\{\ \}$ g) $\left\{\frac{8}{5}\right\}$

d) $\{1\}$ h) $\left\{-\frac{1}{8}\right\}$

157. a) $x = 0,4$ e) $a = 1,1$

b) $y = 3,5$ f) $f = -3,12$

c) $z = -0,26$ g) $h = 2,75$

d) $r = 12,5$ h) $u = -20$

158. a)

$m - a = b - m \quad \vert +m \quad \vert +a$

$2m = a + b \quad \vert :2$

$m = \frac{a+b}{2}$

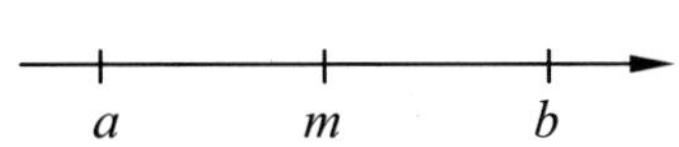

b)

a	0,47	5,1	$\frac{2}{3}$	-13
b	2,03	7,5	$\frac{5}{6}$	101
m	1,25	6,3	$\frac{3}{4}$	44

159. a) $\frac{x}{6}+\frac{x}{7}=39$
$x=126$

b) $1\frac{1}{2}\cdot x-10=\frac{7}{8}x$
$x=16$

c) $5{,}7-\frac{5}{3}x=\frac{1}{3}x+0{,}3$
$x=2{,}7$

160. a)
- $71\frac{1}{2}$ Jahre $<$ $2\cdot 39\frac{3}{4}$ Jahre
- $51\frac{1}{2}+x = 2\cdot\left(19\frac{3}{4}+x\right)$
  $x = 12$

b) $\frac{3}{4}x-4 = \frac{2}{3}x$
$x = 12$

c) $\frac{1}{2}x+\frac{1}{6}x+18=x$
$x=54$

161. a) $x>\frac{3}{4}$
$L=\left]\frac{3}{4};\infty\right[$

b) $u < \frac{2}{3}$
$L=\left]-\infty;\frac{2}{3}\right[$

c) $r \geq -\frac{1}{2}$
$L=\left[-\frac{1}{2};\infty\right[$

d) $a < -\frac{3}{5}$
$L=\left]-\infty;-\frac{3}{5}\right[$

e) $y > -\frac{4}{5}$
$L=\left]-\frac{4}{5};\infty\right[$

f) $p \leq \frac{5}{3}$
$L=\left]-\infty;\frac{5}{3}\right]$

162. a) $u < -\frac{2}{3}$
$L=\left]-\infty;-\frac{2}{3}\right[$

b) $y \geq \frac{7}{3}$
$L=\left[\frac{7}{3};\infty\right[$

c) $x < 4$
$L=\left]-\infty;4\right[$

d) $a \geq \frac{3}{5}$
$L=\left[\frac{3}{5};\infty\right[$

e) $z > -\frac{4}{13}$
$L=\left]-\frac{4}{13};\infty\right[$

f) $x \leq \frac{4}{5}$
$L=\left]-\infty;\frac{4}{5}\right]$

g) $x > \frac{2}{5}$
$L=\left]\frac{2}{5};\infty\right[$

h) $c \leq -\frac{1}{2}$
$L=\left]-\infty;-\frac{1}{2}\right]$

i) $0\cdot r < -1$
$L=\{\ \}$

163.

Gesamtdauer der eigenen Anrufe im Monat in min		100	250	300	400
Handykosten im Monat	Eco-Tarif in €	9,95	9,95	15,95	27,95
	Flat-Tarif in €	19,95	19,95	19,95	19,95

b) $9{,}95+0{,}12\cdot(x-250) > 19{,}95$
$x > 333\frac{1}{3}$

Ab der 334. Minute ist der Flat-Tarif günstiger.

164. a) $c = 4\,\text{cm}$: $V = 132\,\text{cm}^3$; $O = 158\,\text{cm}^2$

$c = 10\,\text{cm}$: $V = 330\,\text{cm}^3$; $O = 296\,\text{cm}^2$

b) $$\begin{aligned} 2ab + 2ac + 2bc &> abc \\ 66 + 12c + 11c &> 33c \\ c &< 6{,}6 \end{aligned}$$

c) $$\begin{aligned} 2ab + 2ac + 2bc &> abc \\ 30 + 10c + 6c &> 15c \\ 30 &> -c \quad \text{(Stets richtig.)} \end{aligned}$$

165. a) 26,5-mal so alt

b) $$\begin{aligned} 25\tfrac{1}{2} + x &> 7x \\ x &< 4\tfrac{1}{4} \end{aligned}$$

166. Wegen $\frac{1}{3} - \frac{1}{2} = -\frac{1}{6} < 0$ muss in der zweiten Zeile des Beweises das Anordnungszeichen umgedreht werden.

Periodische Dezimalbrüche

167.

Bruch	$\frac{4}{5}$	$\frac{4}{3}$	$\frac{5}{4}$	$\frac{5}{7}$	$\frac{5}{8}$	$\frac{17}{25}$
Dezimalbruch	0,8	---	1,25	---	0,625	0,68

168. a) Dividiere Zähler durch Nenner schriftlich.

```
17/32 = 17 : 32 = 0,53125          15/22 = 15 : 22 = 0,68181...
         0                                  0
         170                                150
         160                                132
          100                                180
           96                                176
            40                                 40
            32                                 22
             80                                180
             80                                176
              0                                  40
                                                 22
                                                 ...
```

b) Mögliche Antwort:

Erste Divisionsaufgabe:

Nach 6 Schritten tritt der Rest 0 auf. Das Verfahren bricht ab, es entsteht ein Dezimalbruch mit 5 Dezimalen.

Zweite Divisionsaufgabe:

Das Verfahren bricht nicht ab, die Reste 18 und 4 wiederholen sich abwechselnd. Im Ergebnis wiederholt sich die Ziffernfolge 81 endlos. Es entsteht ein Dezimalbruch mit unendlich vielen Dezimalen.

169.

a) $\frac{4}{3} = 1,\overline{3}$	d) $\frac{25}{12} = 2,08\overline{3}$	g) $\frac{17}{22} = 0,7\overline{72}$
b) $\frac{13}{6} = 2,1\overline{6}$	e) $\frac{10}{13} = 0,\overline{769230}$	h) $\frac{8}{27} = 0,\overline{296}$
c) $\frac{5}{11} = 0,\overline{45}$	f) $\frac{23}{18} = 1,2\overline{7}$	i) $\frac{51}{44} = 1,15\overline{90}$

170. a)

Dezimalbruch	Vorperiode	Periode	mit Periodenzeichen geschrieben
0,477447744774...	-	4774	$0,\overline{4774}$
3,82228228228...	82	228	$3,82\overline{228}$
0,3030303030...	-	30	$0,\overline{30}$
1,76666666...	7	6	$1,7\overline{6}$
5,01333333...	01	3	$5,01\overline{3}$
2,4414141...	4	41	$2,4\overline{41}$
0,0022022022...	0	022	$0,0\overline{022}$
1,100100100...	-	100	$1,\overline{100}$
7,057757575...	057	75	$7,057\overline{75}$
1,2345676767...	2345	67	$1,2345\overline{67}$
3,12332103210...	123	3210	$3,123\overline{3210}$

b) Was sind das für Dezimalbrüche?

171. a)
- Alle Zahlen von 0 bis 13.
- 11, 12, 8, 10, 2, 6, 4.
- 12
- Es geht weiter wie nach dem ersten Auftreten des Restes 12.

b)
- Alle Zahlen von 0 bis $n-1$.
- Die Division geht auf; wir erhalten einen abbrechenden Dezimalbruch.
- Es geht weiter wie nach dem ersten Auftreten dieses Restes.
- Spätestens beim n-ten Divisionsschritt, da nur n verschiedene Reste möglich sind.

```
11 : 14 = 0,78571428...
 0
110
 98
 120
 112
   80
   70
   100
    98
     20
     14
      60
      56
       40
       28
       120
```

c) Jede rationale Zahl lässt sich durch einen abbrechenden oder durch einen periodischen Dezimalbruch darstellen.

0,1010010001000010...
ist keine rationale Zahl!

172.

$\frac{2}{5} = 0{,}4$	$\frac{6}{5} = 1{,}2$	$\frac{1}{9} = 0{,}\overline{1}$	$\frac{4}{9} = 0{,}\overline{4}$
$\frac{1}{10} = 0{,}1$	$\frac{3}{8} = 0{,}375$	$\frac{1}{3} = 0{,}\overline{3}$	$\frac{5}{6} = 0{,}8\overline{3}$

173.

a) 2,307	$< 2{,}30\overline{7} <$	2,308	d) 3,211	$< 3{,}2\overline{1} <$	3,212
b) 0,666	$< 0{,}\overline{6} <$	0,667	e) 3,212	$< 3{,}\overline{21} <$	3,213
c) 1,595	$< 1{,}\overline{59} <$	1,596	f) 0,999	$< 0{,}99\overline{90} <$	1,000

174. a) $0{,}33 < 0{,}\overline{3} < 0{,}34$

b) $0{,}\overline{14} < 0{,}143 < 0{,}1\overline{4}$

c) $0{,}\overline{10} < 0{,}11 < 0{,}\overline{1}$

d) $0{,}3189 < 0{,}\overline{31895} < 0{,}319$

e) $0{,}766 < 0{,}7\overline{6} < 0{,}\overline{76}$

f) $1{,}01 < 1{,}\overline{01} < 1{,}0\overline{1}$

175. a) Wurzel multipliziert $0{,}\overline{43}$ zunächst mit 100 und dann mit 99. Anschließend subtrahiert er die zweite Zeile von der ersten und erhält durch Umformen nach $0{,}\overline{43}$ die gesuchte Bruchdarstellung.

b)

Dezimalbruch	$0{,}\overline{43}$	$0{,}\overline{61}$	$0{,}\overline{07}$	$0{,}\overline{5}$	$0{,}\overline{325}$
Bruch	$\frac{43}{99}$	$\frac{61}{99}$	$\frac{7}{99}$	$\frac{5}{9}$	$\frac{325}{999}$

c) Wir wandeln einen **reinperiodischen Dezimalbruch zwischen 0 und 1** in einen Bruch um, indem wir die Periode in den Zähler schreiben und so viele Neunen in den Nenner wie die Periode Ziffern hat.

$0{,}\overline{6} = \frac{6}{9} = \frac{2}{3}$

$0{,}\overline{45} = \frac{45}{99} = \frac{5}{11}$

176.

$0,\overline{8} = \frac{8}{9}$	$0,\overline{10} = \frac{10}{99}$	$0,\overline{39} = \frac{39}{99} = \frac{13}{33}$
$0,\overline{3} = \frac{3}{9} = \frac{1}{3}$	$0,\overline{01} = \frac{1}{99}$	$0,\overline{153} = \frac{153}{999} = \frac{17}{111}$
$0,\overline{1} = \frac{1}{9}$	$0,\overline{54} = \frac{54}{99} = \frac{6}{11}$	$0,\overline{297} = \frac{297}{999} = \frac{11}{37}$

177.

a) $4,\overline{1} = 4\frac{1}{9}$	d) $2,\overline{15} = 2\frac{15}{99} = 2\frac{5}{33}$
b) $8,\overline{6} = 8\frac{2}{3}$	e) $7,\overline{72} = 7\frac{72}{99} = 7\frac{8}{11}$
c) $3,\overline{3} = 3\frac{1}{3}$	f) $5,\overline{135} = 5\frac{135}{999} = 5\frac{5}{37}$

178. •

rein-periodisch!

$$4,1\overline{6} = \frac{41,\overline{6}}{10} = \frac{41\frac{2}{3}}{10} = \frac{\frac{125}{3}}{10} = \frac{125}{30} = \frac{25}{6}$$

• a) $\frac{13}{18}$ b) $\frac{35}{22}$ c) $\frac{7}{12}$ g) $\frac{25}{24}$

179. a) $0,4\overline{9} = \frac{1}{2} = 0,5$ c) $0,35\overline{9} = \frac{9}{25} = 0,36$

b) $1,1\overline{9} = \frac{6}{5} = 1,2$ d) $2,214\overline{9} = \frac{17}{8} = 2,125$

180.

a) $0,\overline{5} - \frac{1}{2}$
$= \frac{5}{9} - \frac{1}{2}$
$= \frac{1}{18}$

b) $\frac{3}{4} \cdot 2,\overline{6}$
$= \frac{3}{4} \cdot 2\frac{2}{3}$
$= \frac{3}{4} \cdot \frac{8}{3}$
$= 2$

c) $\frac{2,\overline{3}}{0,\overline{21}}$
$= \frac{2\frac{1}{3}}{\frac{21}{99}}$
$= \frac{7}{3} \cdot \frac{33}{7} = 11$

d) $\frac{19}{30}$ g) $\frac{14}{15}$ j) $\frac{6}{11}$ m) $\frac{4}{9}$

e) 1 h) $\frac{4}{45}$ k) $\frac{1}{6}$ n) $\frac{3}{11}$

f) $\frac{1}{2}$ i) $\frac{6}{5}$ l) $\frac{35}{99}$ o) $\frac{9}{7}$

181. a) $\frac{1}{24}=0,041\overline{6}$; $\frac{5}{24}=0,208\overline{3}$; $\frac{7}{24}=0,291\overline{6}$; $\frac{11}{24}=0,458\overline{3}$; $\frac{13}{24}=0,541\overline{6}$;
$\frac{17}{24}=0,708\overline{3}$; $\frac{19}{24}=0,791\overline{6}$; $\frac{23}{24}=0,958\overline{3}$.

Alle Dezimalbrüche sind gemischt-periodisch.

b) 2, 4, 5, 8, 10, 16, 20, 25

Nenner	3	6	7	9	11	12	13	14	15	17	18
Länge der Vorperiode	0	1	0	0	0	2	0	1	1	0	1
Länge der Periode	1	1	6	1	2	1	6	6	1	16	1

Nenner	19	21	22	23	24	26	27	28	29	30
Länge der Vorperiode	0	0	1	0	3	1	0	2	0	1
Länge der Periode	18	6	2	22	1	6	3	6	28	1

c) Ein vollständig gekürzter Bruch liefert einen

- **abbrechenden** Dezimalbruch, wenn die Primfaktoren des Nenners aus {2,5} sind.
- **reinperiodischen** Dezimalbruch, wenn die Primfaktoren des Nenners nicht aus {2,5} sind.
- **gemischtperiodischen** Dezimalbruch, wenn mindestens ein Primfaktor des Nenners aus {2,5} und mindestens einer nicht aus {2,5} ist.

d) ---

Dualbrüche

182. a)

- $1101101_2 = 64 + 32 + 8 + 4 + 1 = 109$
- $11011_2 = 16 + 8 + 2 + 1 = 27$
- $110110_2 = 32 + 16 + 4 + 2 = 54$
- $111111_2 = 32 + 16 + 8 + 4 + 2 + 1 = 63$
- $1100110_2 = 64 + 32 + 4 + 2 = 102$

b)

	1	2	3	4	5	6	7	8	9
Dualsystem	1_2	10_2	11_2	100_2	101_2	110_2	111_2	1000_2	1001_2

Dezimalsystem	10	11	12	13	14	15	16
Dualsystem	1010_2	1011_2	1100_2	1101_2	1110_2	1111_2	10000_2

183. a)

Addieren

```
  27          1 1 0 1 1₂
+ 13        +   1 1 0 1₂
   1        1 1 1 1 1
----        -----------
  40        1 0 1 0 0 0₂
```

Subtrahieren

```
  40        1 0 1 0 0 0₂
  13      -     1 1 0 1₂
   1          1 1 1 1 1
----        -----------
  27          1 1 0 1 1₂
```

Multiplizieren

```
11·5      1 0 1 1₂ · 1 0 1₂
  55            1 0 1 1
                  0 0 0 0
                    1 0 1 1
                  1
          -----------------
            1 1 0 1 1 1₂
```

Dividieren

```
55 : 5 = 11;  1 1 0 1 1 1₂ : 101₂ = 1011₂
55            1 0 1
 0              1 1 1
                1 0 1
                  1 0 1
                  1 0 1
                      0
```

b)

- 100110_2
- 1100_2
- 1001_2

184. a)

- $0{,}1101_2 = \frac{1}{2} + \frac{1}{4} + \frac{1}{16} = \frac{13}{16}$
- $11{,}001_2 = 2 + 1 + \frac{1}{8} = 3\frac{1}{8} = \frac{25}{8}$
- $100{,}1_2 = 4 + \frac{1}{2} = 4\frac{1}{2} = \frac{9}{2}$
- $10{,}11_2 = 2 + \frac{1}{2} + \frac{1}{4} = 2\frac{3}{4} = \frac{11}{4}$
- $0{,}000111_2 = \frac{1}{16} + \frac{1}{32} + \frac{1}{64} = \frac{7}{64}$

b)

Dualsystem	$0{,}1_2$	$0{,}01_2$	$0{,}001_2$	$0{,}11_2$	$0{,}011_2$	$0{,}101_2$	$0{,}111_2$
Dezimalsystem	$\frac{1}{2}$	$\frac{1}{4}$	$\frac{1}{8}$	$\frac{3}{4}$	$\frac{3}{8}$	$\frac{5}{8}$	$\frac{7}{8}$

c) ---

185.

$\frac{9}{2} = 100{,}1_2$	$\frac{19}{8} = 10{,}011_2$	$\frac{17}{32} = 0{,}10001_2$
$\frac{15}{4} = 11{,}11_2$	$\frac{7}{16} = 0{,}0111_2$	$\frac{99}{64} = 1{,}100011_2$

186. Periodische Dualbrüche

a) Beobachtung:

Die Reste wiederholen sich. Es entsteht ein reinperiodischer Dualbruch mit der Periode 101.

b) Es entsteht ein gemischtperiodischer Dualbruch mit der Vorperiode 1 und der Periode 10: $\frac{5}{6} = 0{,}1\overline{10}_2$.

$\frac{5}{7} = 101_2 : 111_2 = 0{,}101\ldots$

$$\begin{array}{l} 0 \\ \hline 1010 \\ 111 \\ \hline 110 \\ 0 \\ \hline 1100 \\ 111 \\ \hline 1010 \\ 111 \\ \hline \ldots \end{array}$$

$= 0{,}\overline{101}_2$

c)

$\frac{1}{3} = 0{,}\overline{01}_2$	$\frac{4}{5} = 0{,}\overline{1100}_2$	$\frac{7}{10} = 0{,}1\overline{0110}_2$
$\frac{2}{3} = 0{,}\overline{10}_2$	$\frac{1}{6} = 0{,}0\overline{01}_2$	$\frac{11}{12} = 0{,}11\overline{01}_2$
$\frac{1}{5} = 0{,}\overline{0101}_2$	$\frac{5}{7} = 0{,}\overline{101}_2$	$\frac{19}{28} = 0{,}100\overline{110}_2$

d) Es entsteht ….

- … ein abbrechender Dezimalbruch, wenn im Nenner eine Zweierpotenz steht;
- … ein reinperiodischer Dezimalbruch, wenn der Nenner ungerade ist;
- … ein gemischtperiodischer Dezimalbruch, sonst.

Vorausgesetzt, es handelt sich um einen vollständig gekürzten Bruch.

187. a) Silvester schreibt die Periode in den Zähler und so viele Einsen in den Nenner wie die Periode Ziffern hat.

- $\frac{7}{15}$
- $\frac{20}{31}$
- $\frac{10}{21}$

b) $0{,}\overline{1}_2 = 1$

c) Wurzel bildet die Summe aus dem ganzzahligen Teil und dem Rest und wendet für den Rest Silvesters Verfahren aus Teil a) an.

- $1\frac{2}{3}$
- $2\frac{3}{7}$
- $5\frac{3}{5}$

188. •

$$0{,}1\overline{110}_2 = \frac{1{,}\overline{110}_2}{10_2} = \frac{1{,}\overline{110}_2 + \frac{110_2}{111_2}}{10_2} = \frac{1 + \frac{6}{7}}{2} = \frac{\frac{13}{7}}{2} = \frac{13}{14}$$

- ① $\frac{5}{14}$ ② $\frac{7}{12}$ ③ $\frac{25}{28}$

Lösungen der Kompetenzaufgaben

Erläuterungen zu den verwendeten Symbolen

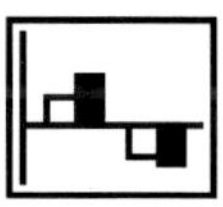

Mathematische Darstellungen verwenden

Aufgaben zur Darstellung mathematischer Objekte und Situationen, zur Nutzung und Interpretation von Diagrammen, zur Hinterfragung graphisch dargestellter Realsituationen, zum Wechseln unterschiedlichen Darstellungsformen.

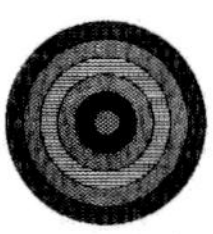

Mathematisch argumentieren

Aufgaben zum Aufstellen von Vermutungen, zum Überprüfen der Plausibilität von Vermutungen, zum Auffinden von Begründungen, zum Aufbau und Überprüfen von Argumentationsketten.

Kommunizieren

Aufgaben als Sprechanlässe über mathematische Inhalte, zur Dokumentation von Ideen und Informationen, zur mündlichen und schriftlichen Präsentation eigener Lernprodukte, zur Verwendung angemessener Alltags- und Fachsprache.

Probleme mathematisch lösen

Aufgaben zum Planen von Lösungswegen, zum Auswählen und Anwenden von Problemlösestrategien, zur Reflexion über Lösungswege und Bewertung von verwendeten Strategien.

Mathematisch modellieren

Aufgaben zum Vereinfachen und Strukturieren von Realsituationen, zum Auffinden und Auswählen von Modellen, zur Interpretation der Ergebnisse einer Modellierung mit Bezug auf die Realsituation, zur Konstruktion passender Kontexte bei vorgegebenen Modellen.

Mit symbolischen, formalen, technischen Elementen der Mathematik umgehen

Aufgaben zum Verwenden und Üben von Verfahren, zum flexiblen Gebrauch von Formeln und Lösungsalgorithmen, zum chronologischen Abarbeiten von Lösungsschritten, zum Auswählen und Einsetzen mathematischer Werkzeuge.

Band I

Seite 3:

Würfelnetz

Falsche Ansicht: ⑥

Begründung: Die Kanten, die die Seite B mit den Seiten E und F gemeinsam hat, sind parallel.

Seite 6:

Kochlehrling

1. Großen Behälter füllen (= 5 Tassen) und dann in den kleinen Behälter umfüllen (= 3 Tassen). Es bleiben 2 Tassen Wasser im großen Behälter. Das Verfahren wiederholen.
2. Kochrezept für 5 Personen: 1 EL Öl; 625 g Zwiebeln; 1 EL Milch; 5 Tassen Wasser; 5 Scheiben Toastbrot; 1 Knoblauchzehe; 5 EL Reibkäse.

   großer Behälter + (großer Behälter – kleiner Behälter) ⟶ 5 Tassen

Seite 21:

Zett

Das Blitzsymbol füllt weniger als die Hälfte des Rasters aus, und zwar $\frac{25}{64}$ des Rasters.

Begründung: Das Raster besteht aus 64 Kästchen. Zum Blitzsymbol gehören 10 Kästchen ganz und 32 Kästchen teilweise. Außerhalb liegen 20 ganze Kästchen und Teile von 32 Kästchen.

Aus der nicht überdeckten Fläche lassen sich zwei Rechtecke mit den Seitenlängen 8 cm und 3 cm bzw. 5 cm und 3 cm bilden. Das Blitzsymbol hat somit den Flächeninhalt:

$$64\,\text{cm}^2 - 8\text{cm}\cdot 3\text{cm} + 5\text{cm}\cdot 3\text{cm} = 25\,\text{cm}^2.$$

Seite 28:

Alternierende Quersumme

① $\bar{Q}(123456789) = 1-2+3-4+5-6+7-8+9=5$

$\bar{Q}(873972) = 8-7+3-9+7-2 = 0$

$\bar{Q}(79586981) = 7-9+5-8+6-9+8-1 = -1$

② 190909090906

③ Es gibt 9 Zahlen: 969687 ; 969786 ; 979686 ;
968697 ; 968796 ; 978696 ;
869697 ; 869796 ; 879696 .

Seite 39:

Wetter

a) 7 Wetterstationen

b) St. Wendel-Leitersweiler (420 m)

c) Man addiert die täglichen Mittelwerte und dividiert die Summe durch die Anzahl der Tage. Die Tagesmitteltemperatur wird aus 24-Stunden-Sätzen ermittelt.

d) Am kältesten in Tholey, am wärmsten in Perl-Nennig.

e) 10 von 15 Winter

f) 1,9°C (auf eine Dezimale gerundet), 0,8°C über dem Mittelwert von 1960/1990

Seite 49:

Bodensee

① Lege über die Karte ein 1cm-Raster und zähle die Kästchen, die den Bodensee ganz oder teilweise überdecken. Nimm die Hälfte und multipliziere mit $100\,km^2$. Bei 11 Kästchen erhält man für den Flächeninhalt des Bodensees: $5{,}5 \cdot 100\,km^2 = 500\,km^2$. Genauer Wert: $536\,km^2$.

② Bevölkerung Chinas: ca.1,35 Mrd

$$536\,km^2 : 1{,}35\text{ Mrd} = 536\,000\,000\,m^2 : 1\,350\,000\,000 = 536\,m^2 : 1350 \approx 0{,}4\,m^2$$

$$= 4000\,cm^2 \approx 63\text{ cm} \times 63\text{ cm}$$

Die ganze Bevölkerung Chinas hätte auf dem Bodensee Platz.

③ Einwohnerzahl Saarbrückens: ca. 180 000. Mittlere Spannweite bei ausgestreckten Armen: 1,70 m. Länge der Menschenkette: $180000 \cdot 1{,}7\text{ m} = 306\text{ km}$. Die Saarbrücker können eine „Menschenkette" um den Bodensee bilden.

Seite 61:

Ein Schachbrett voller Potenzen

Seite 66:

Eine ungewöhnliche Abmachung

① $10 \cdot (x + 3€) = 50€$

$x = 2€$

② 60 €, wenn er nur Sechsen hat.

③ $5€ \cdot e + 2€ \cdot z - 4€ \cdot f - 6€ \cdot s$

④ Er erhält 7 € weniger.

⑤ $e = 2,\ z = 7,\ f = 1,\ s = 0$

Band II

Seite 82:

Fußball

① 12 Fünfecke, 20 Sechsecke

② An jedes schwarze Fünfeck grenzen 5 Sechsecke, an jedes weiße Sechseck 3 Fünfecke und 3 Sechsecke.

③ 3 Flächen

④ 60 Ecken, 90 Kanten. Begründung: Jede Ecke gehört zu genau einem Fünfeck, es gibt also $12 \cdot 5 = 60$ Ecken. Jedes Fünfeck hat 5, jedes Sechseck 6 Kanten; insgesamt ergeben sich $12 \cdot 5 + 20 \cdot 5 = 180$ Kanten; da hierbei jede Kante doppelt gezählt wird, hat der Fußball 90 Kanten.

⑤ $e = 60, f = 32, k = 90$. Die Polyederformel $e + f = k + 2$ ist erfüllt.

Seite 115:

Drehwurm

① 1) B, 90°, gegen den Uhrzeigersinn

2) A, 90°, im Uhrzeigersinn

3) C, 90°, im Uhrzeigersinn

4) C, 180°, im oder gegen den Uhrzeigersinn

5) B, 180°, im oder gegen den Uhrzeigersinn, dann C, 90°, gegen den Uhrzeigersinn

②

Seite 127:

Die Zeit steht kopf

a) 1440

b)

c) 00:00; 01:10; 02:20; 05:50; 10:01; 11:11; 12:21; 15:51; 20:02; 21:12; 22:22

d) Schreibe alle Stundenzahlen auf und streiche diejenigen, die gedreht keine gültige Minuten-Anzeige ergeben: 00; 01; 02; ~~03~~; ~~04~~; 05; ~~06~~; ~~07~~; ~~08~~; ~~09~~; 10; ii; i2; ~~i3~~; ~~i4~~; i5; ~~i6~~; ~~i7~~; ~~i8~~; ~~i9~~; 20; 2i; 22; ~~23~~; ~~24.~~

Denke dir die Minutenzahlen von 00, 01,...,59 aufgeschrieben und streiche alle, die gedreht keine gültige Stunden-Anzeige ergeben. Übrig bleiben: 00; 0i; 02; i0; 11;12; 20; 2i; 22; 50;5i.

Man erhält alle zulässigen Uhrzeiten, indem man jede der elf Stundenzahlen 00, 0i, 02, 05,i0, ii, i2, 20, 2i, 22 mit jeder der elf Minutenzahlen 00; 0i; 02; i0; 11;12; 20; 2i; 22; 50;5i kombiniert. Es gibt also $11 \cdot 11 = 121$ Uhrzeiten derart, dass auch die auf dem Kopf stehende Uhr eine gültige Uhrzeit anzeigt. Beispiel: 2i:50 $\rightarrow$ 05:i2.

Seite 141:

Kunstvoll

I Drehung um Z mit $\varphi = 120°(240°)$ oder Spiegelung an einer der eingezeichneten Achsen.

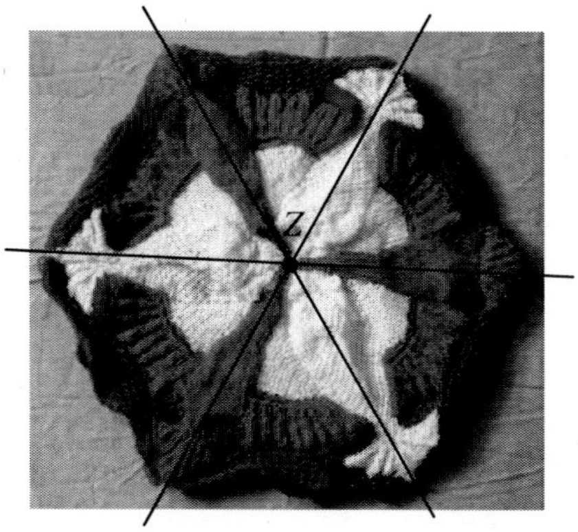

II Wurzels Vorgehensweise ist korrekt.

III Wurzel hat Recht. Dreht man Fisch ① um 90° um seine „Maulspitze", so erkennt man z. B. an der Schwanzflosse, dass deren Spitze nach oben zeigt und nicht wie bei Fisch ② nach unten. Dies kann man nur durch eine Achsenspiegelung korrigieren.

Für die beiden Vögel in dem rechten Bild gilt das gleiche.

Seite 151:

Eine Spiegelung am Kreis

① Konstruktion des Bildpunktes:

- Ich zeichne von M aus den Strahl durch P. Der Strahl schneidet den Kreis in Q.
- Ich zeichne den Kreis um Q durch P. Der Kreis schneidet die Gerade MP in einem zweiten Punkt. Das ist der Bildpunkt.

② Die Punkte des Kreises sind Fixpunkte.

③

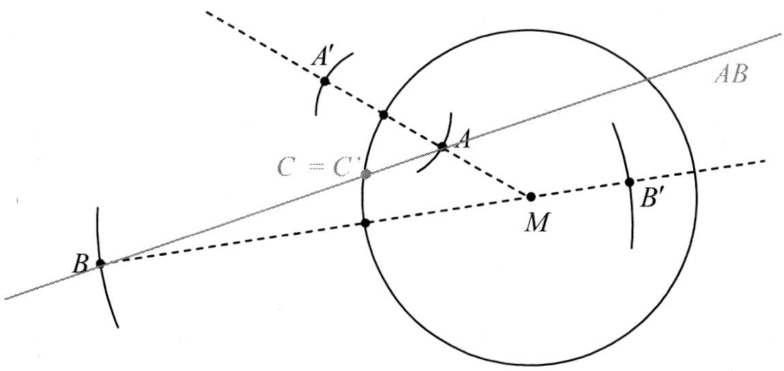

A', B' und C' liegen nicht auf einer Geraden, also ist die Abbildung nicht geradentreu.

④ Diese Abbildung ist längentreu: Wegen $d(A',C') > d(A,C)$ ist die Länge irgendeiner Verbindungslinie von A' nach C' sicherlich länger als die Verbindungsstrecke von A nach C.

Band IV

Seite 235:

Maßstab gesucht

4,4 cm ≙ 3,3 km

1 cm ≙ $\frac{3,3}{4,4}$ km = $\frac{3}{4}$ km = 75000 cm

Maßstab: 1 : 75000

Seite 239:

Preisfrage

1 Tasse Kaffee: 10€ : 4 = 2,50€

1 Dose Cola: $2x + 5€ = 9€ \quad \Leftrightarrow \quad x = 2€$

1 Glas Tee: $2x + 5€ = 8€ \quad \Leftrightarrow \quad x = 1{,}50€$

Preis der Bestellung: $2{,}50€ + 2 \cdot 1{,}50€ + 2€ = 7{,}50€$

Seite 250:

Quadratisches

a) ---

b) Das Viereck MNPQ ist ein Quadrat (nachmessen).

c) Inhalt der schraffierten Fläche: $\frac{36}{5}\,\text{cm}^2 = 7{,}2\,\text{cm}^2$

Begründung: Das Quadrat ABCD hat den Flächeninhalt $36\,\text{cm}^2$ und ist in vier Dreiecke und Vierecke sowie das schraffierte Quadrat MNPQ zerlegt. Je ein Dreieck und ein Viereck (z.B. Dreieck AME und Viereck EBNM) lassen sich zu einem Quadrat zusammensetzen, das mit MNPQ deckungsgleich ist. Der Flächeninhalt des Quadrates ABCD ist also fünfmal so groß wie der Inhalt des Quadrates MNPQ.

Seite 253:

Dreivierteltakt

①/②: Falsch:

- 3,4 (vermutlich mit 3/4 verwechselt);
- 4:3 (Dividend und Divisor vertauscht);
- Kreisdiagramm (markierte Fläche zu klein);
- $4 \cdot \frac{1}{3}$ (falsche Faktoren).

③: Darstellungen für $\frac{3}{5}$:

60%; $\frac{9}{15}$; 0,6; $3 \cdot \frac{1}{5}$; 3:5;

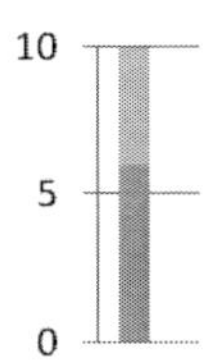

Seite 253:

Vogelfutter

<table>
<tr><td></td><td colspan="4">Verteilung der Vögel</td></tr>
<tr><td></td><td colspan="2">zum Schluss</td><td>Änderung</td><td>zu Anfang</td></tr>
<tr><td>Baum 1</td><td rowspan="2">27</td><td>9</td><td>+3</td><td>12</td></tr>
<tr><td>Baum 2</td><td>18</td><td>-3, +5</td><td>20</td></tr>
<tr><td>Baum 3</td><td>27</td><td>27</td><td>+5</td><td>22</td></tr>
<tr><td>Summe</td><td>54</td><td>54</td><td>0</td><td>54</td></tr>
</table>

Seite 274:

Dominosteine und Brüche

①

$\frac{0}{1}$	$\frac{0}{2}$	$\frac{0}{3}$	$\frac{0}{4}$	$\frac{0}{5}$	$\frac{0}{6}$
$\frac{1}{1}$	**$\frac{1}{2}$**	**$\frac{1}{3}$**	**$\frac{1}{4}$**	**$\frac{1}{5}$**	**$\frac{1}{6}$**
$\frac{2}{1}$	$\frac{2}{2}$	**$\frac{2}{3}$**	$\frac{2}{4}$	**$\frac{2}{5}$**	$\frac{2}{6}$
$\frac{3}{1}$	**$\frac{3}{2}$**	$\frac{3}{3}$	**$\frac{3}{4}$**	**$\frac{3}{5}$**	$\frac{3}{6}$
$\frac{4}{1}$	$\frac{4}{2}$	**$\frac{4}{3}$**	$\frac{4}{4}$	**$\frac{4}{5}$**	$\frac{4}{6}$
$\frac{5}{1}$	**$\frac{5}{2}$**	**$\frac{5}{3}$**	**$\frac{5}{4}$**	$\frac{5}{5}$	**$\frac{5}{6}$**
$\frac{6}{1}$	$\frac{6}{2}$	$\frac{6}{3}$	$\frac{6}{4}$	**$\frac{6}{5}$**	$\frac{6}{6}$

Wir erhalten 42 Brüche. Der Stein ⊟ stellt keinen Bruch dar.

② Die Domino-Brüche stellen 24 verschiedene rationale Zahlen dar. Ihre gekürzten Darstellungen sind eingekreist.

③ 12 der 24 Zahlen sind kleiner als 1.

Seite 281:

Fehlersuche

Aufgabe	Fehler	Korrigiert
$\frac{5}{8} - \frac{2}{3} = \frac{3}{5}$	Zähler und Nenner subtrahiert	$\frac{5}{8} - \frac{2}{3} = \frac{15}{24} - \frac{16}{24} = -\frac{1}{24}$
$\frac{8}{12} : 2 = \frac{4}{6}$	Nenner durch 2 dividiert	$\frac{8}{12} : 2 = \frac{4}{12} = \frac{1}{3}$
$\frac{7}{10} \cdot \frac{5}{3} = \frac{35}{30} = \frac{7}{6}$	Mit Kehrbruch multipliziert	$\frac{7}{10} \cdot \frac{3}{5} = \frac{21}{50}$

Seite 295:

Quadratzerlegung

(a) 50% (b) 25% (c) 12,5% (d) 3,125% (e) 6,25% (f) 3,125%

Seite 299:

Kreuzzahlrätsel

	a	b	c	d	e	f	g	h	i
1	3	4	2	1		9	2	4	6
2	3	2		6	3	2		9	6
3	2		9	8	7	6	5		0
4	1	1	7		5		8	1	0
5		4	5	0		2	1	6	
6	1	4	3		1		8	9	5
7	0		1	2	3	4	5		3
8	2	7		5	8	2		9	7
9	4	0	9	6		1	0	0	1

Lösungswort:

1d1f	4a4e	4b7i	9f6c	3g	6a3d	5h	7g	9i6g	3c	6i	4h9a
19	15	13	13	5	18	6	5	18	9	5	14
S	O	M	M	E	R	F	E	R	I	E	N